高等职业教育水利类"教、学、做"理实一体化特色教材

水利工程项目管理

主编 陈文江
主审 毕守一

·北京·

内 容 提 要

本教材是安徽省地方技能型高水平大学建设项目重点建设专业——水利水电工程管理专业的课程改革教材之一，是依据安徽省地方技能型高水平大学专业建设方案，本着高职教育的特色，与企业技术人员共同开发编写的教材。本教材共分8个项目，内容包括：水利工程项目管理概述、工程项目的组织、水利工程建设项目招投标管理、工程项目进度管理、工程项目施工成本管理、工程项目质量管理、项目施工组织设计、建设项目合同与风险管理。每个项目后都有相应的职业能力训练题目，书后附有部分参考答案。本教材可作为高等职业技术学院水利类专业的教材，也可作为从事水利工程建设项目施工、咨询和监理等工作的相关人员的培训、参考书籍。

图书在版编目（CIP）数据

水利工程项目管理 / 陈文江主编． -- 北京：中国水利水电出版社，2017.7(2023.2重印)
高等职业教育水利类"教、学、做"理实一体化特色教材
ISBN 978-7-5170-5665-2

Ⅰ．①水… Ⅱ．①陈… Ⅲ．①水利工程管理－项目管理－高等职业教育－教材 Ⅳ．①TV512

中国版本图书馆CIP数据核字(2017)第170668号

书　　名	高等职业教育水利类"教、学、做"理实一体化特色教材 **水利工程项目管理** SHUILI GONGCHENG XIANGMU GUANLI
作　　者	主编　陈文江　　主审　毕守一
出版发行	中国水利水电出版社 （北京市海淀区玉渊潭南路1号D座　100038） 网址：www.waterpub.com.cn E-mail：sales@mwr.gov.cn 电话：（010）68545888（营销中心）
经　　售	北京科水图书销售有限公司 电话：（010）68545874、63202643 全国各地新华书店和相关出版物销售网点
排　　版	中国水利水电出版社微机排版中心
印　　刷	清淞永业（天津）印刷有限公司
规　　格	184mm×260mm　16开本　13.5印张　337千字
版　　次	2017年7月第1版　2023年2月第4次印刷
印　　数	6001—8500册
定　　价	**40.00元**

凡购买我社图书，如有缺页、倒页、脱页的，本社营销中心负责调换
版权所有·侵权必究

前言

本教材是安徽省地方技能型高水平大学建设项目重点建设专业——水利水电工程管理专业建设与课程改革的重要成果,是"教、学、做"理实一体化的特色教材。根据改革实施方案和课程改革的基本思想,通过分析水利工程项目管理的工作过程,结合岗位要求和职业标准,将课程体系解构为 8 个实施项目。

在编写过程中,突出了"以就业为导向、以岗位为依据、以能力为本位"的思想;每一个项目都由若干个任务和工程实例分析构成,学生在学习完项目的基本知识情况下,通过每个项目后配备的职业能力训练题的练习,可以加强实践性训练。这样既能提高对理论知识的理解,又能把水利工程项目管理中所需要的知识、能力和素质进行强化。

本教材根据建设部发布的《建设工程项目管理规范》(GB/T 50326—2017)、水利部发布的《水利水电工程施工组织设计规范》(SL 303—2017)、《水利水电工程标准施工招标文件(2015 年版)》等,并结合水利工程建设的实践,比较全面地介绍了水利工程项目管理的主要内容。

本教材由安徽水利水电职业技术学院陈文江任主编并统稿,安徽水利水电职业技术学院刘军号、刘承训、费成效,安徽水利水电勘测设计院於阳宝,安徽省江南产业集中区管委会孙小伦任副主编。安徽水利水电职业技术学院毕守一任主审。全书共分为 8 个实施项目,项目一由陈文江编写,项目二和项目五由孙小伦编写,项目三和项目八由刘承训编写,项目六由刘军号编写,项目四和项目七的任务一、任务三由於阳宝编写,项目七的任务二由费成效编写。

本教材在编写过程中,专业建设团队的各位领导和全体老师提出了许多宝贵意见,学院及教务处领导也给予了大力支持,同时得到安徽省江南产业集中区管委会和安徽省水利水电勘测设计院的积极参与和大力帮助,在此表示最诚挚的感谢。

本教材的编写,参考和引用了一些相关专业书籍的论述,编者也在此向有关人员致以衷心的感谢!

由于时间仓促,加上作者水平有限,不足之处在所难免,恳请读者批评指正。

作者

2021 年 1 月

目 录

前言

项目一　水利工程项目管理概述 ·· 1
　　任务一　工程项目管理的概念 ·· 1
　　任务二　工程项目的组成和分类 ··· 3
　　任务三　水利工程项目建设程序 ··· 7
　　任务四　案例分析 ·· 10
　　项目学习小结 ·· 11
　　职业能力训练一 ··· 12

项目二　工程项目的组织 ·· 14
　　任务一　工程项目的发承包模式 ·· 14
　　任务二　工程项目管理组织结构形式 ·· 16
　　任务三　项目经理与项目团队 ·· 19
　　任务四　案例分析 ·· 23
　　项目学习小结 ·· 25
　　职业能力训练二 ··· 26

项目三　水利工程建设项目招投标管理 ··· 28
　　任务一　招投标概述 ·· 28
　　任务二　招标方式和主要程序 ·· 31
　　任务三　水利工程建设项目招标准备工作 ··· 38
　　任务四　水利工程投标 ·· 43
　　任务五　案例分析 ·· 48
　　项目学习小结 ·· 51
　　职业能力训练三 ··· 51

项目四　工程项目进度管理 ··· 54
　　任务一　工程项目进度控制概述 ·· 54
　　任务二　网络计划技术 ·· 57
　　任务三　流水施工原理 ·· 78
　　任务四　施工阶段进度计划检查与调整 ·· 87
　　任务五　案例分析 ·· 92
　　项目学习小结 ·· 94

职业能力训练四 · · · · · · 94

项目五　工程项目施工成本管理 · · · · · · 97
　　任务一　施工成本管理概述 · · · · · · 97
　　任务二　施工成本管理的主要工作 · · · · · · 100
　　任务三　案例分析 · · · · · · 113
　　项目学习小结 · · · · · · 115
　　职业能力训练五 · · · · · · 116

项目六　工程项目质量管理 · · · · · · 118
　　任务一　质量管理概述 · · · · · · 118
　　任务二　项目质量控制 · · · · · · 123
　　任务三　施工质量事故的处理 · · · · · · 135
　　任务四　案例分析 · · · · · · 138
　　项目学习小结 · · · · · · 140
　　职业能力训练六 · · · · · · 140

项目七　项目施工组织设计 · · · · · · 142
　　任务一　施工组织总设计 · · · · · · 142
　　任务二　单位工程施工组织设计 · · · · · · 165
　　任务三　案例分析 · · · · · · 173
　　项目学习小结 · · · · · · 176
　　职业能力训练七 · · · · · · 177

项目八　建设项目合同与风险管理 · · · · · · 179
　　任务一　建设工程合同体系 · · · · · · 179
　　任务二　建设工程合同变更与索赔 · · · · · · 183
　　任务三　建设工程合同的争议解决及生效 · · · · · · 189
　　任务四　建设工程项目风险管理 · · · · · · 194
　　任务五　案例分析 · · · · · · 200
　　项目学习小结 · · · · · · 202
　　职业能力训练八 · · · · · · 202

附录　职业能力训练答案 · · · · · · 205

参考文献 · · · · · · 208

项目一　水利工程项目管理概述

项目描述：本项目通过完成 4 个学习任务，理解工程项目管理的概念、掌握工程项目的组成和分类、熟悉水利工程项目建设程序，并且通过相关案例的分析，加深学习者的感性认知。

项目学习目标：对水利工程项目管理有基本的认知。

项目学习重点：水利工程项目的组成与分类。

项目学习难点：水利工程项目的组成。

任务一　工程项目管理的概念

任务描述：围绕水利工程项目管理这个概念，通过对"项目""工程项目""工程项目管理"这一组概念的剖析，明确水利工程项目管理的内涵和范畴。

一、工程项目的概念

（一）项目的含义及其特征

项目的定义很多，许多管理专家都对项目进行了不同的抽象性概括和描述，这也体现了"项目"所表示的事物的广泛性和丰富内涵。简单来说，项目就是在既定的资源（即限定时间、限定费用和限定质量标准）和要求等约束条件下完成的一次性任务和管理对象。如开发项目、科研项目、各类建设工程项目、航天项目等。

概括起来，项目一般具有以下特征。

1. 项目的目标性

任何一个项目，不论是大型项目、中型项目，还是小型项目，都必须有明确的特定目标。例如，修建一座水电站，其目标表现为形成一定的建设规模，建成后应具有发电供电能力，发挥社会效益、经济效益等。

2. 项目的一次性和单件性

所谓一次性，是指项目实施过程的一次性。就任务本身和最终成果而言，没有与这项任务完全相同的另一项任务，因此只能对它进行单件处置（或生产），而不能进行批量生产，且没有重复性。这意味着，一旦项目管理工作出现较大的失误，其损失具有不可挽回性。因此，应根据项目的不同要求，采取不同的管理方法与手段，以最终完成项目为目标，保证项目的一次成功。

3. 受人力、物力、时间及其他条件制约

任何项目的实施，均受到相关条件的制约。就一个工程项目建设而言，都有开工和竣工时间的要求限制，有劳动力、资金和其他物资供应的制约，以及所在国家的法律和工程建设所在地的自然环境和社会环境的影响等。

（二）工程项目的概念及其特殊性

1. 工程项目的概念

工程项目是指需要一定量的投资，按照一定的程序，在一定的约束条件（时间和质量要求）下，以形成固定资产为明确目标的一次性任务。

从管理角度看，工程项目是以工程建设为载体的项目，是作为被管理对象的一次性工程建设任务。它以建筑物或构筑物为目标产出物，需要支付一定的费用、按照一定的程序、在一定的时间内完成，并应符合质量要求。

工程项目与其他项目相比，具有自己的特殊性。工程项目的特殊性主要从它的成果——建设产品和它的活动过程——工程建设这两个方面来体现。主要体现在以下几个方面。

（1）建设产品的特殊性。

1）总体性。建设产品的总体性表现在：首先，它是由许多材料、半成品和成品经加工装配而组成的综合物；其次，它是由许多个人和单位分工协作、共同劳动的总成果；最后，它是由许多具有不同功能的建筑物有机结合成的完整体系。例如一座水电站，它是由土石料、混凝土、钢材、水轮发电机组以及其他各种机电设备组成的；参与工程建设的单位除项目法人外，还有设计单位、施工单位、设备材料生产供应单位、咨询单位、监理单位等；整个工程不仅包括发电、输变电系统，而且包括水库、引水系统、泄水系统等有关建筑物，另外还包括相应的生活、后勤服务设施。

2）固定性。一般的工农业产品可以流动，消费使用空间不受限制。而建设产品只能固定在建设场址使用，不能移动。

（2）工程建设的特殊性。

1）建设周期长。由于建设产品体型庞大，工程量巨大，建设期间要耗用大量的资源，加之建设产品的生产环境复杂多变，受自然条件影响大。所以，其建设周期长，通常需要几年至十几年。

2）建设过程的连续性和协作性。工程建设的各阶段、各环节、各协作单位及各项工作，必须按照统一的建设计划有机地组织起来，在时间上不间断，在空间上不脱节，使建设工作有条不紊地顺利进行。

3）施工的流动性。建设产品的固定性决定了施工的流动性。建设产品只能固定在使用地点，那么施工人员及机械就必然要随建设对象的不同而经常流动转移。

4）受自然和社会条件的制约性强。一方面，由于建设产品的固定性，工程施工多为露天作业；另一方面，在建设过程中，需要投入大量的人力和物资。因此，工程建设受地形、地质、水文、气象等自然因素以及材料、水电、交通、生活等社会条件的影响很大。

二、工程项目管理的概念

1. 工程项目管理的概念

所谓管理，是指人们为达到一定的目的，对管理的对象所进行的决策、计划、组织、协调、控制等一系列工作。工程项目管理的对象是工程项目，其管理的概念在道理上同其他管理是相通的，但由于工程项目的一次性等特点，要求其管理更强调程序性、全面性和科学性。

工程项目管理，就是为了使工程项目在一定的约束条件下取得成功，对项目的所有活动实施决策与计划、组织与指挥、控制与协调等一系列工作的总称。

2. 工程项目管理的特点

工程项目管理是在一定约束条件下，以实现工程项目目标为目的，在实施全过程中进行高效率地计划、组织、协调、控制的系统管理活动。

（1）工程项目管理是一种一次性管理。项目的单件性特征，决定了项目管理的一次性特点：在项目管理过程中一旦出现失误，就很难纠正，损失严重。由于工程项目的永久性特征及项目管理的一次性特征，项目管理的一次性成功是关键。所以，对项目建设中的每个环节都应进行严密管理，认真选择项目经理，配备项目人员和设置项目机构。

（2）工程项目管理是一种全过程的综合性管理。工程项目的生命周期是一个有机成长过程。项目各阶段有明显界限，又相互有机衔接，不可间断，这就决定了项目管理是对项目生命周期全过程的管理，如对项目可行性研究、勘察设计、招标投标、施工等各阶段全过程的管理。在每个阶段中又包含有进度、质量、成本、安全的管理。因此，项目管理是全过程的综合性管理。

（3）工程项目管理是一种约束性强的控制管理。工程项目管理的一次性特征，其明确的目标（成本低、进度快、质量好）、限定的时间和资源消耗、既定的功能要求和质量标准，决定了约束条件的约束强度比其他管理更高。因此，工程项目管理是强约束管理。这些约束条件是项目管理的条件，也是不可逾越的限制条件。项目管理的重要特点，在于项目管理者如何在一定时间内，在不超过这些条件的前提下，充分利用这些条件，去完成既定任务，达到预期目标。

任务二　工程项目的组成和分类

任务描述：学习工程项目的组成和分类的基本知识，掌握水利工程项目的组成相关规定，了解工程项目按照科学管理的要求，可以从不同角度进行分类。

一、工程项目的组成

（一）一般工程项目组成

通常按工程项目本身的内部组成，可将其划分为建设项目、单项工程、单位工程、分部工程和分项工程。

1. 建设项目

建设项目是指按照一个总体设计进行施工，由一个或若干个单项工程组成，经济上实行统一核算，行政上实行统一管理的基本建设工程实体。如一座独立的工业厂房、一所学校或一个水利枢纽工程等。

2. 单项工程

单项工程是一个建设项目中，具有独立的设计文件，竣工后能够独立发挥生产能力和使用效益的工程。如工厂内能够独立生产的车间、办公楼等，一所学校的学习楼、学生宿舍等，一个水利枢纽工程的发电站、拦河大坝等。单项工程是具有独立存在意义的完整工程，也是一个极为复杂的综合体，它是由许多单位工程组成，如一个新建车间，不仅有厂房，还有设备安装等工程。

3. 单位工程

单位工程是单项工程的组成部分，是指具有独立的设计文件、可以独立组织施工，但完工后不能独立发挥效益的工程。一般按照建筑物建筑及安装来划分，如生产车间是一个单项工程，它又可以划分为建筑工程和设备安装两大类单位工程。其中建筑工程包括一般土建工程、电气照明工程、暖气通风工程、水卫工程、工业管道工程、特殊构筑物工程等单位工程；设备及安装工程包括机械设备及安装工程、电气设备及安装工程等。又如灌区工程中进水闸、分水闸、渡槽，水电站引水工程中的进水口、引水隧洞、调压井等都是单位工程。

4. 分部工程

分部工程是单位工程的组成部分，是按工程部位、设备种类和型号、使用的材料和工种的不同对单位工程所作的进一步划分。例如房屋建筑工程可划分为基础工程、墙体工程、屋面工程等。也可以按照工种来划分，如土石方工程、钢筋混凝土工程、装饰工程等；隧洞工程可以分为开挖工程、衬砌工程等。

分部工程是编制工程造价、组织施工、质量评定、包工结算与成本核算的基本单位，但在分部工程中影响工料消耗的因素仍然很多。例如，同样都是土方工程，由于土的类别（普通土、坚硬土、砾质土）不同，挖土的深度不同，施工方法不同，则每一单位土方工程所消耗的人工、材料差别很大。因此，还必须把分部工程按照不同的施工方法、不同的材料、不同的规格等作进一步的划分。

5. 分项工程

分项工程是分部工程的组成部分，是通过较为简单的施工过程就能生产出来，并且可以用适当计量单位计算其工程量大小的建筑或设备安装工程产品。例如每立方米砖基础工程、一台电动机的安装等。一般来说，分项工程的独立存在是没有意义的，它只是建筑或设备安装工程的最基本构成要素。

建设项目分解，如图1-1所示。

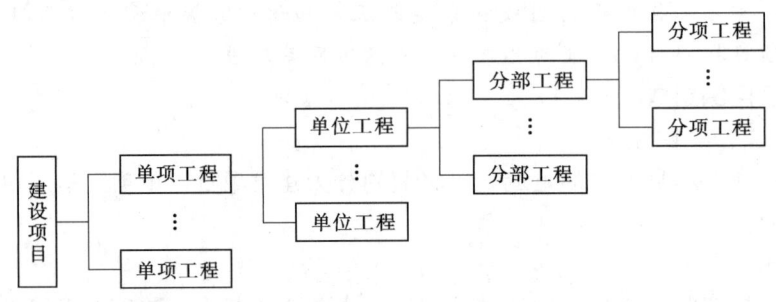

图1-1 建设项目分解示意图

（二）水利工程项目组成

1. 大类划分

水利工程按工程性质可以分为以下三大类。

（1）枢纽工程。它是指水利枢纽建筑物、大型泵站、大型拦河水闸和其他大型独立建筑物（含引水工程的水源工程）。它包括挡水工程、泄洪工程、引水工程、发电厂（泵站）工程、升压变电站工程、航运工程、鱼道工程、交通工程、房屋建筑工程、供电设施工程和其他建筑工程。其中，挡水工程等前7项为主体建筑工程。

（2）引水（渠道）工程。它是指供水工程、调水工程和灌溉工程（设计流量大于$5m^3/s$的灌溉工程）。包括渠（管）道工程、建筑物工程、交通工程、房屋建筑工程、供电设施工程和其他建筑工程。

（3）河道（堤防）工程。它是指堤防修建与加固工程、河湖整治工程以及灌溉工程（设计流量小于 $5m^3/s$ 的灌溉工程）。包括河湖整治与堤防工程、灌溉及田间渠（管）道工程、建筑物工程、交通工程、房屋建筑工程、供电设施工程和其他建筑工程。

2. 大类划分下的水利工程项目组成

根据水利工程性质，工程项目分别按枢纽工程、引水工程及河道工程划分，工程各部分下设一级、二级、三级项目。其中一级项目相当于单项工程，二级项目相当于单位工程，三级项目相当于分部、分项工程。具体规定，见水利部《水利工程设计概（估）算编制规定》（水总〔2014〕429号）。

二、工程项目分类

由于工程建设项目种类繁多，为了适应科学管理的需要，正确反映工程建设项目的性质、内容和规模，可从不同角度对工程建设项目进行分类。

1. 按建设工程的自然属性划分

建设工程是指为人类生活、生产提供物质技术基础的各类建筑物和工程设施的统称。按照自然属性可分为建筑工程、土木工程和机电工程3类，涵盖房屋建筑工程、铁路工程、公路工程、水利工程、市政工程、煤炭矿山工程、水运工程、海洋工程、民航工程、商业与物质工程、农业工程、林业工程、粮食工程、石油天然气工程、海洋石油工程、火电工程、水电工程、核工业工程、建材工程、冶金工程、有色金属工程、石化工程、化工工程、医药工程、机械工程、航天与航空工程、兵器与船舶工程、轻工工程、纺织工程、电子与通信工程和广播电影电视工程等。

2. 按建设性质划分

按建设性质，工程项目可分为新建项目、扩建项目、迁建项目、恢复项目、改建项目等类别。

（1）新建项目。它是指根据国民经济和社会发展的近、远期规划，按照规定的程序立项，从无到有、"平地起家"的建设项目。

（2）扩建项目。它是指现有企业、事业单位在原有场地内或其他地点，为扩大产品的生产能力或增加经济效益而增建的生产车间、独立的生产线或分厂的项目；事业和行政单位在原有业务系统的基础上扩充规模而进行的新增固定资产投资项目。

（3）迁建项目。它是指原有企业、事业单位，根据自身生产经营和事业发展的要求，按照国家调整生产力布局的经济发展战略的需要或出于环境保护等其他特殊要求，搬迁到异地而建设的项目。

（4）恢复项目。它是指原有企业、事业和行政单位，因在自然灾害或战争中使原有固定资产遭受全部或部分报废，需要进行投资重建来恢复生产能力和业务工作条件、生活福利设施等的建设项目。这类项目，不论是按原有规模恢复建设，还是在恢复过程中同时进行扩建，都属于恢复项目。但对尚未建成投产或交付使用的项目，受到破坏后，若仍按原设计重建的，原建设性质不变；如果按新设计重建，则根据新设计内容来确定其性质。

（5）改建项目。它是指为了提高生产效益，改进产品质量或产品方向，对原有设备、工艺流程进行技术改造的项目，或为提高综合生产能力增加一些附属和辅助车间或非生产性工程。

基本建设项目按其性质分为上述5类，一个基本建设项目只能有一种性质，在项目按总体设计全部建成以前，其建设性质是始终不变的。更新改造项目包括挖潜工程、节能工程、安全工程、环境保护工程等。

3. 按建设规模划分

为适应对工程建设项目分级管理的需要，国家规定基本建设项目分为大型、中型、小型三类；更新改造项目分为限额以上和限额以下两类。不同等级标准的工程建设项目国家规定的审批机关和报建程序也不尽相同。划分项目等级有下列原则：

（1）按批准的可行性研究报告（初步设计）所确定的总设计能力或投资总额的大小，依据国家颁布的《关于基本建设项目和大中型划分标准的规定》（国家计委、国家建委、财政部〔1978〕234号文）进行分类。

（2）凡生产单一产品的项目，一般按产品的设计生产能力划分；生产多种产品的项目，一般按其主要产品的设计生产能力划分；产品分类较多，不易分清主次、难以按产品的设计能力划分时，可按投资总额划分。

（3）对国民经济和社会发展具有特殊意义的某些项目，虽然设计能力或全部投资不够大、中型项目标准，经国家批准已列入大、中型计划或国家重点建设工程的项目，也按大、中型项目管理。

（4）更新改造项目一般只按照投资额分为限额以上和限额以下项目，不再按生产能力或其他标准划分。

（5）基本建设项目的大、中、小型和更新改造项目限额的具体划分标准，根据各个时期经济发展和实际工作中的需要而有所变化。

4. 按投资作用划分

按投资作用，工程建设项目可分为生产性建设项目和非生产性建设项目。

（1）生产性建设项目。是指直接用于物质资料生产或直接为物质资料生产服务的工程建设项目。主要包括下列几项。

1）工业建设。它包括工业、国防和能源建设。

2）农业建设。它包括农、林、牧、渔、水利建设下列几项。

3）基础设施建设。它包括交通、邮电、通信建设，地质普查、勘探建设等。

4）商业建设。它包括商业、饮食、仓储、综合技术服务事业的建设。

（2）非生产性建设项目。它是指用于满足人民物质和文化、福利需要的建设和非物质资料生产部门的建设。主要包括以下几项。

1）办公用房。国家各级党政机关、社会团体、企业管理机关的办公用房。

2）居住建筑。住宅、公寓、别墅等。

3）公共建筑。科学、教育、文化艺术、广播电视、卫生、博览、体育、社会福利事业、公共事业、咨询服务、宗教、金融、保险等建设。

4）其他建设。不属于上述各类的其他非生产性建设。

5. 按项目的投资效益划分

按项目的投资效益，工程项目可分为竞争性项目、基础性项目和公益性项目。

（1）竞争性项目。它主要是指投资效益比较高、竞争性比较强的一般性建设项目。这类建设项目应以企业作为基本投资主体，由企业自主决策、自担投资风险。

（2）基础性项目。它主要是指具有自然垄断性、建设周期长、投资额大而收益低的基础设施和需要政府重点扶持的一部分基础工业项目，以及直接增强国力的符合经济规模的支柱产业项目。

（3）公益性项目。它主要包括科技、文教、卫生、体育和环保等设施，公、检、法等政权机关以及政府机关、社会团体办公设施，国防建设等。公益性项目的投资主要由政府用财政资金安排的项目。

6. 按投资来源划分

按投资来源划分，可分为政府投资项目和非政府投资项目。

任务三　水利工程项目建设程序

任务描述：学习水利工程项目建设程序基础知识；熟悉水利工程项目建设的过程。

工程项目建设过程大致上可以分为 3 个时期，即前期工作时期、工程实施时期、竣工投产时期。从国内外的工程项目建设经验看，前期工作最重要，一般占整个过程的 50%～60% 的时间。前期工作搞好了，其后各阶段的工作就容易顺利完成。

水利工程建设程序一般分为：项目建议书、可行性研究报告、初步设计、施工准备（包括招标设计和设备订货）、建设实施、生产准备、竣工验收、后评价等 8 个阶段，各阶段的具体内容如下。

1. 项目建议书阶段

项目建议书是在流域（或区域）规划的基础上，由主管部门（或投资者）对拟建项目做出的轮廓性设想和建议。为确定拟建项目是否有必要建设、是否具备建设的基本条件、是否值得投入资金和人力、是否需要再作进一步的研究论证工作提供依据。

项目建议书编制一般委托有相应资质的设计单位承担，并按国家规定权限向上级主管部门申报审批。项目建议书被批准后由政府向社会公布，若有投资建设意向，应及时组建项目法人筹备机构，开展下一阶段建设程序工作。

2. 可行性研究报告阶段

可行性研究应对项目进行方案比较，对项目在技术上是否可行和经济上是否合理进行科学的分析和论证。经过批准的可行性研究报告，是项目决策和进行初步设计的依据。可行性研究报告，由项目法人（或筹备机构）组织编制。

可行性研究应对项目在技术上是否先进、适用、可靠，在经济上是否合理可行，在财务上是否盈利做出多方案比较，提出评价意见，推荐最佳方案。可行性研究报告是建设项目立项决策的依据，也是项目办理资金筹措、签订合作协议、进行初步设计等工作的依据和基础。

可行性研究报告，按国家现行规定的审批权限报批。申报项目可行性研究报告，必须同时提出项目法人组建方案及运行机制、资金筹措方案、资金结构及回收资金办法，并依照有关规定附具有管辖权的水行政主管部门或流域机构签署的规划同意书，对取水许可预申请的书面审查意见，审批部门要委托有项目相应资质的工程咨询机构对可行性研究报告进行评估，并综合行业归口主管部门、投资机构（公司）、项目法人（或项目法人筹备机构）等方面的意见进行审批。项目可行性研究报告批准后，应正式成立项目法人，并按项目法人责任制进行管理。

3. 初步设计阶段

初步设计是根据批准的可行性研究报告和必要而准确的设计资料,对设计对象进行通盘研究,阐明拟建工程在技术上的可行性和经济上的合理性,确定项目的各项基本技术参数,编制项目的总概算。初步设计任务应择优选择有相应资质的设计单位承担,依照有关初步设计编制规定进行编制。

承担水利工程设计的单位在进行设计以前,要认真研究可行性研究报告,全面收集建设地区的工农业生产、社会经济、自然条件,包括水文、地质、气象等资料;对坝址、库区的地形、地质进行勘测、勘探;对岩土地基进行分析试验;对于建设区的建筑材料的分布、储量、运输方式、单价等要调查、勘测。

初步设计要提出设计报告、设计图纸和初设概算三项资料。主要内容包括:工程的总体规划布置,工程规模(包括装机容量、水库的特征水位等),地质条件,主要建筑物的位置、结构形式和尺寸,主要建筑物的施工方法,施工导流方案,消防设施、环境保护、水库淹没、工程占地、水利工程管理机构等。对灌区工程来说,还要确定灌区的范围,主要干支渠道的规划布置,渠道的初步定线、断面设计和土石方量的估计等。还应包括各种建筑材料的用量、主要技术经济指标、建设工期、设计总概算等。

初步设计报批前,一般由项目法人委托有相应资质的工程咨询机构或组织专家,对初步设计中的重大问题进行咨询论证。设计单位根据咨询论证意见,对初步设计文件进行补充、修改和优化。初步设计由项目法人组织审查后,按国家现行规定权限向主管部门申报审批。

4. 施工准备阶段

项目在主体工程开工之前,必须完成各项施工准备工作,其主要内容包括:施工现场的征地、拆迁;完成施工用水、电、通信、路和场地平整等工程;完成必需的生产、生活临时建筑工程;组织招标设计、咨询、设备和物资采购等服务;组织建设监理和主体工程招标投标,并择优选定建设监理单位和施工承包队伍。这一阶段的工作对于保证项目开工后能否顺利进行,具有决定性作用。

水利工程项目进行施工准备必须满足以下条件:初步设计已经批准;项目法人已经建立;项目已列入国家或地方水利建设投资计划,筹资方案已经确定;有关土地使用权已经批准;已办理报建手续。

施工准备工作开始前,其项目法人或其代理机构,必须按照规定向水行政主管部门办理报建手续,项目报建须交验工程建设项目的有关批准文件。

5. 建设实施阶段

建设实施阶段是指主体工程的建设实施,项目法人按照批准的建设文件,组织工程建设,保证项目建设目标的实现。项目法人或其代理机构必须按审批权限,向主管部门提出主体工程开工申请报告,经批准后,主体工程方能正式开工。

主体工程开工须具备以下条件:前期工程各阶段文件已按规定批准,施工详图设计可以满足初期主体工程施工需要;建设项目已列入国家或地方水利建设投资年度计划,年度建设资金已落实;主体工程招标已经决标,工程承包合同已经签订,并得到主管部门同意;现场施工准备和征地移民等建设外部条件能够满足主体工程开工需要;建设管理模式已经确定,投资主体与项目主体的管理关系已经理顺;项目建设所需全部投资来源已经明确,且投资结构合理;项目产品的销售,已有用户承诺,并确定了定价原则。

施工是把设计变为具有使用价值的工程实体，必须严格按照设计图纸进行，如有修改变动，要征得设计单位的同意。施工单位要严格履行合同，要与建设、设计单位和监理工程师密切配合。在施工过程中，各个环节要相互协调，要加强科学管理，确保工程质量，全面按期完成施工任务。要按设计和施工验收规范验收，对地下工程，特别是基础和结构的关键部位，一定要在验收合格后，才能进行下一道工序施工，并做好原始记录。

6．生产准备阶段

生产准备是建设阶段转入生产经营的必要条件。项目法人应按照建管结合和项目法人责任制的要求，适时做好有关生产准备工作。生产准备应根据不同类型的工程要求确定，一般应包括以下 5 项主要内容。

(1) 生产组织准备。

(2) 招收和培训人员。

(3) 生产技术准备。

(4) 生产物资准备。

(5) 正常的生活福利设施准备。

7．竣工验收阶段

竣工验收是工程完成建设目标的标志，是全面考核基本建设成果、检验设计和工程质量的重要步骤。竣工验收合格的项目即从基本建设转入生产或使用。当建设项目的建设内容全部完成，并经过单项工程验收，符合设计要求并按有关规定的要求完成了档案资料的整理工作；完成竣工报告、竣工决算等必需文件的编制后，项目法人按规定向验收主管部门提出申请，根据国家和部颁验收规程，组织验收。

水利工程按照设计文件所规定的内容建成以后，在办理竣工验收以前，必须进行试运行。例如，对灌溉渠道来说，要进行放水试验；对水电站、抽水站来说，要进行试运转和试生产，检查考核是否达到设计标准和施工验收中的质量要求。如工程质量不合格，应返工或进行加固。

竣工验收程序，一般分两个阶段：单项工程验收和整个工程项目的全部验收。对于大型工程，因建设时间长或建设过程中逐步投产，应分批组织验收。验收之前，项目法人要组织设计、施工等单位进行初验并向主管部门提交验收申请，根据国家和部颁验收规程组织验收。

水利工程把上述验收程序分为阶段验收和竣工验收，凡能独立发挥作用的单项工程均应进行阶段验收，如截流、下闸蓄水、机组启动、通水等。

8．后评价阶段

后评价是工程交付生产运行 1～2 年时间后，对项目的立项决策、设计、施工、竣工验收、生产运行等全过程进行系统评价的一种技术经济活动，是基本建设程序的最后一环。通过后评价达到肯定成绩、总结经验、研究问题、提高项目决策水平和投资效果的目的。评价的内容主要包括以下 3 个方面。

(1) 影响评价。通过项目建成投入生产后对社会、经济、政治、技术和环境等方面所产生的影响，来评价项目决策的正确性。

(2) 经济效益评价。通过项目建成投产后所产生的实际效益的分析，来评价项目投资是否合理，经营管理是否得当，并与可行性研究阶段的评价结果进行比较，找出二者之间的差异及原因，提出改进措施。

（3）过程评价。上述两种评价是从项目投产后运行结果来分析评价的。过程评价则是从项目的立项决策、设计、施工、竣工投产等全过程进行系统分析。

以上所述基本建设程序的 8 项内容，是我国对水利工程建设程序的基本要求，也基本反映了水利工程建设工作的全过程。

任务四 案 例 分 析

认识水利工程项目管理中的主要参与方

一个水利工程项目涉及的利益相关者很多，那么它的参与方有哪些呢？从项目管理角度来看，水利工程项目的主要参与方有：项目业主、咨询工程师、承包商、银行和政府等（图 1-2）。

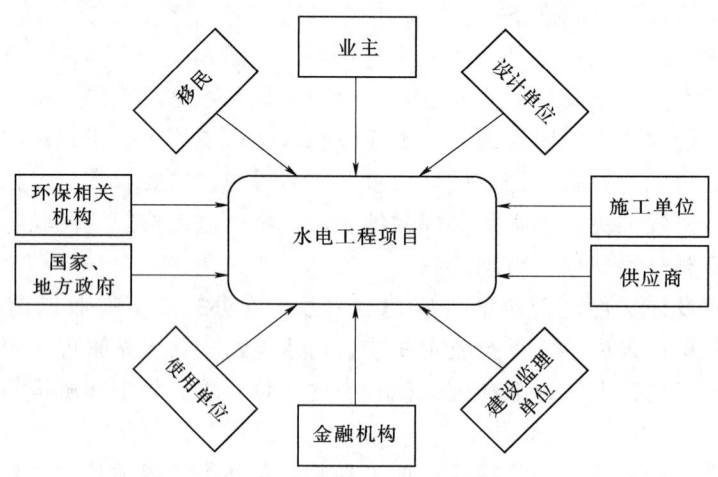

图 1-2 水利工程项目利益相关者

一、项目业主

通常项目业主是泛指项目的所有出资人（包括资金、技术、及其他资产入股等），但从严格意义上讲，项目业主是指各投资主体依照一定法律关系组成的法人形式（项目法人）。项目业主是项目的发起人和投资人，对项目管理的重大问题作出决策。作为投资人，项目业主是为工程项目提供资金的人；作为发起人，其职责是发起项目，保证项目的方向正确，对工程项目范围的界定予以审核、批准，批准工程项目的策划、规划、计划、变更报告，监督项目的进程、资金运用和质量，对需要其决策的问题作出反应。业主对工程项目的管理表现了各投资方对项目的要求，业主也是对工程项目进行全面管理的中心。此外从管理方式上看，在项目建设过程中业主对工程项目管理大都采用间接而非直接的方式。

二、咨询工程师

咨询工程师是以从事工程咨询服务业务为职业的工程技术人员和工程管理人员的总称。在科学技术与经济水平高度发展的现代社会，工程咨询任务往往不是一个或几个人所能完成的，大都需要工程咨询公司承担，因此，国际上习惯将提供独立工程咨询服务的个人和公司统称为咨询工程师。咨询工程师能在工程建设的各个阶段，为业主、承包商等各方提供各种形式和内容的咨询服务，因此咨询工程师可以是设计者（如××水利水电工程勘测设计研究院），咨询工程师也可以是施工监理（如××水利水电工程监理公司），咨询工程师还可以是业主的代理人（如××项目管理公司）。

三、承包商

承包商分为两类，一类为工程承包商，另一类为设备承包商。工程承包商，俗称施工单位，是工程项目产品的生产者和经营者，它是由相关专业人员组成的，有相应资质、承接项目的建筑和安装工程建设的公司或其他法人组织。施工单位是建设市场的主体之一，一般通过竞争取得施工任务，通过签订工程施工合同与项目法人建立协作关系，然后编制施工项目管理规划，组织投入人力、物力、财力进行工程施工，实现合同和设计文件确定的功能、质量、工期、费用、资源消耗等目标，产出工程项目产品，通过竣工验收交付给项目法人，继而在保修期限内进行保修，完成全部工程项目的生产经营和管理任务。设备承包商是按照与业主签订的委托合同承接设备制造的生产厂家，它们有时也承接设备安装工程业务。承包商的项目管理直接作用于工程项目实体，以与业主签订的委托合同为根本要求。由于管理过程中资金投入相对巨大，且为项目建设风险的最后控制阶段，因此承包商必须加强施工管理，同时业主也须加强对其监督，以避免和减少损失的发生。

四、银行

银行对工程项目的管理是指以银行为代表的为项目提供资金贷款的各金融机构，从其所提供资金的安全性、流动性、收益性等方面考虑，对项目进行了解、评估、分析及控制等，是一种不完全意义上的项目管理。其管理的重点包括资金投入的评审和对资金投入与使用的控制与监督，以及风险控制措施等。银行对贷款项目管理的特点有：管理的主动权随着资金的投入而降低（银行对工程项目的前期管理更为重要）；管理手段带有更强的金融专业性；以资金运动为主线进行管理（相对其他参与方的管理来说，直接的管理对象比较单一）。

五、政府

政府对项目管理的作用体现在：保证投资方向与国家产业政策的要求相一致，保证工程项目与国家经济社会发展规划、环境生态等要求相一致，引导投资规模达到合理经济规模，保证国家整体投资规模与外债规模在合理的、可控制的范围内进行，保证国家经济安全和公共利益，防止垄断。政府管理的特点：权威性较大，严肃性较大，可采用最全面的管理手段，必须保证政府对项目实施管理时的公平性，政府对工程项目主要是宏观管理，政府在管理中强调中介组织的作用。以采用全面的管理手段为例，质量监督机构就代表政府对工程项目的质量进行监督，对设计、材料、施工、竣工验收各个项目建设环节进行全面的质量监督，对有关组织的资质与工程项目需要的匹配进行检查与监督，以充分保证工程项目的质量。

项 目 学 习 小 结

本项目介绍了项目、工程项目、工程项目管理的概念，从一般建设工程项目的组成到水利工程项目的组成，工程项目在不同标准下的分类，以及水利工程项目的建设程序等知识，并通过案例分析使学生系统认识水利工程项目管理的复杂性，其中工程项目的组成与分类为教学重点。通过对本项目的学习，学生应当掌握水利工程项目的组成和分类、熟悉工程项目的建设程序。

职业能力训练一

一、单选题

1. 项目就是在既定的资源（即限定时间、限定费用和限定质量标准）和要求等约束条件下完成的（　　）任务和管理对象。
   A. 重复性　　　　　　　　　B. 多样性
   C. 一次性　　　　　　　　　D. 综合性

2. 工程项目是指需要一定量的投资，按照一定的程序，在一定的约束条件（时间、质量要求）下，以形成（　　）为明确目标的一次性任务。
   A. 固定资产　　　　　　　　B. 建筑物
   C. 工程实体　　　　　　　　D. 生产能力

3. 将建筑工程按照工种划分为土石方工程、钢筋混凝土工程、装饰工程的是（　　）。
   A. 单项工程　　　　　　　　B. 单位工程
   C. 分部工程　　　　　　　　D. 分项工程

4. 初步设计由（　　）组织审查后，按国家现行规定权限向主管部门申报审批。
   A. 上级机关　　　　　　　　B. 水行政主管部门
   C. 设计单位　　　　　　　　D. 项目法人

5. 对于大型工程，因建设时间长或建设过程中逐步投产，应（　　）分批组织验收。
   A. 逐个标段　　　　　　　　B. 等整个工程项目完工后
   C. 分批　　　　　　　　　　D. 分年

二、多选题

1. 工程建设的特殊性有（　　）。
   A. 建设周期长　　　　　　　B. 建设过程的连续性和协作性
   C. 固定性　　　　　　　　　D. 受自然和社会条件的制约性强

2. 工程项目管理的特点有（　　）。
   A. 一次性管理　　　　　　　B. 全过程的综合性管理
   C. 约束性强的控制管理　　　D. 时间跨度长的管理

3. 通常按工程项目本身的内部组成，可将其划分为（　　）。
   A. 建设项目　　　　　　　　B. 局部工程
   C. 单项工程　　　　　　　　D. 单位工程

4. 水利工程按工程性质分，包括（　　）。
   A. 枢纽工程　　　　　　　　B. 挡水工程
   C. 引水（渠道）工程　　　　D. 河道（堤防）工程

5. 按投资效益划分，工程建设项目可分为（　　）。
   A. 竞争性项目　　　　　　　B. 基础性项目
   C. 盈利性项目　　　　　　　D. 公益性项目

三、判断题

1. 工程项目的特殊性主要表现在具有总体性和综合性。（　　）

2. 根据水利工程性质，在大类划分之下，工程各部分下设一级、二级、三级项目。（　　）

3. 按自然属性，工程建设项目可以分为新建项目、扩建项目、改建项目、迁建项目、恢复项目。（　　）

4. 邮电、通信建设项目属于非生产性建设项目。（　　）

5. 施工是把设计变为具有使用价值的工程实体，必须严格按照设计图纸进行，如有修改变动，要征得设计单位的同意。（　　）

项目二　工程项目的组织

项目描述：本项目通过完成3个学习任务，了解工程项目的发承包模式，熟悉工程项目的组织机构形式，掌握项目经理与项目团队的相关知识。

项目学习目标：通过本项目学习，对工程项目的组织有一个较为全面的认识。

项目学习的重点：项目经理与项目团队。

项目学习的难点：项目经理的角色定位。

任务一　工程项目的发承包模式

任务描述：了解工程项目发承包的传统的项目管理模式（DBB模式）、交钥匙总承包模式（EPC模式）、建筑工程管理模式（CM模式）、"代建制"模式的概念及特点。

一、传统的项目管理模式

传统的项目管理模式，即"设计—招投标—建造"（DBB）模式。它是指项目业主将工程项目的设计、施工和设备材料采购的任务分解后，分别发包给若干个设计、施工单位和材料设备供应商，并分别和各个承包商签订合同。各个承包商之间的关系是平行的，他们在工程实施过程中接受业主或业主委托的监理公司的协调和监督。DBB模式示意图，如图2-1所示。

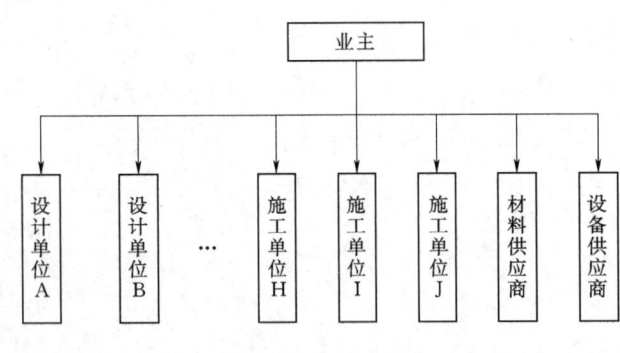

图2-1　DBB模式示意图

采用这种发承包模式，首先应合理地分解工程项目任务。在进行工程项目分解时，应符合我国建筑法关于禁止将建筑工程肢解发包的规定，即不得将应当由一个承包单位完成的建筑工程，肢解成若干部分发包给几个承包单位。

采用这种承包模式，由于项目任务经过分解后发包，在设计和施工阶段有可能形成搭接关系，可以缩短整个项目工期。项目任务的细分，可以减少工作的不确定性，从而减少承包商对风险补偿的要求和总包的管理费用，可以节省投资。但是，这种承包模式要求业主分别和承包商签订合同，因此合同数量众多，造成业主方的合同管理困难。由于合同关系多，项目系统内部的界面增多，加上众多的承包商没有统一指挥和协调的单位，导致业主的组织协调、管理工作量增大，因而要求业主有很强的专业管理能力和管理经验，否则应将各种管理任务委托给监理公司或项目管理公司。

二、"设计—采购—施工"或交钥匙总承包模式

EPC总承包模式又称交钥匙总承包模式,指工程总承包企业按照合同约定,承担工程项目的设计、采购、施工、试运行服务等工作,并对承包工程的质量、安全、工期、造价全面负责,使业主获得一个现成的工程。通过EPC的总承包,可以比较容易地解决设计、采购、施工、试运转整个过程的不同环节中存在的突出矛盾,使工程项目实施获得优质、高效、低成本的效果。EPC总承包模式示意图,如图2-2所示。

在这种模式中,业主和承包商之间只有一份合同,合同关系单一,业主与承包商之间的界面简单,相当一部分的项目协调与管理工作,由总包商统一承担,从而减少业主的协调和管理工作量。这种承包模式可以使设计与施工有机结合,有利于承包商的进度和成本控制,但是这并不意味着可以降低业主的投资,而且往往相反,由于承包商要进行大量的管理工作而增加管理成本,再加上由于不确定性增加,承包商要求更高的风险补偿费,从而导致合同价更高。

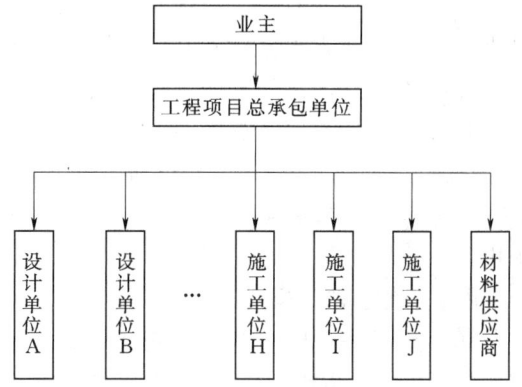

图2-2 EPC总承包模式示意图

三、建筑工程管理模式

建筑工程管理(Construction Management,CM)模式是指在采用快速路径法施工时,从工程建设详设阶段开始,业主方就选择具有施工经验的CM单位(或CM经理),如咨询单位建设开发公司、工程总承包公司等,大多选择施工总承包公司,参与到工程实施中来,为设计方提供施工方面的建议,并且随后负责施工管理。

要强调的是,不能将组织快速施工与CM模式混为一谈,在DBB模式下也可组织快速施工。CM模式的主要特点,是在工程实施阶段,业主建立以CM单位为核心的治理结构,即建设管理组织体系,以及相应的合同体系。

这种模式采用的是阶段性发包方式,与设计图纸全部完成之后才进行招标的传统的连续建设模式不同,阶段发包方式示意图,如图2-3所示。

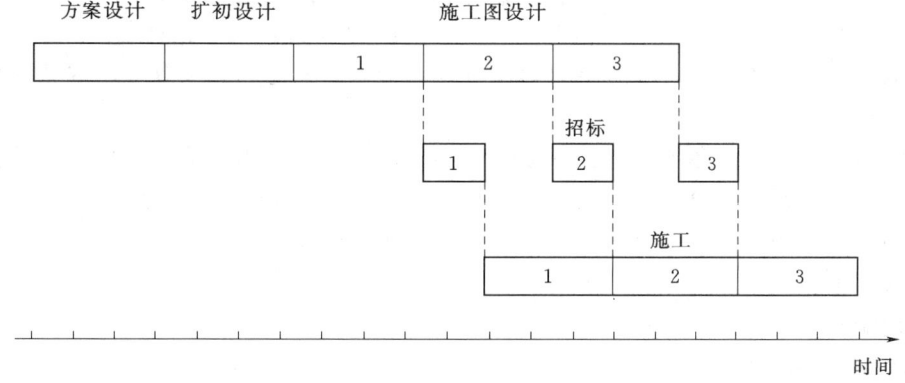

图2-3 阶段发包方式示意图

CM模式可以缩短工程从规划、设计到竣工的周期，整个工程可以提前投产，节约投资，减少投资风险，较早地获得收益；CM单位或CM经理早期即介入设计管理，因而设计者可听取CM经理的建议，预先考虑施工因素，以改进设计的可施工性，还可运用价值工程改进设计，以节省投资。但分项招标可能导致承包费用较高，因而要做好分析比较，研究项目分项的多少，充分发挥专业分包商的专长。

需要注意的是，该模式要求挑选精明强干，精通管理、经济及工程技术的人才来担任CM经理。CM经理与业主为合同关系，负责工程的监督、协调及管理工作；在施工阶段的主要任务是定期与承包商会晤，对成本、质量和进度进行监督，并预测、监控成本和进度的变化。

四、"代建制"模式

2004年7月16日，国务院正式批准的《国务院关于投资体制改革的决定》（国发〔2004〕20号）指出：对非经营性政府投资项目加快推行"代建制"，即通过招标等方式，选择专业化的项目管理单位负责建设实施，严格控制项目投资、质量和工期，竣工验收后移交给使用单位。

"代建制"是指投资方经过规定的程序，委托相应资质的工程管理公司或具备相应工程管理能力的其他企业，代理投资人或建设单位组织和管理项目建设的模式。"代建制"是一种特殊的项目管理方式。"代建制"除项目管理的内容外，还包括项目策划，报批、办规划、土地、环评、消防、市政、人防、绿化、开工等手续，采购施工承包商和管理服务单位等内容。

目前，"代建制"的运作模式主要有两种。

（1）"委托代理合同"模式。由"项目法人"（或"项目业主"）采用招标投标方式选定一个工程管理单位作为"代建单位"，与"代建单位"（受托方）签订"代建合同"；代建人代行项目业主的职能，依据国家有关法律、法规，办理有关审批手续，自主选择工程服务商和承包商。项目建成后协助委托人组织项目的验收。

（2）以常设性事业单位为主，实行相对集中的专业化管理。即成立政府投资项目建设管理机构，全权负责公益性项目的建设实施，建成后移交使用单位。如深圳市借鉴香港做法，成立工务局，作为负责政府投资的市政工程和其他重要公共工程建设专门管理机构，代表政府行使业主职能。

任务二　工程项目管理组织结构形式

任务描述：学习工程项目管理组织的3种结构形式，熟悉工程项目管理常见组织结构形式的特点。

组织结构形式是组织各要素相互联结的框架的形式。项目组织形式可按组织结构、项目组织与企业组织联系方式分类。按组织的结构分，项目组织形式常见的有直线制、职能制、直线职能制、矩阵制、事业部制等；按项目组织与企业组织联系方式分，项目组织的常见形式有职能式、项目式、矩阵式等。

一、职能式

1. 职能式的组织形式

职能式的组织形式是指按职能原则建立的项目组织。它是在不打乱企业现行建制的条件下,通过企业常设的不同职能部门组织完成项目。具体地说,在公司高级管理者的领导下,由各职能部门负责人构成项目协调层,由各职能部门负责人具体安排落实本部门内人员完成相关任务的项目管理组织形式。协调工作主要在各部门。分配到项目团体中的成员在职能部门内可能暂时是专职,也可能是兼职,但总体上看,没有专职人员从事项目工作。项目工作可能只持续进行一段时间,也可能长期进行下去,团队中的成员可能由各种职务的人组成。职能式组织形式示意图,如图2-4所示。

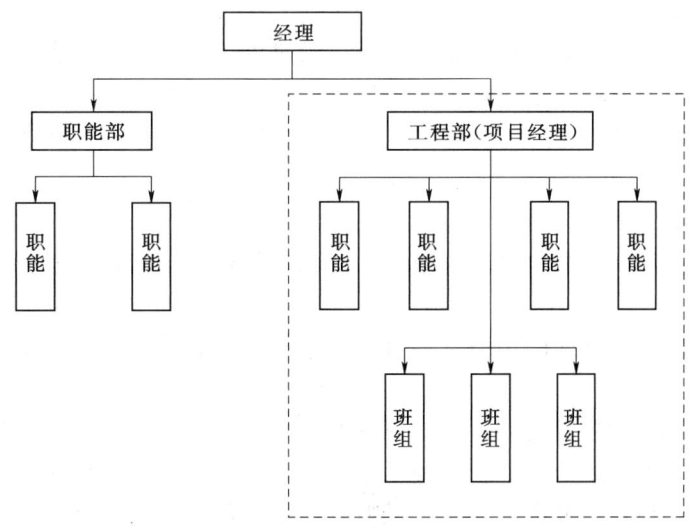

图2-4 职能式组织形式示意图

2. 职能式组织形式结构的优点

(1) 项目团队中各成员无后顾之忧。

(2) 各职能部门可以在本部门工作与项目工作任务的平衡中去安排力量,当项目团队中的某一成员因故不能参加时,其所在的职能部门可以重新安排人员予以补充。

(3) 当项目全部由某一职能部门负责时,项目的人员管理与使用变得更为简单,具有更大的灵活性。

(4) 项目团队的成员由同一部门的专业人员作技术支撑,有利于提高项目的专业技术问题的解决水平。

(5) 职能式组织形式有利于公司项目发展与管理的连续性。

3. 职能式组织结构的缺点

(1) 项目管理没有权威性。

(2) 项目团队的成员不易产生事业感与成就感。

(3) 对于参与多个项目的职能部门,特别是具体到个人来说,不易于均衡各项目之间力量投入的比例。

(4) 这种组织结构不利于不同职能部门团队成员之间的交流。

(5) 项目的发展空间容易受到限制。

二、项目式

1. 项目式的组织形式

项目式的组织形式就是将项目的组织形式独立于公司职能部门之外,由项目组织自己独立负责项目主要工作的一种组织管理模式。项目的具体工作主要由项目团队负责，项目的行政事务、财务、人事等在公司规定的权限内进行管理。

2. 项目式组织结构的优点

（1）项目经理是真正意义上的项目负责人。

（2）团队成员工作目标比较单一。

（3）项目管理层次相对简单，使项目管理的决策速度、响应速度变得快捷。

（4）项目管理指令一致。

（5）项目管理相对简单，对项目费用、质量及进度等的控制更加容易进行。

（6）项目团队内部容易沟通。

（7）当项目需要长期工作时，在项目团队的基础上容易形成一个新的职能部门。

3. 项目式组织结构的缺点

（1）容易出现配置重复、资源浪费的问题。

（2）项目组织成为一个相对封闭的组织，公司的管理与决策在项目管理组织中的贯彻可能遇到阻碍。

（3）项目团队与公司之间的沟通基本上靠项目经理，容易出现沟通不够和交流不充分的问题。

（4）项目团队成员在项目后期没有归属感。

（5）由于项目管理组织的独立性，使项目组织产生小团体观念，在人力资源与物质资源上出现"囤积"的思想，造成资源浪费；同时，各职能部门考虑其相对独立性，对该项目的资源支持会有所保留。

三、矩阵式

1. 矩阵式的组织形式

矩阵式的组织形式是介于职能式与项目式组织结构之间的一种项目管理组织形式。矩阵式项目组织结构中，参加项目的人员由各职能部门负责人安排。在项目工作期间，这些人员在项目工作内容上服从项目团队的安排，不独立于职能部门之外，是一种暂时的、半松散的组织形式。项目团队成员之间的沟通不需通过其职能部门领导，项目经理往往直接向公司领导汇报工作。矩阵式组织形式示意图，如图2-5所示。

根据项目团队中的情况，矩阵式项目组织结构又可分成弱矩阵式结构、强矩阵式结构和平衡矩阵式结构3种形式。

（1）弱矩阵式项目管理组织结构。这种组织结构形式一般是指在项目团队中没有一个明确的项目经理，只有一个协调员负责协调工作。团队各成员之间按照各自职能部门所对应的任务，相互协调进行工作。实际上在这种模式下，项目经理的职能相当于由部门负责人分担。

（2）强矩阵式项目管理组织结构。这种模式下的主要特点是，有一个专职的项目经理负责项目的管理与运行工作，项目经理来自于公司的专门项目管理部门。项目经理与上级沟通往往是通过其所在的项目管理部门负责人进行的。

（3）平衡矩阵式项目管理组织结构。这种组织结构形式是介于强矩阵式项目管理组织结构与弱矩阵式项目管理组织结构二者之间的一种形式。它的主要特点是项目经理是由一职能部门中的团队成员担任，其工作除项目管理工作外，还可能负责本部门承担的相应的项目中的任务。此时的项目经理与上级沟通不得不在其职能部门的负责人与公司领导之间做出平衡

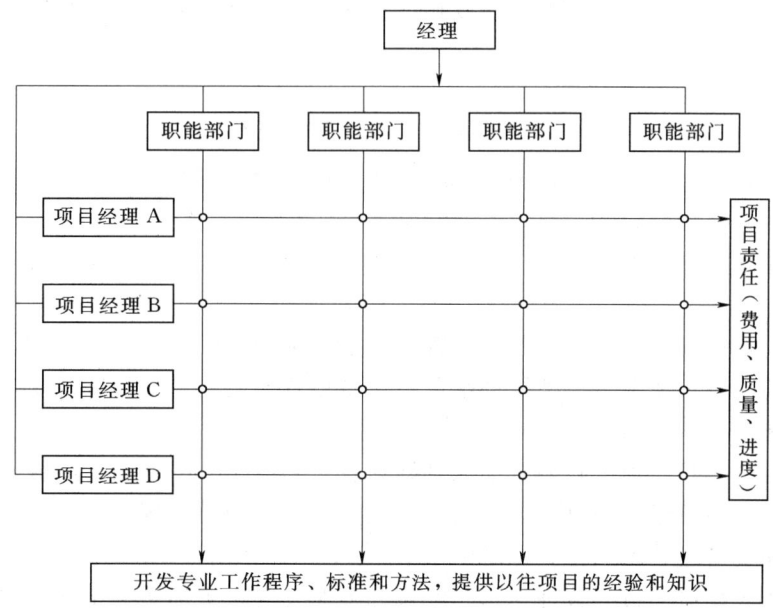

图 2-5 矩阵式组织形式示意图

与调整。

2. 矩阵式组织结构的优点

(1) 团队的工作目标与任务较明确,有专人负责项目的工作。

(2) 团队成员无后顾之忧。

(3) 各职能部门可根据自己部门的资源与任务情况来调整、安排资源力量,提高资源利用率。

(4) 提高了工作效率与反应速度,相对职能式组织形式来说,减少了工作层次与决策环节。

(5) 相对于项目式组织结构来说,可在一定程度上避免资源的囤积与浪费。

(6) 在强矩阵式模式中,由于项目经理来自于公司的项目经理部门,可使项目运行符合公司的有关规定,不易出现矛盾。

3. 矩阵式组织结构的缺点

(1) 项目管理权力平衡困难。

(2) 信息回路比较复杂。

(3) 项目成员处于多头领导状态。

任务三 项目经理与项目团队

任务描述:熟悉工程项目管理中的项目经理角色,掌握项目团队建设的知识。

一、项目经理的角色定位

(一) 项目经理概述

1. 定义

项目经理就是项目的负责人,也称为项目管理者或者项目领导者。他们领导这项目组织的运转，其最主要的职能是保证组织的成功，在项目及项目管理过程中起着关键的作用，是决定项目成败的关键角色。

2. 项目经理与职能经理的区别

(1) 首先项目经理与部门经理职责不同。

(2) 从个性因素来看，部门经理（如财务经理、销售经理、人事经理）属于常规型职业，项目经理属于交际型职业。

(3) 从职业发展方向来看，部门经理属于线型发展的职业，项目经理属于螺旋形发展的职业。

(4) 从职业的持续状态来看，部门经理通常是一种相对固定的长期职位，而项目经理受单个项目周期的限制，通常是一种短期性职位，也更具流动性和不稳定性。

3. 项目经理与公司总经理

项目经理与公司总经理之间显著的区别即为各自的权力范围不同。项目经理的权力局限于项目内部，而公司总经理则对整个公司行使权力。公司的总经理通过项目经理的选拔、使用、考核等来间接管理一个项目。

因此，项目经理对项目的管理比部门经理和公司总经理更加系统全面，要求具有系统思维的观点。同时，由于项目本质上就跨越各种领域，穿过许多组织界限，所以不存在常规管理，要经常地、快速地做出决策，实施项目成员、项目执行过程和项目成果的管理，这要求项目经理必须具备多种技能。

(二) 项目经理的角色

1. 合同履约的负责人

项目合同是规定承、发包双方责、权、利，具有法律约束力的契约文件，是处理双方关系的主要依据，也是市场经济条件下规范双方行为的准则。项目经理是公司在合同项目上的全权委托代理人，代表公司处理执行合同中的一切重大事宜，包括合同的实施、变更调整、违约处罚等，对合同执行负主要责任。

2. 项目计划的制订和执行监督人

为了做好项目工作、达到预定的目标，项目经理需要事前制定周全而且符合实际情况的计划，包括工作的目标、原则、程序和方法，使项目组全体成员围绕共同的目标、执行统一的原则、遵循规范的程序，按照科学的方法协调一致的工作，取得最好的效果。

3. 项目组织的指挥员

总承包的项目管理涉及众多部门、专业、人员和环节，是一项庞大的系统工程。为了提高项目管理的工作效率并节省项目的管理费用，要进行良好的组织和分工。项目经理要确定项目的组织原则和形式，为项目组人员提出明确的目标和要求，充分发挥每个成员的作用。

4. 项目协调工作的纽带

项目建设的成功不仅依靠公司的工作，还需要业主、分包单位的协作配合以及地方政府、社会各方面的指导与支持。项目经理应该充分考虑各方面的合理和潜在的利益，建立良好的关系。项目经理是协调各方面关系，使之相互紧密协作配合的桥梁与纽带。

5. 项目控制的中心

对项目工期、工程质量及工程造价的控制是项目投资效益的重要因素，也是项目合同考核的主要指标。项目经理要运用先进的项目管理技术，对项目的进度、质量、费用进行综合控制。制定执行效果测量基准，进行进展情况分析，采取纠正偏差的措施，保证项目的正常运行，是项目控制的中心。

（三）项目经理的职责与权力

1. 职责

(1) 明确项目目标。

(2) 制订项目计划。

(3) 建立项目管理的信息系统。

(4) 建立及/或贯彻项目管理制度。

(5) 项目资源的组织。

(6) 项目团队的建设。

(7) 项目控制成员考核。

(8) 其他。

2. 权力

项目经理的权力大小取决于项目在组织中的地位、项目的组织结构、项目的重要性和紧迫性等因素。

(1) 对项目进行组织，挑选项目组成员的权力。

(2) 制定项目有关决策的权力。

(3) 对项目所获得的资源进行分配的权力。

二、项目团队建设

在一个工程项目的管理过程中，人的因素占有越来越重要的地位，一个没有效率的团队组织有可能会影响到整个工程项目的进展程度。然而，传统的管理模式已经不能满足现代企业发展的需要，因为传统的管理模式会压抑员工的积极性和创造性。所以，整个团队的建设和管理就更加重要起来，只有建设一个健康发展、积极向上、团结配合的团队集体，才能创造出更加高效的价值。

（一）项目团队的概念及其建设意义

1. 项目团队的定义

团队是指为了达到某一确定的目标，通过分工、合作以及不同层次的权利与责任结合在一起的人群。项目团队是指为了适应项目的有效实施而建立的团队。从上述定义可知，项目团队并不仅仅指被分配到某个项目中工作的一组人员，它更是指一组相互联系的人员同心协力地进行工作，以实现项目目标。要使项目团队成为一个高效协作的团队，需要团队中每一个成员的共同努力。

2. 项目团队建设的意义

项目过程是柔性的、多变的，工程项目中人员由不同领域、不同文化层次的人组成。项目运作过程中人的因素是第一位的。人是主观的、有情感的，不同的人价值观不同，为人处世的方法、思考问题的方法不同，还有其他种种差异，因此人际沟通在项目中的重要性就突显出来。而团队在项目运作过程中，需要体现的是一种合力，积极的合力可以使得整体大于部分，一个项目虽然可以获得各种优秀人才，但是让他们协同工作，就需要有一个良好的团队建设管理组织。一个团队是团结协作还是一盘散沙，将直接决定整个工程项目的成败。

项目二 工程项目的组织

（二）项目团队的类型和特点

项目团队一般都包括 3 个层次：核心层、中心层、外延层。核心层是指面对面在一起直接从事项目工作的群体，是核心人员；中心层是指与核心层有着紧密联系的、直接为核心层的工作提供服务的项目团队成员；外延层，对核心层和中心层成员工作有影响，也可能指那些被项目工作影响但与项目工作没有直接联系的人群。

项目团队的特点主要有以下几点。

（1）共同的目标。这是团队的基本特点。对一个项目来说，为使项目团队工作有成效，就必须有一个统一明确的共同目标，并且对要实现的目标，每一个团队成员都要有共同的思考。

（2）合理的角色定位。它是指在一个团队里要有明确合理的分工与协作，每个成员都要明确自己的角色、责任、权利与义务，目标明确之后，进一步明确团队成员之间的相互关系。

（3）高度的凝聚力。凝聚力是指成员在项目内团结协作的向心力，也是维持团队正常运作的所有成员之间的相互吸引力。团队成员之间的吸引力越强，队员的凝聚力越强。

（4）团队成员相互信任。信任也是团队成功的一个必要因素，一个团队的能力大小受到团队内部成员相互信任程度的影响。在一个具有凝聚力的高效团队里，成员之间会相互关心，承认彼此之间存在的差异，信任他人所做的工作，这也是避免冲突的一个主要前提。

（5）有效沟通。有效的沟通，能营造团队的开放、坦诚的氛围，使得团队在一个友好的环境中，发挥更高的工作效率，创造一个和谐的团体，也因此促进团队的高度凝聚力。

（三）项目团队的管理建设

高效的项目团队管理主要从以下几个方面着手。

1. 项目团队的绩效管理

绩效管理是指各级管理者和员工为了达到组织目标共同参与的绩效计划制定、绩效辅导沟通、绩效考核评价、绩效结果应用、绩效目标提升的持续循环过程，绩效管理的目的是持续提升个人、部门和组织的绩效。项目团队绩效管理体系要有效运行，首先要落实绩效考核机构、制定团队和个人的绩效计划；其次要加强绩效考核（在此过程中要注重绩效辅导，帮助团队成员提高个人绩效，进而促进团队绩效的提高）；最后要进行绩效强化，通过将员工的奖励和员工绩效结合起来，强化绩效管理。

2. 项目团队的激励管理

对项目团队成员进行激励，可以激发团队成员工作的积极性与创造性，勉励团队成员向着所期望的目标与方向而努力的调节手段，是项目人力资源管理的重要内容。科学研究与现实实践表明：人的行为或工作动机产生于人的某种欲望或期望，这也是人的能动性源泉，同时提高项目团队成员的工作效能。大多数人都把自己的努力工作过程看作是获取某种报酬的手段，预期都跟自己的努力成正比，如果项目工程结束时，团队成员努力能得到相应合理而公平的报酬，则满意程度自然会增加，这就有利于强化和巩固这种努力，从而形成良性的循环，整个激励过程是一个项目人员需要、欲望或期望及其在工作中的行为表现来回持续往返的过程。

项目团队的激励管理可采用物质奖励、精神激励、榜样激励、综合激励、成就激励、挫折激励、激励强化等多种方式。具体到一个实施项目中，项目团队管理者需根据不同类型人员、不同地点和时间以及员工不同的奖励需求选择不同的奖励方式,这样才能达到真正激励的目的。

3. 项目团队的冲突管理

冲突就是个人、团队、组织限制或阻止另一部分个人、团队、组织达到预期目标的行为。工程项目团队内部成员之间相互了解越深入,彼此合作越默契,团队建设也就越出色,效率也会因此提高,但是人与人之间相互了解需要一定的磨合时间,在这一时期必然会存在很多方面的冲突,需要及时对这些冲突做出有效处理。在项目运作过程中,存在冲突是很经常也很正常的,但如果仅仅是试图避免冲突或者是压制冲突,只能是进一步恶化冲突,导致效率的严重下降。冲突既有积极的一面,也有消极的一面,如果能有效地解决这些冲突,可以有助于改善团队的建设和项目的状况,给团队一个学习与提高的机会;如果解决不当,有可能会给项目埋下隐患或者使得整个团队处于一种混乱状态,最终导致解散、失败。因此,项目团队管理者要引导冲突解决结果向着团队成员积极协作有利的方向发展,而不是向着消极的方向发展,造成不可挽救的恶果。

解决冲突的方式主要有:建立完善的解决冲突的方针与管理程序;冲突双方直接沟通协调,解决矛盾;利用会议解决冲突;在所有的解决方式中都离不开沟通,解决冲突过程中,沟通的方式有很多,如口头沟通、书面沟通、正式沟通、非正式沟通、面对面沟通或者是通过其他方式沟通等,这需要根据项目以及冲突的不同性质选择不同的沟通方式,以达到效率最高。

任务四 案 例 分 析

水利工程项目管理模式

目前,在我国水利水电工程上普遍应用的有平行发包(DBB)、代建制和EPC三种工程项目管理模式。

一、平行发包模式(DBB 模式)

平行发包模式是在项目法人制、招标投标制和建设监理制框架下建立的一种项目管理模式,现今已成为水利水电工程项目管理的主导模式(图2-6)。

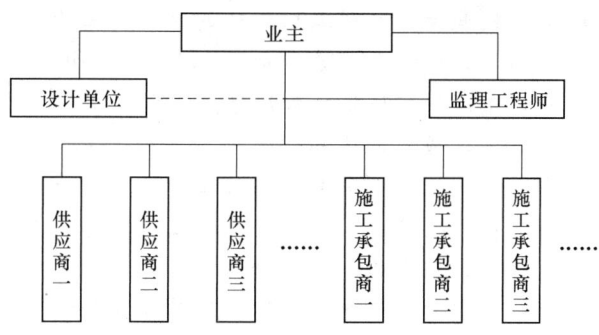

图2-6 平行发包模式参与各方关系

我国云南澜沧江上已投产的漫湾水电站,总装机容量150万kW,批准总投资为10.48

亿元，总工期9年。工程具有以下特点。

从初步设计结束到招标设计的时间较短，如以电站或主体工程作为一个总标进行招标，不仅工程规模大，对承包单位要求较高，难以形成竞争，而且设计也很难到达提前发电的总进度要求。施工场地开阔，能够同时容纳多个施工单位进场作业，不会发生大的干扰。

分析后认为采取平行发包模式有利于通过竞争降低工程造价，缩短工期。因此，采用了分项招标，即将电站的施工准备工程分为13个小标，主体工程分为4个大标，机电分主机、主变和机电安装3个大标和若干附属设备小标，对各小标进行竞标选择承包商。

实践证明，漫湾水电站采用平行发包模式，十几项施工准备工作同时进行，及早开工，赢得了时间，取得了提前一年截流的成效，而且全部招标工程标价总和低于标底的总和，提高了经济效益。在我国目前具有一般承包资质的单位总体多于具有总承包资质的单位的情况下，平行发包模式有利于建设单位择优选择承包单位，繁荣建筑市场。

二、代建制模式

代建制模式的出现，适应了投资多元化、经营市场化、管理社会化的管理体制改革的要求，在投资方的委托之下，专业、社会化的代建单位根据相关建设法律法规以及合同当中的规定对项目的整个过程实施全面的管理。常见的代建制参与各方关系如图2-7所示。

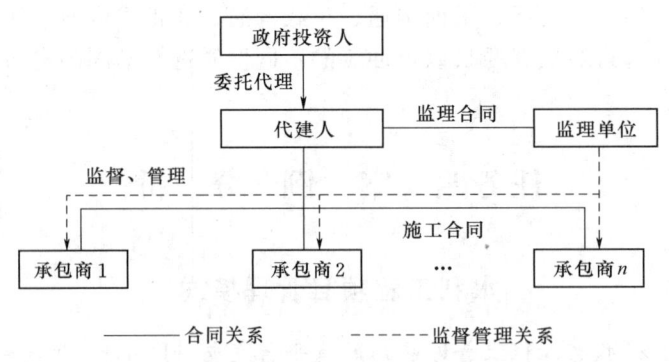

图2-7 代建制各方关系图

浙江省水利工程代建起步可以追溯到20世纪90年代初。最早实行代建的项目是1992年开始兴建的江山碗窑水库工程，该项目由代建单位全权履行建设单位职责，实施项目建设管理，开创了浙江省水利工程代建制先河。进入21世纪后，随着大中型水库除险加固工程的全面推进和围垦工程的大规模展开，水利工程代建的试行项目数量有了较大幅度的增加，先后有黄岩长潭、临海牛头山等大中型水库除险加固工程共16个项目完成了代建任务，另有5个项目正在建设过程中，累计代建项目总数达到21个。

在这些水利工程项目实施中，项目代建方一般承担了以下职责：全面管理设计、监理、施工等合同，组织协调各方的关系；组织有关单位对设计施工图等技术资料进行会审，并组织设计技术交底会议等；负责应由项目法人负责的工程技术、进度、质量、安全、投资、档案等管理；根据施工进度，提出合理化的工程资金使用意见，报甲方同意后实施；核定施工组织设计、施工方案、重大技术问题，组织编制落实度汛方案和各类应急预案，监督监理及施工企业按国家有关规范程序操作，工程关键部位对监理的旁站督查；负责编制基建等有关报表及验收的有关资料；定期向甲方报告工程建设管理工作情况；设计变更及工程量清单外的增项，均须事先报请甲方同意；组织分部工程、单位工程和完工验收，参与专项及竣工验收并完成应由项目法人承担的其他具体工作。

三、EPC 模式

2009 年，广州市水务局为了在 2010 年 11 月亚运会前实施大量水利工程基础设施建设，力推以设计为龙头的 EPC 项目管理模式（图 2-8）。2009 年 9 月进行了公开招标，成功确定了两个以勘测设计单位为主体的联合体单位分别实施海珠区调水补水工程设计采购施工总承包的两个标段。

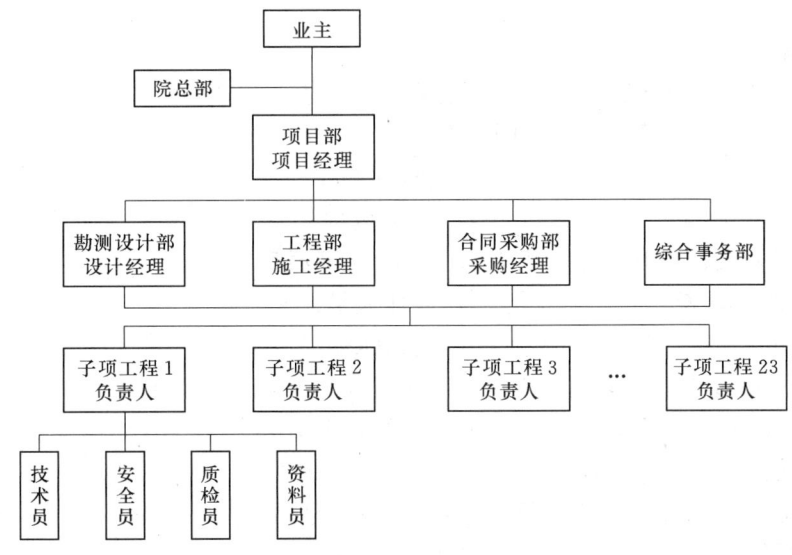

图 2-8　项目组织机构图

（1）EPC 模式使设计、施工、采购互相协调，实施深度交叉作业，有效地缩短建设周期，合理安排设计、施工和采购的进度，非常适合水利工程建设周期长、受水文气候因素影响大的特征。本项目仅用 9 个月的时间就完成了总投资额为 3.96 亿元、从设计到施工最终交付使用的任务，比传统模式最少缩短半年以上的工期。

（2）EPC 模式强化了设计单位的责任，提高设计效益，减少施工过程的变更，有效地将建造费用控制在项目预算内，提高项目投资经济效益。水利工程属于国家投资的基础设施建设项目，采用 EPC 模式能够节约社会资源，提高社会效益。敏感性分析的结果表明，投资因素的变动对效益指标的影响相对较大，采用 EPC 模式可以对项目的投资进行有效地控制。

（3）EPC 模式能够充分发挥设计单位的整体技术优势，代替业主对整个建设过程进行管理和控制，全面贯彻国家、行业政策及规程规范，使工程质量得到保证。水利工程关乎民生安危，通过 EPC 模式能够对质量进行有效地控制。本项目已通过有关部门的验收，各子项工程的合格率为 100%，优良率为 80%，达到了预定的质量目标。

项 目 学 习 小 结

本项目介绍了 DBB 模式、EPC 模式、CM 模式、"代建制"模式共 4 种工程项目发承包模式的概念和特点，职能式、项目式、矩阵式共 3 种工程项目管理组织结构形式的概念及优缺点、项目经理的角色定位、项目团队的定义、项目团队的类型和特点、项目团队的管理建设等知识，并通过案例分析使学生进一步熟悉建设项目承发包模式的特点。其中项目经理与项目团队部分是学习重点。通过本项目学习，学生应掌握项目团队建设知识，为将来走上工作岗位能尽快融入项目团队打下基础。

职 业 能 力 训 练 二

一、单选题

1. CM 模式的主要特点是，在工程实施阶段，业主建立以（　　）为核心的治理结构，即建设管理组织体系，以及相应的合同体系。
　　A. 工程技术人员　　　　　B. CM 单位
　　C. 项目法人　　　　　　　D. 咨询机构

2. 职能式的项目组织形式中，没有（　　）从事项目工作。
　　A. 公司高级管理者　　　　B. 兼职人员
　　C. 专职人员　　　　　　　D. 管理人员

3. 强矩阵式项目管理组织结构的项目经理由（　　）直接领导。
　　A. 公司总经理　　　　　　B. 项目管理部门
　　C. 公司职能部门　　　　　D. 工程部

4. 项目经理对项目的管理比部门经理和公司总经理更加（　　）。
　　A. 操作性强　　　　　　　B. 直接具体
　　C. 亲力亲为　　　　　　　D. 系统全面

5. 高效的项目团队管理主要从绩效管理、（　　）、冲突管理三方面着手。
　　A. 信息管理　　　　　　　B. 激励管理
　　C. 沟通管理　　　　　　　D. 目标管理

二、多选题

1. 传统的项目管理模式与交钥匙总承包模式相比较，对业主来说，主要缺点是：（　　）。
　　A. 合同管理困难　　　　　B. 工作的不确定性增加
　　C. 组织协调工作量增大　　D. 合同价更高

2. 工程项目管理的"代建制"模式与交钥匙总承包模式相比较，具有以下特点：（　　）。
　　A. 负责工程项目前期工作　B. 针对非经营性政府投资项目
　　C. 选择专业化的项目管理单位　D. 合同数量众多

3. 项目式的组织结构的优点有：（　　）。
　　A. 团队成员工作目标比较单一　B. 项目管理指令一致
　　C. 项目团队内部容易沟通　　　D. 项目团队中各成员无后顾之忧

4. 矩阵式组织结构的缺点，包括（　　）。
　　A. 项目管理权力平衡困难　B. 信息回路比较复杂
　　C. 项目的发展空间容易受到限制　D. 项目成员处于多头领导状态

5. 项目经理具有（　　）的权力。
　　A. 组织项目独立核算　　　B. 对项目所获得的资源进行分配

C. 制定项目有关决策　　　　　　D. 对项目进行组织，挑选项目组成员

三、判断题

1. CM 模式就是组织快速施工的模式。（　　）

2. "代建制"的运作模式主要有两种，即"委托代理合同"模式和"以常设性事业单位为主，实行相对集中的专业化管理"模式。（　　）

3. 项目式管理组织形式就是将项目的组织形式独立于公司职能部门之外，由项目组织自己独立负责其项目主要工作的一种组织管理模式。（　　）

4. 项目式组织结构的项目团队成员在项目后期没有归属感。（　　）

5. 项目经理相对于部门经理和公司总经理，不要求具有系统思维的观点。（　　）

项目三　水利工程建设项目招投标管理

项目描述：本项目通过完成 5 个教学任务，使学生理解建设工程招投标的相关概念，熟悉建设工程招标的方式与条件、水利工程招投标的规则与步骤，掌握水利工程招标投标的主要程序、工作方法及投标报价的策略技巧。

项目学习目标：通过本项目学习，使学生掌握水利工程建设项目招投标相关知识和技能。

项目学习重点：水利工程招投标的工作内容、程序步骤和工作方法，水利工程招投标文件的内容组成和编制方法。

项目学习难点：水利工程招投标文件的内容组成和编制方法。

任务一　招投标概述

任务描述：围绕对建设工程招投标基础知识的学习，了解建筑市场的术语概念、工程招标投标的发展沿革，理解建设工程招标投标的相关概念。

一、建筑市场概述

（一）建筑市场的概念

建筑市场是指建筑商品交换的场所，并体现建筑商品交换关系的总和，是整个国民经济市场的有机组成部分，它分为广义建筑市场和狭义建筑市场。广义建筑市场是指承载与建筑业生产经营活动相关的一切交易活动的总称，具体包括与工程建设有关的技术、租赁、中介机构或经纪人等媒介，沟通买卖双方，或通过招投标等多种方式成交的各种交易活动，还包括建筑商品生产过程及流通过程中的经济联系和经济关系，它也分为有形市场和无形市场两种形态。狭义建筑市场一般指有形建筑市场，它是以工程承发包交易活动为主要内容，有固定的交易场所（建设工程交易中心），如各地的工程招标中心。建筑市场有形化，提高了招投标活动的透明度，有利于竞争的公开和公正，对规范建筑市场有积极意义。

由于建设工程产品和建筑施工生产的特点，生产过程中不同阶段对承包单位的能力和要求不同，这就决定了建筑市场交易贯穿于建筑产品生产的整个过程。这种生产活动和交易活动交织在一起的特点，使得建筑市场在许多方面不同于其他产品市场。主要表现在以下 3 个方面。

（1）交易方式为买方向卖方直接订货，并以招投标为主要方式。

（2）交易价格以工程造价为基础，企业竞争是企业信誉、技术力量和施工质量等方面的竞争。

（3）交易行为受法律法规、规章制度的约束和监督。

我国的建筑市场经历了从产生到发展的历程，正在逐步完善。

（二）建筑市场的主体

建筑市场是由许多基本要素组成的有机统一整体，这些要素之间相互联系和相互作用，推动市场的有效运转。建筑市场的主体是指参与建筑生产交易的各方。我国建筑市场的主体主要包括建设单位（建设单位）、承包商、工程（咨询、监理）机构等。

1. 建设单位

建设单位是既有某项工程建设需要，又具有该项工程建设相应的建设资金和各种准建手续，在建筑市场中发包工程建设的勘察、设计、施工任务，并最终得到建筑产品的政府部门、企事业单位或个人（建设单位只有在发包工程或组织工程建设时才成为市场主体，因此，建设单位作为市场主体具有不确定性）。建设单位有时称为发包人、发包单位、建设单位、项目法人。

建设单位在工程项目建设中的主要职能是立项决策与可行性研究、资金筹措与管理、办理有关建设手续、招标与合同管理、施工与质量管理、竣工验收和试运行、统计结算及档案管理。

2. 承包商

承包商是指拥有一定数量的建筑装备、流动资金、人员，取得建设行业相应资质证书和营业执照的，能够按照建设单位的要求提供不同形态的建筑产品，并最终得到相应工程价款的建筑企业。

承包商从事建设生产，一般需要具备以下3个方面的条件。

（1）拥有符合国家规定的注册资本。

（2）拥有与其等级相适应且具有注册执业资格的专业技术人员和管理人员。

（3）具有从事相应建筑活动所需的资质等级和技术装备。

市场经济条件下，承包商的实力主要包括经济、技术、管理、信誉方面的实力。

按照生产主要形式的不同，承包商可分为勘察设计单位、建筑安装企业、建筑构件生产制作厂商、商品混凝土材料供应站、建筑机械租赁单位以及专门提供建筑劳务的企业等。按其所从事的专业可分为土建、水利、道路、桥梁、铁路、市政工程等专业公司。

3. 工程咨询服务机构

工程咨询服务机构是指具有一定注册资金，一定数量的工程技术、经济管理人员，取得建设咨询资质和营业执照，能为工程建设提供估算测量、管理咨询、建设监理等智力型服务并取得相应费用的企业。

工程咨询服务企业一般包括勘察设计企业、工程监理公司和工程造价（测量）咨询单位、招标代理机构、工程管理公司等。工程咨询企业虽然不是工程承包和发包的当事人，但其受建设单位委托，形成契约关系，为工程建设提供咨询和管理服务，对项目的实施负有相当重要的责任。

咨询单位因其独特的职业特点和在项目实施中所处的地位，需要承担来自建设单位、承包商和自身职业责任三方面的风险。

（三）建筑市场的客体

建筑市场的客体为建筑市场交易的对象，既包括有形建筑产品，也包括无形建筑产品，分为建筑产品和建筑生产要素两大类。

（1）建筑产品。建筑产品是具有各种不同用途的建筑物和构筑物，具有固定性、多样性、整体性、价值大等特点。

（2）建筑生产要素。建筑生产要素包括人力、物资、资金、技术和信息。人力包括建筑管理人员、工程技术人员以及施工作业人员。物资包括各类建筑材料和各类建筑机械设备。

资金分短期资金和长期资金，短期资金主要用于弥补企业流动资金和周转资金的不足，长期资金主要用于企业的扩大再生产。技术包括各种形式的工业产权、专业技术和技术服务等，可分为建筑管理技术和建筑施工技术：前者包括一切可以改进管理的技术；后者包括一切可以改进施工工艺、施工生产资料性能的技术。信息是指有关建筑市场需求供给状况、价格变动、用户意向、竞争态势等方面的情报、指令、报表、数据以及图纸资料等。

（四）建筑市场的资质管理

为保证建设工程质量和安全，建筑市场运行过程中必须进行严格的资质管理，建筑市场资质管理包括对从业企业的资质管理和对专业从业人员的资格管理。

建筑业企业是指从事土木工程、建设工程、线路管道及设备安装工程、装修工程等的新建、扩建、改建活动的企业。根据《建筑业企业资质管理规定》（中华人民共和国住房和城乡建设部令第22号），我国建筑企业资质管理主要有建筑企业的资质序列、类别、等级管理和资质许可管理。我国建筑业企业资质分为施工总承包资质、专业承包资质、施工劳务资质3个序列。建筑业企业资质申请与许可施行分级管理，建筑业企业资质延续与变更则是向原资质许可机关提出延续申请，县级以上人民政府住房城乡建设主管部门和其他有关部门则应当依照有关法律、法规和本规定，加强对企业取得建筑业企业资质后是否满足资质标准和市场行为的监督管理。

二、建设工程招标投标的基本概念

1. 建设工程招标

建设工程招标是指招标单位开展招标活动的全过程。包括勘察设计、施工、咨询、监理、材料设备供应等内容，应用最普遍的是建设工程施工招标。

建设工程招标是由具备招标资格的招标单位或招标代理单位，就拟建工程编制招标文件和标底，发出招标通知，公开或非公开地邀请投标单位前来投标，经过评标、定标，最终与中标单位签订承包合同的过程。

2. 建设工程投标

建设工程投标是指投标单位进行投标活动的全过程。投标单位依据招标信息，做出是否参加投标的决策，不可能也不应当"见标必投"，但被邀请的投标活动一般应酌情参加；如决定投标，应立即按投标程序做好准备并申请投标；在投标资格被招标单位确认后，迅速按招标文件的要求编制投标函，并认真做好报价水平的决策；在按规定期限向招标单位提交投标函时，一并提交由开户银行出具的投标保证金证书；经过开标、评标、定标，如未中标，在收到落标通知和退回的投标保证金后，投标活动即告结束；如中标，即与招标单位谈判并签订承包合同。

3. 最高投标限价

最高投标限价也称招标控制价或拦标价，是招标人在工程项目招标中，按照国家或省级、行业建设主管部门颁发的有关计价依据和办法，根据招标项目需求目标、工程内容范围、设计施工图纸、工程技术标准以及合理可行的技术经济实施方案，结合工程具体情况，按照工程造价编制原则科学测算出的，招标人能够接受的对招标工程限定的最高工程造价。

4. 投标报价

建设工程投标报价是指施工单位根据招标文件及有关计算工程造价的资料，按一定的计算程序计算出的工程造价。在此基础上，考虑投标策略以及各种影响工程造价的因素，然后提出投标报价。投标报价是投标的核心内容，合理的投标报价是工程竞标中很重要的中标取胜条件。当然，它不是招标人选择中标单位的唯一依据，要对投标单位的报价、工期、企业信誉、协作配合条件和企业的其他资质条件进行综合评价，才能选择出合适的中标单位。

任务二　招标方式和主要程序

任务描述：通过对建设工程招标方式和主要程序相关知识的学习，了解建设工程招标的组织形式，理解建设工程招标的必备条件，熟悉建设工程的招标方式和招标过程，明确建设项目招标投标范围及规模标准，掌握建设工程招标的一般程序。

一、建设工程项目招标的范围及规模标准

实行建设工程项目招标，可以建立公开、公正、公平的竞争机制，保护国家利益、社会公共利益和招投标活动当事人的合法权益，保证工程质量。

1. 建设工程项目招标的范围

根据《中华人民共和国招标投标法》（简称《招标投标法》）、《中华人民共和国招标投标法实施条例》及《必须招标的工程项目规定》（国家发展和改革委员会令第16号）等的规定要求，在我国境内进行以下工程建设项目的勘察、设计、施工、监理以及与工程建设有关的重要设备、材料等的采购，必须进行招标。

（1）大型基础设施、公用事业等关系社会公共利益、公众安全的项目。

1）煤炭、石油、天然气、电力、新能源等能源项目。

2）铁路、公路、管道、水运、航空以及其他交通运输业等交通运输项目。

3）邮政、电信枢纽、通信、信息网络等邮电通信项目。

4）防洪、灌溉、排涝、引（供）水、滩涂治理、水土保持、水利枢纽等水利项目。

5）道路、桥梁、地铁和轻轨交通、污水排放及处理、垃圾处理、地下管道、公共停车场等城市设施项目。

6）供水、供电、供气、供热等市政工程项目。

7）科技、教育、体育、卫生、文化、旅游、社会福利、生态环境保护等项目。

8）商品住宅、包括经济适用住房。

9）其他的基础设施、公共事业项目。

（2）全部或者部分使用国有资金投资或者国家融资的项目。

1）使用预算资金200万元人民币以上，并且该资金占投资额10%以上的项目。

2）使用国有企业事业单位资金，并且该资金占控股或者主导地位的项目。

（3）使用国际组织或者外国政府贷款、援助资金的项目。

1）使用世界银行、亚洲开发银行等国际组织贷款、援助资金的项目。

2）使用外国政府及其机构贷款、援助资金的项目。

2. 工程项目招标的限额规定

依照《工程建设项目招标投标范围和规模标准规定》（国家发展计划委员会令第3号），各类工程建设项目，包括项目的勘察、设计、施工、监理以及与工程建设有关的重要设备、材料等的采购，达到以下标准之一的，必须进行招标。

（1）施工单项合同估算价在400万元人民币以上的。

（2）重要设备、材料等货物的采购，单项合同估算价在200万元人民币以上的。

（3）勘察、设计、监理等服务的采购，单项合同估算价在100万元人民币以上的。同一

项目中可以合并进行的勘察、设计、施工、监理以及与工程建设有关的重要设备、材料等的采购，合同估算价合计达到前款规定标准的，必须招标。

各省（自治区、直辖市）人民政府根据实际情况，可以规定本地区必须进行招标的具体范围和规模标准，但不得缩小本规定确定的必须进行招标的范围。

3. 可以不招标的工程建设项目

依照招投标有关法律法规规定，为以下情形之一的工程建设项目，可以不进行招标。

（1）涉及国家安全、国家秘密的工程建设项目。

（2）抢险救灾等应急紧急工程建设项目。

（3）利用扶贫资金实行以工代赈、需要使用农民工等的工程建设项目。

（4）需要采用不可替代的专利或者专有技术的工程建设项目。

（5）采购人或已通过招标方式选定的特许经营项目投资人依法能够自行建设、生产或者提供的。

（6）需要向原中标人采购工程、货物或者服务，否则将影响施工或者功能配套要求的。

（7）国家规定的其他特殊情形。

二、建设工程项目招标的应备条件及组织方式

1. 招标项目工程应具备的条件

（1）建设工程已批准立项。

（2）向建设行政主管部门履行了报建手续，并取得批准。

（3）建设资金能满足建设工程的要求，符合规定的资金到位率。

（4）建设用地已依法取得，并领取了建设工程规划许可证。

（5）技术资料能满足招标投标的要求。

（6）法律、法规、规章规定的其他条件。

2. 招标组织形式

招标组织形式包括自行招标和委托招标。自行招标是指招标人自身具有编制招标文件和组织评标能力，依法自行办理招标；委托招标是指招标人委托招标代理机构办理招标事宜。对于依法必须进行招标的项目，应当向有关行政监督部门备案。

招标人是法人或依法成立的其他组织，有与招标工作相适应的经济、法律咨询和技术管理人员，具有组织编制招标文件、审查投标单位资质和组织开标、评标、定标的能力，已设立专门的招标组织，并经招投标管理机构审查合格已取得招标组织资格证书，可自行组织招标。任何单位和个人不得强制其委托招标代理机构办理招标事宜。

招标人不具备自行组织招标的条件，必须委托具有相应资质（资格）的招标代理机构组织招标。招标人有权自行选择招标代理机构，委托其办理招标事宜。任何单位和个人不得以任何方式为招标人指定招标代理机构。

三、建设工程招标方式

根据《招标投标法》规定，建设工程项目招标分为公开招标和邀请招标两种基本方式。

1. 公开招标

公开招标是指招标人以招标公告的方式邀请不特定的法人或者其他组织投标。招标的公告必须在国家指定的报刊、信息网络或者其他媒介发布。招标公告应当载明招标人的名称、地址，招标项目的性质、数量、实施地点和时间以及获得招标文件的办法等事项。如果要进行投

标资格预审的,在招标公告中还应写明资格预审的主要内容及申请投标资格预审的办法。

公开招标的最大特点是一切有资格的承包商或供应商均可参加投标竞争,都有同等的机会。公开招标的优点是招标人有较大的选择范围,可在众多的投标人中选到报价合理、工期较短、技术可靠、资信良好的中标人;可为所有的承包商提供平等竞争的机会,广泛吸引投标人,招投标程序的透明度高,容易赢得投标人的信赖,较大程度上避免了招投标活动中的贿标行为。招标人可以在较广的范围内选择承包商或者供应商,择优率高,有利于降低工程造价,提高工程质量和缩短工期。但是公开招标资格审查及评标的工作量大、耗时长、费用高。参加竞争的投标人越多,每个参与者中标的机会越小,风险越大。

招标人选用了公开招标方式,就不得以不合理的条件限制或者排斥潜在的投标人。例如,不得限制或者排斥本地区、本系统以外的法人或其他组织参加投标。

按照公开招标的范围,招标又可以分为国际竞争性招标和国内竞争性招标。

2. 邀请招标

邀请招标是指招标人以投标邀请书的方式邀请特定的法人或者其他组织投标。投标邀请书上同样应载明招标人的名称、地址,招标项目性质、数量、实施地点和时间以及获取招标文件的办法等内容。

邀请招标一般邀请的都是招标人所熟悉的或在本地区、本系统拥有良好业绩、建立了良好形象的投标人,所以较之公开招标的投标人资格审查,工作量要少得多,招标周期就可缩短,招标费用也可以减少,还可减少合同履行过程中承包人违约的风险。因此,在一般工程建设招标中,大量采用的招标方式是邀请招标。

邀请的形式使投标人的数量减少,不仅可以使招投标的时间大大缩短,节约招标费用,而且也提高了每个投标人的中标机会,降低了投标风险。由于招标人对于投标人已经有了一定了解,清楚投标人具有较强的专业能力,因此便于招标人在某种专业要求下选择承包商。但是投标人的数量比较少,竞争就不够激烈。如果数量过少,就失去了招投标的意义。因此,《招标投标法》规定,招标人采用邀请招标方式的,应当向3个以上具备承担招标项目的能力、资信良好的特定法人或者其他组织发出投标邀请书,投标人数的上限根据具体招标项目的规模和技术要求而定。

对于有些特殊项目,采用邀请招标方式确实更加有利。根据我国的有关规定,有以下情形之一的,经批准可以进行邀请招标。

(1)项目技术复杂或有特殊要求,只有少数几家潜在投标人可供选择的。

(2)受自然地域环境限制的。

(3)涉及国家安全、国家秘密或者抢险救灾,适宜招标但不宜公开招标的。

(4)拟公开招标的费用与项目的价值相比,不值得的。

(5)法律,法规规定不宜公开招标的。

由于邀请招标在竞争的公平性和价格方面有一些不足之处,因此《招标投标法》规定:国家重点项目和省(自治区、直辖市)的地方重点项目不宜进行公开招标的,经过批准后才可以进行邀请招标。但是如果拟招标项目只有少数几个承包商能承接,如果采用公开招标,会导致开标后仍是这几家投标或无人投标的结果,在此时改为邀请招标,就会提高招标工作的效率。因此,对于工程规模不大、投标人的数目有限或专业性比较强的工程,邀请招标还是非常适宜的。

为了保护公共利益,避免邀请招标方式被滥用,各个国家和世界银行等金融组织都有相关规定。按规定应该招标的建设工程项目，一般应采用公开招标，如果要采用邀请招标，需经过批准。

四、建设工程招标程序

招标是招标人选择中标人并与其签订合同的过程，而投标则是投标人力争获得实施合同的竞争过程，招标人和投标人均需遵循招标投标法律和法规的规定进行招标投标活动。公开招标程序如图 3-1 所示，邀请招标可以参照实行。按招标人和投标人参与程度，可将招标过程概括划分成招标准备阶段，招标投标阶段和决标成交阶段。

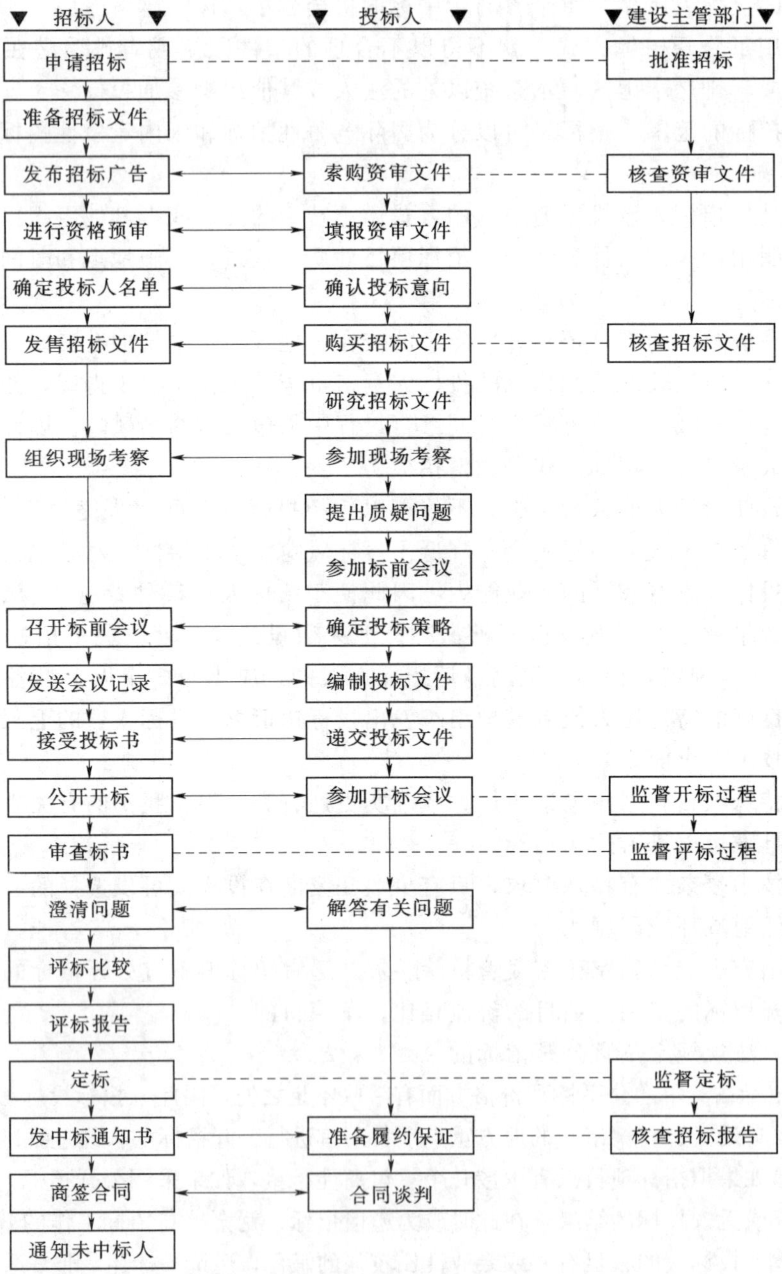

图 3-1 公开招标程序

（一）招标准备阶段

建设工程项目招标的准备工作由招标人单独完成，投标人不参与，其主要工作包括工程项目报建、组建招标工作机构、选择招标方式、申请项目招标、编制招标有关文件等内容，具体见本项目"任务三"中所述。

（二）招标投标阶段

从发布招标公告（或发出投标邀请函）开始，到投标截止时间为止的时段称为招标投标阶段。在此期间，招标人应做好招标的组织工作，投标人则按招标有关文件的规定程序和具体要求进行投标报价竞争。招标人应当合理确定投标人编制投标文件所需的时间，自招标文件开始发出之日起到投标截止日止，最短不得少于20d。

1. 发布招标公告（或发出投标邀请函）

招标公告（或投标邀请函）的作用是让潜在投标人获得招标信息，以便进行项目筛选，确定是否参与竞争。招标公告或投标邀请函的具体格式可由招标人自定，内容一般包括：招标单位名称；建设项目资金来源；工程项目概况和本次招标工作范围的简要介绍；购买资格预审文件的地点、时间和价格等有关事项。

2. 资格审查

对潜在投标人进行资格审查，主要考察该企业资质等级和综合能力等方面是否具备完成招标工程所要求的条件。资格审查可分为资格预审和资格后审两种方式，资格预审是在发售招标文件前对潜在投标人设置的资格预审程序，资格后审是在开标会结束、投标函评审前对投标人进行的资格审查。

3. 招标文件

招标人根据招标项目特点和需要编制招标文件，它是投标人编制投标文件和报价的依据。因此应当包括招标项目的技术要求、对投标人资格审查的标准（邀请招标的招标文件内需写明）、投标报价要求和评标标准等所有实质性要求和条件以及拟签订合同的主要条款。招标文件通常分为投标人须知、合同条件、技术规范、图纸和技术资料、工程量清单等几部分。

4. 现场踏勘

招标人在投标须知规定的时间内，组织全体投标人自费进行现场考察。设置此程序的目的，一方面是让投标人了解工程项目的现场情况、自然条件、施工条件以及周围环境条件，以便于编制投标函；另一方面是要求投标人通过自己的实地考察确定投标的原则和策略，避免合同履行过程中投标人以不了解现场情况为由，推卸应承担的合同责任。

5. 标前会议

投标人研究招标文件和参加现场踏勘后会后以书面形式提出某些质疑问题，招标人可以及时给予书面解答，也可以待标前会议上解答。标前会议是投标截止时间以前，按投标须知规定时间和地点召开的会议，又称交底会。标前会议上招标单位负责人除了介绍工程概况外，还可对招标文件中的某些内容加以修改（需报经招投标管理机构核准）或予以补充说明，以及对投标人书面提出的问题和会议上即席提出的问题给予解答。会议结束后，招标人应将会议记录用书面通知的形式（补充文件）发给每位投标人。补充文件作为招标文件的组成部分，具有同等的法律效力。

（三）决标成交阶段

从开标到签订合同，这一期间称为决标成交阶段，是对各投标函进行评审比较，最终确定中标人的过程。

1. 开标

公开招标和邀请招标均应举行开标会，体现招标的公平、公正和公开原则。开标应当在招标文件确定的提交投标文件截止时间的同一时间公开进行，开标地点应当为招标文件中预先确定的地点。所有投标人均应参加开标会，并邀请建设项目有关部门、政府纪检部门等代表出席，招投标监督管理机构派人监督开标活动。开标时，由投标人或其推选的代表检验投标文件的密封情况。确认无误后，如果有标底应首先公布，然后由工作人员当众拆封，宣读投标人名称、投标价格和投标文件的其他主要内容。所有在投标函中提出的附加条件、补充声明、优惠条件、替代方案等均应宣读。开标过程应当翔实记录，并存档备查。开标后，任何投标人都不允许更改投标函的内容和报价，也不允许再增加优惠条件。

如果在开标会议上发现有以下情况之一，应宣布投标函为废标。

（1）投标函未按招标文件中规定进行封记。

（2）逾期送达的标书。

（3）未加盖法人或委托授权人印鉴的标书。

（4）未按招标文件的内容和要求编写、内容不全或字迹无法辨认的标书。

（5）投标人不参加开标会议的标书。

（6）一份投标函有多个报价。

2. 评标

评标只对有效投标进行评审，评标工作由评标委员会负责，对各投标函优劣进行比较，以便最终确定中标人。

评标委员会由招标人的代表和有关技术、经济等方面的专家组成，成员人数为5人以上的单数，其中招标单位外的专家不得少于成员总数的2/3。专家人选应来自于国务院有关部门或省（自治区、直辖市）政府有关部门提供的专家名册，或从招标代理机构的专家库中随机抽取确定。与投标人有利害关系的人不得进入评标委员会，已经进入的应当更换，以保证评标的公平和公正。

小型工程由于承包工作内容较为简单、合同金额不大，可以采用即开、即评、即定的方式，由评标委员会及时确定中标人。大型工程项目的评标因评审内容复杂、涉及面宽，通常需分成初步评审和详细评审两个阶段进行。

（1）初步评审。根据招标文件确定的评审标准和评标方法，对投标文件的技术部分（技术标）和商务部分（商务标）进行初步评审，包括形式评审、资格评审、响应性评审、工程项目管理组织机构评审。

1）形式评审。形式评审的主要评审内容有：投标人名称是否与营业执照、资质证书、安全生产许可证一致；投标函是否按规定有法定代表人或其委托代理人签字盖章或加盖单位章；投标文件格式是否符合招标文件的要求；如有联合体投标，是否提交联合体协议书，并明确联合体牵头人；报价是否唯一等。

2）资格评审。资格评审的主要评审内容有：是否具备有效的营业执照和安全生产许可证；

资质等级、项目经理、财务状况、类似项目业绩、信誉等,是否满足《投标人须知》的要求;如有联合体投标,是否满足《投标人须知》的规定和要求等。

3)响应性评审。响应性评审的主要内容有:投标内容、工期、工程质量、投标有效期、投标保证金,是否符合《投标人须知》中的规定;已标价工程量清单是否符合招标文件中《工程量清单》给出的范围及数量,技术标准和要求是否符合招标文件的要求等。

4)工程项目管理组织机构评审。工程项目管理组织机构评审的主要内容是判断工程项目管理组织机构人员配备情况,如项目负责人、技术负责人及其他相关技术人员等是否符合招标文件的规定要求。

(2)详细评审。详细评审指在初步评审的基础上,对经初步评审合格的投标文件,按照招标文件确定的评标标准和方法,对其技术部分(技术标)和商务部分(经济标)进一步审查,评定其合理性,并评审如将合同授予该投标人,在履行过程中可能带来的风险。在此基础上再由评标委员会对各投标函分项进行量化比较,从而评定出优劣次序。

1)评标委员会按评标办法中规定的量化因素和分值进行打分,并计算出综合评估得分,适用于综合评估法。

2)评标委员会按评标办法中规定的量化因素和标准进行价格折算,计算出评标价,并编制价格比较一览表,适用于经评审的最低投标价法。

(3)评标报告。评标报告是评标委员会经过对各投标函评审后向招标人提出的结论性报告,作为定标的重要依据。评标委员会按照招标文件的规定完成评标后,应向招标人提出书面评审报告,评标报告应包括评标过程情况说明、对各个合格投标函的评价和比较意见、推荐合格的1~3名中标候选人等内容。如果评标委员会经过评审,认为所有投标都不符合招标文件要求,可以否决所有投标。出现这种情况后,招标人应认真分析招标文件有关要求以及招标过程,对招标工作范围或招标文件的有关内容作出实质性修改后重新进行招标。

(4)评标方法。水利工程施工项目招标评标方法包括经评审的最低投标价法和综合评估法。评标办法应当在招标文件中预先载明。

1)经评审的最低投标价法。采用经评审的最低投标价法评标,评标委员会对满足招标文件实质要求的投标文件,根据招标文件规定的量化因素及量化标准进行价格折算,按照经评审的投标价由低到高的顺序推荐中标候选人,但投标报价低于其成本的除外。经评审的投标价相等时,投标报价低的优先;投标报价也相等的,由招标人自行在招标文件中确定。

经评审的最低投标价法中,评审标准包括初步评审标准和详细评审标准。初步评审标准分为形式评审标准、资格评审标准、响应性评审标准、施工组织设计和项目管理机构评审标准。

2)综合评估法。综合评估法是指评标委员会对满足招标文件实质性要求的投标文件,按照招标文件规定的评分标准进行打分,并按得分由高到低顺序推荐中标候选人,但投标报价低于其成本的除外。综合评分相等时,以投标报价低的优先;投标报价也相等的,由招标人自行确定。

综合评估法在形式评审标准、资格评审标准和响应性评审标准方面与经评审的最低投标价法相同。投标文件也需要经过计算性算术错误的修正和低于成本价的检验。综合评估法与经评审的最低投标价法的不同点在于施工组织设计、项目管理机构和投标报价等评审，因素的评审标准不同。

3. 定标

（1）定标程序。招标人应在收到评标报告之日起 3d 内公示中标候选人，将中标候选人单位名称及其投标业绩、拟任项目经理等情况在建设工程交易相关网站上公示，公示期不得少于 3d。确定中标人前，招标人不得与投标人就投标价格、投标方案等实质性内容进行谈判。中标候选人公示期间无疑义，招标人应该根据评标委员会提出的评标报告和推荐的中标候选人确定中标人，也可以授权评标委员会直接确定中标人。中标人确定后，招标人向中标人发出中标通知书，同时将中标结果通知所有未中标的投标人并退还他们的投标保证金或保函。中标通知书对招标人和中标人具有法律效力，招标人改变中标结果或中标人拒绝签订合同均要承担相应的法律责任。中标通知书发出后 5d 内，招标人应向所有未能中标的投标人退还投标保证金。失标的投标人收到退还的投标保证金后，招标文件对失标投标人的法律效力即告终止。确定中标人后 15d 内，招标人应向有关行政监督部门提交招标投标情况的书面报告。

中标通知书发出后的 30d 内，双方应按照招标文件和投标文件订立书面合同，不得作实质性修改。招标人不得向中标人提出任何不合理要求作为订立合同的条件，双方也不得私下订立背离合同实质性内容的协议。

（2）定标原则。《招标投标法》规定，中标人的投标应当符合下列条件之一。

1）能够最大限度地满足招标文件中规定的各项综合评价标准。

2）能够满足招标文件的实质性要求，并且经评审的投标价格最低，但是投标价格低于成本的除外。

第一种情况即指用综合评估法（综合评分法或评标价法）进行评审、比较，最大限度地满足招标文件中规定的各项综合评价标准的投标，应当推荐为中标候选人。第二种情况适用于一般投标人均可完成的小型工程施工项目，或采用通用技术、性能标准的工程项目，或招标人对其技术、性能没有特殊要求的工程项目的招标，对能满足招标文件的实质性要求，并且经评审的最低投标价的投标，应当推荐为中标候选人。

任务三　水利工程建设项目招标准备工作

任务描述：通过对水利工程建设项目招标准备工作相关知识的学习，理解最高投标限价和标底的涵义，明确水利工程建设项目招标准备工作的主要内容，熟悉建设工程施工招标文件的内容组成，掌握建设工程施工招标文件的编写程序。

一、水利工程项目招标准备工作的主要内容

水利工程项目招标的准备工作主要包括以下几个方面。

1. 工程项目报建

工程建设项目的立项文件获得批准后，招标人需向建设行政主管部门履行建设项目报建手续。只有报建申请批准后，才可以开始项目建设。报建时应交验的文件资料包括：立项批准文件或年度投资计划，固定资产投资许可证，建设工程规划许可证和资金证明文件。

2. 组建招标工作机构

任何一项建设工程项目招标，建设单位都需要成立专门的招标机构，全权处理整个招标活动的业务。其主要职责是拟定招标文件、组织投标、开标、评标和定标、组织签订合同。成立招标机构有两种途径：一种是建设单位自行成立招标机构，组织招标工作；另一种是建设单位委托专门的招标代理机构组织招标。自行成立的招标机构中应有工程技术、经济、法律、管理等相关专业人员，大型工程项目可临时聘用建筑学院、设计单位的专业技术人才作为建设单位高级工程管理顾问，参与整个项目实施。

3. 选择招标方式

（1）根据工程特点和招标人的管理能力确定发包范围。

（2）依据工程建设总进度计划确定项目建设过程中的招标次数和每次招标的工作内容。如监理招标、设计招标、施工招标、设备供应招标等。

（3）按照每次招标前准备工作的完成情况，选择合同的计价方式。如施工招标时，已完成施工图设计的中小型工程，可采用总价合同；若为初步设计完成后的大型复杂工程，则应采用估计工程量单价合同。

（4）依据工程项目的特点、招标前准备工作的完成情况、合同类型等因素的影响程度，最终确定招标方式。

4. 申请项目招标

招标人向建设行政主管部门办理申请招标手续。申请招标文件应说明招标工作范围，招标方式，计划工期，对投标人的资质要求，招标项目的前期准备工作的完成情况，自行招标还是委托代理招标等内容。

5. 编制招标文件

招标准备阶段应编制好招标过程中可能涉及的有关文件，保证招标活动的正常进行。这些文件大致包括：招标公告（或投标邀请书）、资格预审文件、招标文件、合同协议书以及资格预审和评标的方法。

二、工程施工项目招标文件

（一）工程施工项目招标文件的编制程序

（1）熟悉工程情况和施工图设计图纸及说明。

（2）计算工程量。

（3）确定施工工期和开、竣工日期。

（4）确定工程的技术要求、质量标准及各项有关费用。

（5）确定投标、开标、定标的日期及其他事项。

（6）填写招标文件申报表。

（二）工程施工项目招标文件的组成

招标文件是指在发布招标公告或投标邀请后，发售给投标人，作为其编制投标文件重要依据的相关文件，主要涉及商务和技术两大方面。一般包括编写和提交投标文件的规定、要求和条件，投标文件的评审标准与方法，合同的主要条款以及附件等内容。招标文件中包含的技术要求、投标报价要求和主要合同条款等内容是招标文件的关键内容，统称实质性要求。项目性质、招标范围不同，招标文件的内容和格式也有所区别。

当投标人取得招标文件后，如果认为招标文件有问题需要澄清，应在收到招标文件后，

项目三 水利工程建设项目招投标管理

并在送交投标文件截止期 15d 前，以文字、电传、传真或电报等书面形式向招标人提出，招标人应在投标截止期 15d 前，以文字、电传、传真或电报等书面形式或以标前会议的方式给予解答。投标人在收到该书面答复（补遗书）后，应在 24h 以内（以发出时间为准）以传真等书面形式向招标人确认收到。解答的意见经招投标管理机构核准，由招标人送给所有获得招标文件的投标人。因此，对招标文件正式文本的解释形式主要是书面答复、标前会议记录等。

（三）工程施工项目招标文件的内容

招标文件是供应商准备投标文件和参加投标的依据，也是评标的重要依据，评标要按照招标文件规定的评标标准和方法进行，同时还是签订合同所遵循的依据，招标文件的大部分内容要列入合同之中。因此，准备招标文件是非常关键的环节，直接影响采购的质量和进度。招标文件的内容主要包括招标公告（或投标邀请书）、投标人须知、合同条款、投标函格式、技术规范、工程量清单、设计图纸和技术说明书等方面。

1. 招标公告（或投标邀请书）

招标公告（或投标邀请书）指招标人在进行科学研究、技术攻关、工程建设、合作经营或大宗商品交易时，公布标准和条件、提出价格和要求等项目内容，以期从中选择承包单位或承包人的一种文书。投标人收到的投标邀请书也将装入投标文件中。

2. 投标人须知

投标人须知，即投标人在投标时应遵循的基本规则和编制投标文件的具体要求，其主要内容如下：

（1）合同编号。

（2）建设单位单位、招标性质、资金来源。如果没有进行资格预审的，要提出投标商的资格要求；若是国际金融组织贷款，则应说明有资格参加投标的承包商范围。

（3）工程概况、分标情况、主要工程量、工期要求。

（4）承包商（或供应商）及为完成本工程（或提供货物）所需提供的服务内容。

（5）投标申请和发售招标文件的时间、地点等。

（6）现场踏勘和召开标前会议的时间和地点。

（7）招标文件和投标文件的澄清程序方式。

（8）投标人的资格条件、投标文件的内容要求以及投标报价的相关规定（对投标报价的范围应包括哪些方面，统一报价口径，便于评标时计算和比较最低评标价）。

（9）递交投标文件的地点、份数和截止时间。

（10）提交投标保证金的规定额度和时间等要求。

（11）公开开标的时间和地点，并邀请投标人代表参加。

（12）投标程序及投标有效期。

（13）修改和撤消投标的规定。

（14）评标的标准和程序。

上述内容中有些要求已在招标公告（或投标邀请书）中简要阐述，并在《投标人须知》中诠释细化。

3. 合同条款

合同条款主要作用是使投标单位明确中标后作为承包人应承担的义务和责任，合同履行中当事人的基本权利和处理有关事项的工作程序以及双方应当约定的监理工程师的职责和权利，同时也是作为洽商签订正式合同的基础。主要内容有：合同所依据的法律、法规；工程内容（工程项目表）；承包方式（包工包料，包工不包料；总价合同，单价合同或成本加酬金合同等）；开工和竣工日期；总包价；供应技术资料的内容和时间；施工准备工作；材料供应及价款结算办法；工程价款结算办法；以外币支付时所用外币种类及比例；工程质量及验收标准；工程变更；停工及窝工损失的处理办法；提前竣工或拖延工期的奖罚办法；竣工验收与最终结算；保修期内维修责任与费用；分包关系；争端的处理等。它是招标文件与合同文件中重要的、实质性的文件，即未来的供应或承包合同的条款，是签订正式合同的基础。

4. 投标文件格式

主要包括投标人承诺函、投标人法定代表人授权书、资信证明文件、商务报价书等文件、表格的格式要求。

5. 技术规范

技术规范是招标文件的重要组成部分，反映了招标人对工程项目的技术要求，是承包商在实施过程中控制质量和监理工程师检查验收的主要依据。在设备和货物采购中，技术规范规定了所要采购的设备和货物的性能、标准以及物理和化学特征。如果是特殊设备，还要附上图纸，规定设备的具体形状。在土建工程采购中，技术规范一般包括工程的全面描述、工程所用材料的技术要求、施工质量要求、工程记录计量方法和支付规定、验收标准以及不可预见因素的规定。技术规范有国家强制性标准和国际国内的公认标准。

6. 工程量清单

工程量清单是投标人报价的实物计量依据和招标人评标的依据。它是分门别类地将不同的计价项目列出来的一套表格，建设单位在工程量清单中列明投标人每一细目的计价工程量各有多少，并以这个工程量为基准，比较各投标人的投标价格。通常招标人按国家颁布的统一工程项目划分、计量单位和工程量计算规则，根据施工图纸来计算工程量。结算工程款时，招标人以实际工程量为依据进行拨付。

7. 设计图纸和技术说明书

设计图纸是招投标中的基础资料，是工程项目招标文件中不可缺少的部分。它是招标人向投标人传达工程意图的技术文件，使投标人在阅读技术规范和工程量清单之后，能准确确定合同所包括的工作。投标人可以根据它来编制施工规划，复核工程量。通常情况下，设计图纸随工程实施的进展，由工程师提供，作为实际实施和支付的依据，或是将承包公司的补充图纸审查认可后用于实施。需要注意的是，招标文件要求投标人递交选择性报价时，投标人也必须完成选择性方案所包括的图纸。技术规范、工程量清单和设计图纸是投标人在投标时必不可少的参考资料，编制招标文件时，这3个部分必须相互对应，保证以设计图纸为基准，做到不遗漏、不重复，是一项非常细致的工作。建设单位通常需要将其委托给设计单位编写，并由建设单位审核定稿。

技术说明书应明确招标工程适用的施工验收技术规范。保修期内承包单位应负的责任，有关特殊产品、专门施工方法、指定材料的产地或来源以及等效代用品的说明，有关施工机械设备、脚手架、临时设计、现场清理、安全保护及其他特殊要求的说明，有关对分包单位进行监督和提供服务以及对建设单位提供的材料、构配件、设备进行检验和保管的说明等。

（四）最高投标限价和标底的比较

招标人为了有效控制招标项目在预算和预期价位范围内，在招标投标活动中往往采用标底或最高投标限价，来对投标报价施加影响。《中华人民共和国招标投标法实施条例》（以下简称《招标投标法实施条例》）明确规定："招标人可以自行决定是否编制标底。一个招标项目只能有一个标底。"同时又规定："招标人设有最高投标限价的，应当在招标文件中明确最高投标限价或者最高投标限价的计算方法，招标人不得规定最低投标限价"。

最高投标限价是招标人在招标文件中明确的投标人的投标控制价，随着招投标制度的不断完善，最高投标限价越来越多地被招标人使用，编制最高投标限价也就成了工程招标的一项重要准备工作。首先，允许招标人在招标文件中设定最高投标价，目的在于对投标价格的控制，防止投标人联合哄抬投标报价，避免由于投标报价高于项目预算或估算价、招标人不能支付而流标。《建设工程工程量清单计价规范》（GB 50500—2013）规定："国有资金投资的建设工程招标，招标人必须编制招标控制价"。其次，如果允许招标人设定最低投标限价，既限制了投标人之间的竞争，又损害了招标人自身的利益。故禁止招标人设定最低投标限价，但并不意味对于投标人低价竞标不予限制，《招标投标法》也明确规定："投标人不得以低于成本的报价竞标"。所以，投标人报价应在市场价格的基础上充分竞争，但不得进行不正当竞争。《招标投标法实施条例》也明确规定："有下列情形之一的，评标委员会应当否决其投标：（五）投标报价低于成本或者高于招标文件设定的最高投标限价"。

标底是根据行建设单位管部门颁发的有关计价依据与办法及发布的工程造价信息或者市场价格和最佳的技术实施方案，对招标项目实际所需成本费用的自我测算值，是由招标人为准备的招标项目编制的合理预期价格，也是评价与比较投标文件、判断投标报价合理性的重要参考依据，也能作为投资方核实建设规模的依据，但它不等于项目的概（预）算，也不等于合同价格。《招标投标法实施条例》规定："招标项目设有标底的，招标人应当在开标时公布。标底只能作为评标的参考，不得以投标报价是否接近标底作为中标条件，也不得以投标报价超过标底上下浮动范围作为否决投标的条件。"因此，招标人有了合理的标底，评标才不会盲目，定标才更加准确。

标底和最高投标限价都是由招标单位自行编制，或委托具有工程造价咨询资质和编制工程造价能力的中介机构代理，依据招标文件、工程量清单、设计图纸、技术标准以及有关计价规范编制，并经当地工程造价管理部门（招投标办公室、建设银行经办行或指定的其他机构）核准审定的发包造价，都是建设工程造价的表现形式，但在编制和使用时存在以下区别。

（1）功能定位不同。最高投标限价是招标人能够接受的最高投标价格；标底为招标人能够接受的市场预期价格。

（2）取价依据不同。最高投标限价应当依据工程计价规范、工程定额、造价信息和取费标准编制定价，其中造价信息没有参照市场价格；标底应当遵守工程计价规范，主要结合项目实际和市场竞争情况确定要素价格，不受其他定价标准的强制性约束。

（3）公开保密不同。最高投标限价应随招标文件发放各投标人或在开标前公开发布在相关网站；标底应在评标之前严格保密，只在开标时向投标人公布。

（4）超过后果不同。最高投标限价具有强制性，投标报价不得超过它，超过的应当否决投标；标底不具有强制性，不是否决投标的直接依据，投标报价可以超过它。

（5）评标作用不同。最高投标限价是评标判断投标有效性的依据之一；标底则为评标之参考。

任务四 水利工程投标

任务描述: 通过对水利工程投标相关知识的学习,熟悉水利工程建设项目的投标程序,明确水利工程投标报价的费用组成和计算依据,掌握水利工程投标文件的编制方法和投标报价的策略技巧。

一、建设工程投标程序

(一) 申请投标和投递资格审查文件

企业一旦获得招标信息并确定了投标目标,就要向该招标项目的建设单位提出投标申请并购买资格预审书。本地区项目以直接递送投标申请报告为宜,外地或国外项目,可采用电传、电报或信函的方式向招标人提交投标申请报告。资格预审是取得投标资格的关键。平时应准备好宣传材料,最好把企业历年完建和在建的工程彩印成册,随同资格预审表提供给招标人。

一般情况下,投标人应提交以下材料。

(1) 公司章程,公司在当地的营业执照。

(2) 公司负责人名单及任命书,主要管理人员和技术人员名单,公司组织管理机构。

(3) 近5年内完成的工程业绩(要附有已完工程的合同协议和业绩证明)。

(4) 正在执行的合同清单。

(5) 公司近期财务情况、资产现值、大型机械设备情况。

(6) 银行对本公司的资信证明等。

在上述资料中,建设单位比较看重的是近5年内完成的工程业绩,以此了解投标人是否承担过类似工程。有类似工程经历的投标人不仅可以比较顺利地通过资格预审,而且在建设单位评标时也占有优势。因此,投标人在平时就要注意积累本地区本企业完建工程的资料。在建设单位可以接受时,这种资料也可以请有关单位(如国内类似工程的建设单位或主管部门)为自己出具证明。

一般情况下,建设单位规定投标人通过资格预审后才能购取标书。但也有的招标项目采取资格后审,建设单位允许先购取标书,并要求投标人同时提交资格预审材料,待评标前审查资格,并将投标人资信作为首要条件考虑。

(二) 招标文件的获取与研究

施工企业只有接到招标人发出的投标邀请书后,才具有参加该项目投标竞争的资格,才可按指定日期和地点,凭资格预审合格通知和有关证件去购取招标文件,或采用汇款邮递或相关网站下载方式购取招标文件。目前绝大多数项目都采用电子传送或直接从相关网站下载。

取得招标文件后,投标人必须先对招标文件进行全面透彻的研究。研究内容包括投标人须知、合同一般条款和特殊条款、工程技术质量要求、工程说明书及施工图纸等。其目的在于弄清承包人责任和报价范围、工程规模和复杂程度、设计深度及资料完整性,各项技术要求、地质资料能否满足施工要求、施工工期是否足够,合同中的财务条款及支付程序,申诉仲裁和解决争议的方式是否公平合理等,以便最后判断是否投标。

由于获取招标文件至投标截止日的时间有限,因而在审核过程中,一旦发现问题或把握不准之处，应及时用书面形式向招标人询问。

研究招标文件要求全面消化，既不放过任何一个细节，又要特别注意一些重点问题，绝不能草率地对待招标文件，还应重视招标文件中合同条款，特别是合同专用条款。否则，一旦中标签约，由于承包人对自己的责任范围认识不清，很可能陷入被动，甚至导致重大经济损失。

（三）参加现场踏勘和标前会议

招标文件不可能包括所有需要知道的实际情况，投标人必须深入现场收集有关资料，做好分析研究工作。通过现场查勘，可以拟定与施工有关的措施，降低成本费用、减少施工困难。投标人要注重收集以下资料。

（1）现场的地质、水文、气象条件。

（2）现场的交通运输、供电、供水条件。

（3）工程总体布置，主要包括交通道路、料场，施工生产和生活用房的场地选择，是否有现成的房屋可以利用。

（4）工程所需材料在当地的来源和储量。

（5）当地劳动力的来源及技术水平。

（6）当地施工机械修配能力、生产供应条件。

（7）周围环境对施工的限制情况，如周围建筑物是否需要围护，施工振动、噪声、爆破的限制等。

招标人还要召开标前会议（即情况介绍会），进一步说明招标工程情况，或补充修正招标文件中的某些问题，同时解答澄清投标人提出的问题。招标人若召开情况介绍会，受邀投标人务请参加。

（四）编制投标文件

在研究招标文件，参加现场踏勘和标前会议及调查工作基本完成之后，投标人应立即着手组织有关人员进行施工组织设计、拟定施工方案、确定轮廓进度，对工程成本作出估算，并在成本估算基础上初步定出标价，最后填写投标文件。

投标文件的内容为：①概述；②工程量清单，包括单价、单位工程造价、工程总价和价格组成分析；③计划开工、竣工及交付使用的日期；④施工组织与工程进度计划；⑤主体工程施工方法和选用的施工机械；⑥工程质量达到的等级和确保质量、保证工期及安全施工的措施。

招标文件的编制步骤应包括：①进行市场、经济、有关法规等的调查；②复核或计算工程量；③制订施工规划；④计算工程成本；⑤确定投标报价；⑥编写投标函。

1. 做好各项调查工作

现场勘察只是对招标项目现场与施工有关的问题进行调查，而在填写投标文件之前还要做好其他各项调查，包括对当地市场和法律的调查。

市场调查主要解决标价中的价格问题；构成标价的主要价格因素是工资、材料、设备、施工机械和其他费用。

法规调查，是在国外进行工程承包必不可少的工作。

2. 复核工程量和编制施工计划

招标文件中一般都附有工程量清单。工程量清单是否基本符合实际，关系到投标成败和能否获利。因此，必须对招标文件中所列工程量进行复核，这对固定总价合同的建设工程项目尤为重要。如果标书中漏列了工程量，投标时按此工程量报价，无疑将减少盈利甚至导致亏损。如标书中多列了工程量，若按此计算标价，则将竞争不过那些对工程量清单做了修正的承包商，从而失去得标机会。

复核工程量必须吃透图纸要求，改正错误、检查疏漏，必要时要实地勘察，取得第一手资料，掌握与工程量有关的一切数据，进行如实核算。

当发现标书的工程量清单与图纸有较大差异时，投标人不要随便改动工程量清单，而要提请工程师（或建设单位）改正。如没有答复，可在标函中附备忘录，声明某一项工程量有误，要求按实际完成量计算。

有的标书没有工程量清单，则需要投标人根据设计图纸自行计算。

3．编写投标文件

投标人对招标工程作出报价决策之后，即应编制标函，也就是《投标人须知》中规定投标人必须提交的全部文件。这些文件包括以下主要内容。

（1）已填好的投标函及附件。

（2）按工程量表填写单价、合价、单位工程造价、全部工程总价及必要的单价分析表。

（3）施工组织设计，包括主体工程施工方案，主要施工机械设备、主要材料、劳力需要量等。

（4）计划开工及竣工日期，施工总工期及进度安排。

（5）工程质量保证体系和保证进度、安全的主要措施。

（6）工程施工现场组织结构及项目经理和主要管理人员及技术人员名单。

（7）工程临时设施用地要求。

（8）招标文件要求的其他内容和其他应说明的事项，如银行出具的投标保函等。

（9）投标人认为有必要的其他文件，如《建议方案》等。

（五）递送投标文件

全部投标文件编制完成后，经校核无误，由负责人签署，按《投标人须知》规定要求分份装订并密封后，即成为递送（或邮递）的投标文件——标函。标函要在投标截止时间之前送达招标人指定的地点，并取得申请投标报名费收据和招标人签收标函回执。标函一般要派专人专送。如必须邮寄，应充分考虑邮件在途中时间，避免迟到作废。国外投标可发电传或快件寄出。

投标文件以正式递交招标人的为正本。此正本应以投标人的名义签署，其中若有添字或删改处，应由投标单位的主管负责人在此处签字盖章。

投标文件发出后，在投标截止时间或开标时间前可以修改其中事项，但应以信函形式发送给招标人。

（六）参加开标会

投标人必须按招标文件规定时间和地点派专人出席开标会议，否则即被认为退出投标竞争。开标宣读标函前，要复验其密封情况。宣读标函过程中，投标人应认真记录其他投标人的标函内容，特别是投标报价。有的投标人用录音机录下开标会议全过程，以便对本企业报价、各竞争对手报价和标底进行比较，判断中标的可能性，了解各对手实力，为今后竞争积累资料。

宣读标函后，投标人还要及时回答招标人要求补充说明的问题，但不能修改标价、工期等实质性内容。开标会议后到决标前，往往有一个评标过程，这时投标人还要随时准备就招标人提出的问题进行答辩说明或澄清确认（即接受代表招标人的评标委员会的询标），使招标人进一步了解标函的含意。

（七）谈判签约

在中标后，建设单位即发出中标通知书，中标人一旦收到通知，就应在规定期限内与招标人谈判（即招标人与中标人约谈）。谈判目的是把前阶段双方达成的书面和口头协议，进一步完善和确定下来，以便最后签订合同协议书。接到失标通知的投标人，立即结束了本次招标过程中与建设单位的招投标关系。

中标后，中标人可以利用其被动地位有所改善的条件，积极地、有理有节地同建设单位谈判，尽可能争取有利的合同条款。如认为某些条款不能接受，还可退出谈判，因为此时尚未签订合同，尚在合同法律约束之外。

当建设单位和中标人对全部合同款没有不同意见后，即签订合同协议书。合同一旦签订，双方即建立了具有法律保护的合作关系，双方必须履约。我国《招标投标法实施条例》规定，确定中标人后，双方必须在一个月内谈判签订承包合同。借故拒绝签订承包合同的中标单位，要按规定或投标保证金金额赔偿对方的经济损失。

二、投标报价的计算与确定

1. 投标报价的计算依据

招标工程的标底按定额编制，反映行业平均水平。投标报价是企业自定的价格，反映企业自身水平。建筑施工企业的管理水平、装备能力、技术力量、劳动效率和技术措施等均影响工程报价。因此，不同企业对同一工程作出的报价是不同的。计算投标报价有以下主要依据。

（1）招标文件，包括工程范围和内容、技术质量和工期的要求等。

（2）施工图纸和工程量清单。

（3）现行的建设工程预算定额、单位估价表及取费标准。

（4）材料预算价格、材差计算的有关规定。

（5）施工组织设计或施工方案。

（6）企业定额及科学有效降低工程成本的方法措施等。

（7）施工现场条件。

（8）影响报价的市场信息及企业内部相关因素。

2. 投标报价的费用组成

投标报价的费用一般由直接费、间接费、利润、税金、其他费用和不可预见费等组成。

直接费、间接费、税金均按定额及有关规定计算。利润可按规定的计划利润率计算，也可根据不同的工程情况研究调整。

其他费用中的保险费可依据招标文件的要求，若工程需要保险，投标单位按国家规定计入保险费。我国建设工程的保险费率为 0.18%～0.50%。

不可预见费按实计算。

投标费用，包括购买标书文件费，投标期间差旅费、编制标书费按经验估算。承包企业委托中介人办理各项承包手续、协助收集资料、通报信息、疏通环节等需支付的报酬及为日常应酬而发生的少量礼品及招待费，也可依据国家政策和规定予以考虑和计列。

不可预见费是指投标报价中难以预料的工程费用，也就是工程包干范围内的风险系数导致的费用增加金额，在标价中可视情况适当考虑。

3. 投标报价的计算酌定

投标报价的计算酌定是一项技术与经济相结合，涉及设计、施工、材料、经营、管理等方面知识的综合性工作。

(1) 计算工程预算造价。首先按工程预算方法计算工程预算造价，这一价格接近标底，是投标报价的基础。

(2) 分析各项技术经济指标。计算投标工程的各项技术经济指标，与平时积累的同类型工程的相关指标对比分析，如有条件可将其他单位报价资料加以分析比较，从而发现预算中的不合理的内容，并作出适当的调整。

(3) 考虑报价技巧与策略，确定标价。投标报价应根据工程条件和当时、当地各种具体情况确定，以选择最优的施工方案为基础，灵活地决策报价。报"高标"价虽会有理想的利润，但得标的几率低；报"低标"价虽得标几率高，但只能保本薄利；多数企业是报"中标"价，即根据建筑企业的经营水平中等的利润来报价。一般情况下，投标报价为工程成本的 1.15 倍时，中标率较高，企业的利润也较好。

三、投标报价的策略技巧

报价问题是工程投标的核心，投标策略问题实质上就是研究投标报价问题，投标报价策略决定于投标时期、投标竞争环境以及投标人利润目标，即报什么样的标价才能击败竞争对手又能使本企业获取最大利润，因此，研究投标价格及报价策略也就成了工程施工投标中非常重要的工作。

1. 投标报价的类型

对于建筑施工企业，不同时期，不同竞争环境，其所确定的长期利润目标和近期利益目标是不相同的。而不同的利润目标，又决定着企业参加投标竞争时，采用不同的报价策略。就利润目标来说，施工企业的报价类型主要有以下 3 种。

(1) 以获得较大利益为投标目的。在施工企业的经营业务处于长期比较饱和的情况下，或信誉、实力比较强时，其参加投标的战略思想，往往是以考虑中长期利润目标和经营效果为主，以获得"自己满意"的利润为目的。这种企业投标时，往往不是压价投标，而是报"中标"价或"高标"价。

(2) 以保本或微利为投标目的。建筑企业在业务不饱满的情况下，为解决企业"窝工"现象，其参加投标的战略思想往往是以保本或微利为主。这种企业投标时，可能会报与成本相近或稍高于成本的"低标"价。

(3) 以开拓新业务及进入某地区或国家建筑市场为投标目的。建筑市场的开放，打破了行业和地区的界限，为施工企业开辟了广阔的竞争舞台。建筑企业为开拓新业务或为打入某行业、某地区和某国家的建筑市场，并创造良好的社会信誉，往往会采取微利或保本的"低标"报价。

施工企业还要根据建筑市场、竞争对手和招标工程具体情况及本企业主、客观情况，决定自己的报价类型。

2. 投标报价的技巧

投标报价的技巧是指投标工作中针对具体情况而采取的投标报价艺术技巧。它与一般确定投标报价的方法不同，也不能代替确定投标报价的细致工作，但不论是国内投标还是国际投标，研究并掌握投标报价艺术，对夺取投标胜利，起到重要作用。

综合各国的投标报价艺术技巧，主要有以下几种。

（1）修改设计以降低造价取胜。这是投标报价竞争中的一个有效的取胜方法。投标人在编制投标文件的过程中，应仔细研究设计图纸。如果发现改进某些不合理的设计或利用某项新技术可以降低造价时，投标人除按原设计提出投标报价外，还可另附一个修改设计的比较方案及相应的低报价。这往往能得到建设单位的赏识而达到出奇制胜的效果。如法国布维克公司在科威特布比延桥工程的投标中，提出了采用预应力混凝土梁和双柱式排架桩的新方案，不但使造价降低了 1/3，还缩短了工期，从而一举夺标。

（2）标函中附带优惠条件制胜。在投标中能给建设单位一些优惠条件，比如贷款、提供材料设备等，解决建设单位的某些困难，有时是投标取胜的重要因素。如上海石洞口电厂主厂房基础打桩工程招标中，中国二十冶集团有限公司获得建设单位缺乏钢板桩的信息，就在标函中提出可以垫借 12000 根钢板桩给建设单位，并可力争提前 15d 完工（工期与对手一样），解决了建设单位材料短缺的燃眉之急。虽然报价比对手高，却中了标。

（3）不平衡单价法。采取不平衡单价是国际投标报价常见的一种手法。所谓不平衡单价，就是在不影响总投价水平的前提下，某些项目的单价定得比正常水平高些，而另外一些项目的单价比正常水平低些。但要注意避免显而易见的畸高畸低，以免降低中标机会或成为废标。有些国家的招标文件中就明确规定：如果工程师判定投标者有投标报价不平衡现象，可以宣布这份标函无效。

（4）多方案报价法。这是利用工程说明书或合同条款不公正或不明确之处，争取达到修改工程说明书和合同条款为目的的一种报价方法。如果合同条款和工程说明书不公正或不明确，投标人往往要承担很大风险。为了减少风险就需扩大工程单价，增加"不可预见费"，但这样做又会因此报价过高而增加被淘汰的可能性。这时可采用多方案报价法，即在投标文件中报出两个单价：一是按原工程说明书和合同条款的报价；二是附加注解（如工程说明书或合同条款作某些改变，则可降低多少费用）的报价。这样既能吸引建设单位修改说明书和合同条款，又使报价较低。

（5）预备标价法。建设工程投标过程也是建设工程施工企业互相竞争的过程。竞争对手们总是随时随地互相侦察对方的投标报价动态。而要做到投标报价绝对保密又很难，这就要求参加投标报价的人员能随机应变，当了解到第一报价对手不在时，可用预备的标价投标。如石塘水电站的招标中，中国水利水电第十二工程局有限公司于开标前一天带着高、中、低三个报价到达杭州后，千方百计通过各种渠道了解投标者到达的情况及可能出现的对手情况，直到投标截止前 10min，他们发现主要竞争对手已放弃投标，立即决定不采用最低投标报价方案。同时又考虑到第二竞争对手的竞争力，决定放弃最高投标报价，选择了中标报价，结果成为有效最低价投标人，为该局中标打下了基础。

任务五 案 例 分 析

工程招投标管理案例分析 I

1. 背景

某水利工程项目由政府投资建设，招标人委托某招标代理公司代理施工招标。行政监督部门确定该项国采用公开招标方式招标。招标文件规定：投标担保可采用投标保证金或投标保函方式担保。评标方法采用经评审的最低投标价法。投标有效期为60d。

项目法人对招标代理公司提出以下要求：为避免潜在的投标人过多，项目招标公告只在本市日报上发布，且采用邀请方式招标。

项目施工招标信息发布后，共有9家投标人报名参加投标。项目法人认为报名单位多，为减少评标工作量，要求招标代理公司对报名单位的资质条件、业绩进行资格审查。开标后发生的事件如下：

事件1：A投标人的投标报价为8000万元，为最低报价，经评审推荐为中标候选人。

事件2：B投标人的投标报价为8300万元，在开标后又提交了一份补充说明，提出可以降价5%。

事件3：C投标人投标保函有效期为70d。

事件4：D投标人投标文件的投标函盖有企业及其法定代表人的印章，但没有加盖项目负责人的印章。

事件5：E投标人与其他投标人组成联合体投标，附有各方资质证书，但没有联合体共同投标协议书。

事件6：F投标人的投标报价为8600万元，开标后谈判中提出估价为800万元的技术转让。

事件7：G投标人的投标报价最高，故G投标人在开标后第二天撤回了其投标文件。

2. 问题

（1）项目法人对招标代理公司提出的要求是否正确？说明理由。

（2）分析A、B、C、D、E、F投标人的投标文件是否有效或有何不妥之处？说明理由。

（3）G投标人的投标文件是否有效？对其撤回投标文件的行为，项目法人可如何处理？

（4）该项目中标人应为哪一家？合同价为多少？

3. 参考答案

（1）不正确。理由：项目招标公告应按有关规定在《中国日报》《中国经济导报》以及《中国水利报》等媒体上发布，不能限制只在本市日报上发布；依据有关规定，该项目应采用公开招标方式招标，项目法人不能擅自改变。

（2）A投标人无不妥之处。理由：经评审后最低报价的应推荐为中标人。

B投标人在开标后降价不妥。理由：投标文件在投标文件有效期内不得修改。

C投标人无不妥之处。理由：投标人的投标保函有效期底不短于招标文件规定的有效期。

D投标人无不妥之处。理由：投标人的投标函（或投标文件）应加盖企业及其法定代表人的印章，但不要求加盖项目负责人的印章。

E投标人投标文件无效。理由：根据有关规定，联合体投标，应有联合体共同投标协议书。

F投标人无不妥之处。理由：根据有关规定，开标后合同谈判中投标人提出的优惠条件，不作为评标的依据。

（3）G投标人的投标文件有效。投标文件在投标文件有效期内不得撤回。G投标人撤回其投标文件，项目法人可没收其投标保函。

(4) 该项目中标人应为 A，合同价为 8000 万元。

工程招标投标管理案例分析 Ⅱ

1. 背景

经批准后，Y 省水利厅作为项目法人对某大型水利工程土建标公开招标，该项目属中央投资的公益性水利工程。招标人于 2006 年 5 月 2—11 日发布招标公告，公告规定投标人须具有水利工程施工总承包一级资质，采用资格后审；5 月 12—16 日出售招标文件，招标文件规定 5 月 30 日为投标截止时间。截至 5 月 16 日，共有 6 家投标单位购买了招标文件，且该 6 家单位（分别为 A、B、C、D、E、F）均在招标文件规定的时间内提交了投标文件，其中 F 投标单位为甲单位（水利水电施工总承包一级资质）与乙单位（水利水电施工总承包二级资质）的联合体。投标单位 A 在提交投标文件后发现其报价估算有较严重的失误，就赶在投标截止时间前 15 分钟，递交了一份书面声明，要求撤回已提交的投标文件。

开标时，由招标人委托的市公证处人员检查投标文件的密封情况，确认无误后，由工作人员当众拆封。由于投标单位 A 已撤回投标文件，故招标人宣布有 B、C、D、E、F 5 家投标单位投标，并宣读该 5 家投标单位的投标价格、工期和其他主要内容。

评标委员会委员由招标人代表和其他技术经济专家组成，共 9 人，其中招标人代表 4 人，从 Y 省水利厅组建的评标专家库随机抽取专家 5 名，其专业分布为：工程建设管理 1 人、金属结构 1 人、造价 2 人、水工 1 人。

在评标过程中，评标委员会要求 B、D 两投标人分别对其施工方案作详细说明，并对若干技术要点和难点提出问题。要求其提出具体、可靠的实施措施。作为评标委员会的招标人代表希望投标单位 B 再适当考虑一下降低报价的可能性。

按照招标文件中确定的综合评标标准，5 个投标人综合得分从高到低的依次顺序为 B、D、F、C、E，故评标委员会确定投标单位 B 为中标人。由于投标单位 B 为外地企业，招标人于 6 月 10 日将中标通知书以挂号方式寄出，投标单位 B 于 6 月 14 日收到中标通知书。

由于从报价情况来看，5 个投标人的报价从低到高的依次顺序为 D、C、B、E、F，因此，从 6 月 16—21 日招标人又与投标单位 B 就合同价格进行了多次谈判，结果投标单位将价格降到略低于投标单位 C 的报价水平，最终双方于 7 月 12 日签订了书面合同签订后，招标人向 A、C、D、E、F 5 家投标单位发去了中标结果通知书。

2. 问题

从所介绍的背景资料来看，在该项目的招标投标程序中有哪些方面不符合招标投标的有关规定？请逐一说明。

3. 参考答案

在该项目招标投标程序中有以下几方面不符合招标投标的有关规定，分述如下：

(1)《工程建设项目施工招标投标办法》（七部委 2003 年令第 30 号，2013 年 4 月修订）规定，"自招标文件发售之日起至停止出售之日止，最短不得少于 5 个工作日"，本例中招标文件出售时间为 5 月 12—16 日，共 5 个日历日，而非 5 个工作日。

(2) 根据《招标投标法》规定，"由同一专业的单位组成的联合体，按照资质等级较低的单位确定资质等级"。故 F 投标单位资质不符合招标公告的要求，不应向其出售招标文件。

(3) 招标人不应仅宣布 5 家投标单位参加投标。我国《招标投标法》规定，招标人在招标文件要求提交投标文件的截止时间前收到的所有投标文件，开标时都应当众拆封、宣读。这一规定是比较模糊的。仅就字面意思理解，已撤回的投标文件也应当宣读，但这显然与有关撤回投标文件的规定的初衷不符。按惯例，虽然投标单位 A 在投标截止时间前已撤回投标文件，但仍应作为投标人宣读其名称，但不宣读其投标文件的其他内容。

（4）根据《评标委员会和评标方法暂行规定》（国家发展计划委员会令第 12 号，2013 年 4 月修订）、《水利工程建设项目招标投标管理规定》（水利部令第 14 号）的有关规定，评标委员会中招标人代表人数不能超过评委总人数的 1/3，而本例中招标人代表 4 人，显然已经超过评委总数的 1/3；由于该项目属于中央投资的公益性水利建设项目，故评标专家应从水利部或该项目所属的流域管理机构组建的评标专家库中抽取。

（5）评标过程不应要求投标单位考虑降价问题。根据有关规定，评标委员会可以要求投标人对投标文件中含义不明确的内容作必要的澄清或说明，但是澄清或者说明不得超出投标文件的范围或者改变投标文件的实质性内容；在确定中标人前，招标人不得与投标人就投标价格、投标方案的实质性内容进行谈判。

（6）中标通知书发出后，招标人不应与中标人就价格进行谈判。按规定，招标人和中标人应按照招标文件和投标文件订立书面合同，不得再行订立背离合同实质性内容的其他协议。

（7）本项目自招标文件开始发售之日起至投标人提交投标文件截止之日止，时间为 19d，不符合《招标投标法》关于该项不得少于 20d 的规定要求。

（8）订立书面合同的时间过迟，按规定，招标人和中标人应当自中标通知书发出之日（不是中标人收到中标通知书之日）起 30d 内订立书面合同，而本案例为 32d。

（9）招标人在合同签订后才将中标结果通知书发给 A、C、D、E、F 5 家投标单位，不符合《招标投标法》所规定的"中标人确定后，招标人应当向中标人发出中标通知书，并同时将中标结果通知所有未中标的投标人"。

项 目 学 习 小 结

本项目主要学习了以下知识：建筑市场及工程招投标的发展进程，建设工程招标投标的基本概念，建设工程招标的组织形式，建设工程项目的招标方式和招标过程，建设工程项目招标投标范围及规模标准，建设工程招标的一般程序，水利工程建设项目招标准备工作的主要内容，建设工程施工招标文件的内容组成，建设工程施工招标文件的编写程序，水利工程建设项目的投标程序，水利工程投标报价的费用组成和计算依据，水利工程投标文件的编制方法和投标报价的策略技巧，以及水利工程招投标相关案例分析。以上学习内容中，应熟悉水利工程建设项目招标准备工作的主要内容和投标程序，重点掌握水利工程投标文件的编制方法和投标报价的策略技巧。

职 业 能 力 训 练 三

一、单选题

1. 根据《水利工程建设项目招标投标管理规定》（水利部令第 14 号），施工招标未设标底的，按不低于（　　）的有效标进行评审。

A. 全部投标人报价加权平均值　　B. 部分投标人报价的平均值
C. 成本价　　D. 全部投标人报价中位数

2. 根据《水利工程建设项目招标投标管理规定》(水利部令第 14 号)，两个或两个以上的法人或其他组织组成联合体投标的，其资质（资格）等级应当按（　　）确定。
A. 资质较低的单位　　B. 资质较高的单位
C. 联合体各成员资质的中值　　D. 招标人的意愿

3. 水利工程施工项目的招标中，依法必须进行招标的施工项目，自招标文件开始发出之日起至投标人提交投标文件截止之日止，最短不应当少于（　　）。
A. 14d　　B. 20d　　C. 28d　　D. 30d

4. 水利工程施工项目的招标中，评标委员会成员人数为（　　）以上单数，其中技术、经济等方面的专家不得少于成员总数的（　　）。
A. 5人　1/3　　B. 5人　2/3　　C. 7人　1/3　　D. 7人　2/3

二、多选题

1. 建设工程招标投标应遵循的基本原则是（　　）。
A. 公开　　B. 公平　　C. 公正　　D. 严格谨慎　　E. 诚实信用

2. 根据水利工程施工项目招标投标管理规定，评标方法可采用（　　）。
A. 经评审的最低投标价法　　B. 综合评分法　　C. 合理最低投标价法
D. 两阶段评标法　　E. 投票表决法

3. 水利工程施工项目招标中，有下列情形之一的需重新招标（　　）。
A. 投标截止时间止，投标人少于 3 个的　　B. 经评标委员会评审后否决所有投标的
C. 因有效投标不足 3 个的　　D. 同意延长投标有效期的投标人少于 4 个的
E. 中标候选人均未与招标人签订合同的

4. 水利工程建设施工项目符合下列具体范围并达到规模标准之一的水利工程建设项目，必须进行招标。其中提到的具体范围是指（　　）。
A. 社会团体融资的水利工程建设项目
B. 集体自筹资金的水利工程建设项目
C. 关系社会公共利益、公共安全的水利工程建设项目
D. 使用国有资金投资或者国家融资的水利工程建设项目
E. 使用国际组织或外国政府贷款、援助资金的水利工程建设项目

三、判断题

1. 施工单项合同估算价低于 200 万元，但项目总投资额在 3000 万元人民币以上的项目原则上需要招标。(　　)
2. 招标范围和招标方式等应当履行核准手续并已经核准，而招标组织形式不需要。(　　)
3. 自招标文件出售之日起至停止出售之日止，最短不得少于 5 个工作日。(　　)
4. 当某投标报价低于标底或者高于招标文件设定的最高投标限价时，评标委员会应否决其投标。(　　)

四、案例分析题

1. 背景

某穿堤建筑物施工招标，A、B、C、D 4 个投标人参加投标。招标投标及合同执行过程

中发生了如下事件：

事件1：经资格预审委员会审核，本工程监理单位下属的具有独立法人资格的D投标人没能通过资格审查。A、B、C 3个投标人购买了招标文件，并在规定的投标截止时间前递交了投标文件。

事件2：评标委员会评标报告对C投标人的投标报价有如下评估：C投标人的工程量清单"土方开挖（土质级别Ⅱ级，运距50m）"项目中，工程量2万m^3与单价500元/m^3的乘积，与合价10万元不符。工程量无错误。故应进行修正。

事件3：招标人确定B投标人为中标人，按照《堤防和疏浚工程施工合同范本》（水建管1999年令第765号）签订了施工合同。合同约定：合同价500万元，预付款为合同价的10%，保留金按当月工程进度款5%的比例扣留。施工期第1个月，监理单位确认的月进度款为100万元。

事件4：根据地方政府美化城市的要求，设计单位修改了建筑设计。修改后的施工图纸未能按时提交，承包人据此提出了有关索赔要求。

2. 问题

（1）事件1中，指出招标人拒绝投标人D参加该项目施工投标是否合理，并简述理由。

（2）事件2中，根据《工程建设项目施工招标投标办法》（七部委2003年令第30号，2013年4月修订）的规定，简要说明C投标人报价修正的方法并提出修正报价。

（3）事件3中，计算预付款、第1个月的保留金扣留和应得付款（单位：万元，保留2位小数）。

（4）事件4中，指出承包人提出索赔的要求是否合理并简述理由。

项目四　工程项目进度管理

项目描述：本项目通过学习工程项目进度控制的基础知识，明晰工程项目管理的原理；对于项目进度计划的编制和项目进度控制的技术方法，重点介绍了网络计划技术和流水施工原理；此外还对施工阶段进度、计划检查与调整的几大措施做了介绍。

项目学习目标：通过本项目学习，熟悉工程项目进度管理的原理；掌握工程项目进度管理的主要技术方法。

项目学习重点：网络计划技术和流水施工原理。

项目学习难点：双代号网络图的时间参数计算。

任务一　工程项目进度控制概述

任务描述：学习工程项目进度控制和进度计划编制与运用等知识，掌握工程项目管理进度控制的原理。

一、工程项目进度控制的概念

工程项目进度控制，是指对工程项目各建设阶段的工作内容，确定工作程序、估算持续时间，按照逻辑关系编制进度计划，并在该计划付诸实施的过程中，经常检查实际进度是否按计划要求进行，对出现的偏差分析原因，采取补救措施，或者调整、修改原计划，直至工程竣工，交付使用。而工程项目进度控制的目的，则是通过控制，实现工程的进度目标，即实现在合同约定的工期内完成工程项目建设。

建筑工程项目管理有多种类型，代表不同利益方的项目管理都有进度控制的任务，故其控制的目标和时间范围是不同的。但任何利益方的进度控制都应包括以下内容。

（1）进度目标分析与论证。其目的是论证进度目标是否合理，进度目标是否可能实现。如果经过科学的论证，目标不可能实现，则必须调整目标。

（2）进度计划的跟踪检查与调整。定期跟踪检查所编进度计划的执行情况，检查周期的长短可根据需要用制度确定。当检查发现实际进度偏离目标后，则应采取纠偏措施，并视情况调整进度计划。调整过程中可能出现两种情况：一是调整计划后原目标不变；二是原目标难以实现，必须通过计划调整改变原计划目标。

二、影响工程项目施工进度的主要因素

影响工程项目施工进度的因素很多，编制、执行和控制施工进度计划时，必须充分认识和估计这些因素，克服不利影响，以实现项目进度的有效控制。影响施工进度主要有以下几个方面的因素。

1. 参与工程建设的各单位的影响

影响工程项目施工进度的单位不只是施工承包单位。事实上，只要是与工程建设有关的单位，如政府有关部门、建设单位、设计单位、物资供应单位、资金贷款单位，以及运输、

通信、供电等部门，其工作进度的拖后必将对施工进度产生影响。因此控制施工进度仅仅考虑施工承包单位是不够的，必须充分认识到各个单位对进度影响的程度，从而全面考虑在进度计划的安排中应留有足够的机动时间。

2. 运转资金对施工进度的影响

由于建筑施工工程本身的特点，运转资金是否足够已经成为工程施工能否顺利进行的先决条件。建设单位的资金投入是否及时将会影响施工工程物料的购进，相关费用的支出等，直接影响施工单位流动资金的周转，对整个施工工程进度产生深刻的影响。

3. 施工条件对施工进度的影响

由于建筑工程施工本身的特点，施工环境对施工进度的影响是十分深远的。无论是气候环境，还是水文、地质等自然条件，都会对施工进度造成十分严重的影响。简单来说，恶劣的天气条件或者突发性的灾害天气都会对施工进度造成十分严重的影响。

4. 施工技术对工程进度的影响

施工单位要保证施工方法选用得当，项目部的技术力量、管理能力直接影响施工进度；解决问题的时效性、项目设计的合理性、施工与设计的承接性等，都会对施工进度产生很大的影响；施工人员的操作规范与标准，工艺方法的熟练程度，管理人员统筹全局的能力等技术因素，都会对施工进度造成最为直接的影响。

5. 物料供应对施工进度的影响

一般来说，由于建设项目的规模化影响，对工程材料，相关的构配件、工程机械设备等物料都有十分庞大的配置需要。如果施工工程物料的供应不能及时满足工程施工的需要，就会导致本可以同时展开的工序不得不分段实施。同时，应该考虑到施工地区的材料资源量和运输条件，以及材料供应商能否如期供货等问题，保证建设工期，保证施工进度。此外，还应考虑进场施工机械的影响。进场的施工机械配置过多，不仅造成资源浪费，还会造成施工现场的拥塞，导致工作面不能及时展开；同样，如果进场机械配置过少，就会降低施工效率，进而造成人员和物料的闲置，影响施工进度。

三、进度控制的方法

1. 行政方法

用行政方法控制进度，是指上级单位及上级领导、本单位的领导利用其行政地位及权力，通过发布进度指令，进行指导、协调、考核；利用激励手段（奖、罚、表扬、批评）、监督、督促等方式进行进度控制。使用行政方法控制进度具有直接、迅速、有效等优点，但要提倡科学性，防止主观、武断、片面的瞎指挥。

2. 经济方法

用经济方法控制进度，是指有关部门和单位用经济手段影响和制约进度控制，如建设银行通过控制资金的投放速度以影响建设进度；在承、发包合同中，写进有关工期和进度的条款；建设单位通过进度优惠条件，鼓励施工单位加快进度；建设单位的奖惩等经济方法。

3. 管理技术方法

进度控制的管理技术方法是指规划、控制和协调。通过规划确定项目的进度总目标和分目标；控制就是在项目实施的全过程中，进行计划进度与实际进度的比较，发现偏差，及时采取措施进行纠正；通过协调项目建设各方之间的进度关系达到控制进度的目的。

四、进度计划的编制

(一) 工程项目施工进度计划的分类

(1) 按计划对象来划分,有施工总进度计划、单位工程施工进度计划和分项进度计划。施工总进度计划是以整个建设项目为对象编制的,它确定了各单项工程的施工顺序和开竣工时间以及相互衔接的关系,是具有全局性的施工战略部署;单位工程施工进度计划是对单位工程中的各分部、分项工程的计划安排;分项进度计划是针对项目中某一部分(子项目)或某一专业工种的计划安排。

(2) 按计划表达形式来划分,有文字说明计划和图表形式计划。文字说明计划是以文字形式说明各时间阶段内应完成的工程建设任务,及所需要达到的工程形象进度要求;图表形式计划是以图表形式表达工程建设各项工作任务的具体时间顺序的安排,图表形式有横道图、斜线图、网络图等。

(3) 按不同计划周期划分,有总进度计划和阶段性计划。总进度计划是控制项目施工全过程的,阶段性计划包括项目年度、季度、月(旬)度施工进度计划等。月(旬)度计划是根据年度、季度施工计划,结合现场施工条件编制的具体执行计划。

(二) 工程项目施工进度计划的编制依据

(1) 施工合同中的施工组织设计、合同工期、分期分批开工日期和竣工日期,关于工期的延误、调整、加快等的约定。

(2) 施工进度目标。

(3) 工期定额中规定的工期是施工项目的最大工期限额,也是发包人和承包人签订合同的依据。在编制施工总进度计划时应以此为最大工期标准,力争缩短而绝对不能超限。

(4) 设计图样及有关技术经济资料,主要是指可供参考的施工档案资料、地质资料、环境资料、统计资料等。

(5) 项目的施工规划和施工组织设计。

(6) 主要设备、材料以及资金的供应能力。

(7) 施工人员的技术素质及劳动效率。

(8) 施工现场条件、气候条件、环境条件。

(三) 工程项目施工进度计划的编制步骤

1. 施工总进度计划的编制步骤

(1) 收集编制依据。收集施工合同和工期定额,从合同中可得到施工进度目标中的合同工期;指令工期由企业法定代表人或项目经理确定;施工部署与主要工程施工方案,可从施工项目管理实施规划中得到;有关技术经济资料除设计文件外,其余的可从调研、现场勘察及档案资料中得到。

(2) 确定进度控制目标。合同工期、指令工期不一定是计划的工期目标。在充分研究经营策略的前提下,确定一个既有把握实现合同工期,又可实现指令工期,比这两种工期更积极可靠(更短)的工期,作为编制施工总进度计划的依据,从而确定作为进度控制目标的工期。

(3) 计算工程量。可利用招标文件户的工程量清单,也可利用施工图预算或报价表中的工程量,也可以由编制计划者自己计算。

(4) 确定各单位工程的施工期限和开工、竣工日期及相互搭接关系。确定各单项工程的施工顺序,合理地搭接各项工程,组织全场性流水作业。

(5) 编制正式施工总进度计划。总进度计划初步确定后,检查总工期是否符合要求,动力和物资需要量是否均衡。

(6) 编制劳动力、物资、大型施工机械等资源的需用计划。

2. 单位工程施工进度计划的编制步骤

(1) 划分工作项目。工作项目划分的粗细程度,应根据计划的需要决定,使之能满足指导施工作业、控制施工进度的需要。

(2) 确定施工顺序。根据施工方案确定的原则排列各分部、分项工程施工顺序,并使之符合施工工艺要求和经济、合理的原则。

(3) 划分流水段。为了把各项工程合理地搭接起来,组织全场性的流水作业,以保持均衡施工,一般从工程量较大的工种工程或大型机械施工的工种工程着手,组成全场性的流水。

(4) 确定工作项目的持续时间。根据工作项目所需的劳动量或机械台班数,以及该工作项目每天安排的人工数或配备的机械台数,计算出各工作项目的持续时间。

(5) 绘制施工进度计划。

(6) 施工进度计划的检查与调整。它主要指检查各工作项目的施工顺序、平行搭接和技术间歇是否合理,总工期是否满足合同规定。如果不符合,必须进行调整。

(四) 施工项目进度计划的编制方法

(1) 横道图法。横道图法是一种直观的进度计划方法,是用图、表相结合的形式表示各项工程活动的开始时间、结束时间和持续时间。由于横道图能够清楚地表达活动的开始时间、结束时间和持续时间,一目了然,易于理解,在工程中被广泛应用,是一种传统的计划表示方法。

(2) 网络图法。网络图法是利用网络图的形式,在网络图上标注各项工作的时间参数,来进行工程计划和控制的现代管理方法。

任务二　网　络　计　划　技　术

任务描述:学习网络计划技术的基础知识,掌握网络图的绘制、双代号网络图的时间参数计算、网络优化的技能。

一、网络计划技术基本概念

1. 网络计划技术的产生和发展

横道图进度计划法是传统的进度计划方法。横道图计划表中的进度线(横道)与时间坐标相对应,这种表达方式较直观,易看懂计划编制的意图。横道图表达方式,如表 4-1 所示。但是,横道图进度计划法也存在以下问题。

(1) 工序(工作)之间的逻辑关系可以设法表达,但不易表达清楚。

(2) 适用于手工编制计划。

(3) 没有通过严谨的进度计划时间参数计算,不能确定计划的关键工作、关键路线与时差。

(4) 计划调整只能用手工方式进行,其工作量较大。

表 4-1　　　　　　　某木龙骨胶合板吊顶横道计划进度表

施工过程	施工进度/d											
	1	2	3	4	5	6	7	8	9	10	11	12
安设吊杆												
安装龙骨												
安装胶合板												
贴墙纸												

(5) 难以适应大的进度计划系统。

网络计划技术是 20 世纪 50 年代在美国创造和发展起来的一项计划技术。我国是在 1965 年，由著名数学家华罗庚教授第一次把网络计划技术引入，并把它称为"统筹法"。20 世纪 80 年代，网络计划技术逐渐在建筑业推广。随着信息技术发展，目前，网络计划技术与信息技术相结合，已经成为工程项目管理的重要技术手段。

2．网络计划技术的基本概念

网络计划是以网络图的形式来表达任务构成、工作顺序，并加注工作时间参数的一种进度计划。网络图是指由箭线和节点（圆圈）组成的，用来表示工作流程的有向、有序的网状图形。

网络图中的工作是工程项目计划任务按需要粗细程度划分而成的、消耗时间或同时也消耗资源的一个子项目或子任务。工作可以是单位工程，也可以是分部工程、分项工程；一个施工过程也可以作为一项工作。在一般情况下，完成一项工作既需要消耗时间，也需要消耗劳动力、原材料、施工机具等资源。但也有一些工作只消耗时间而不消耗资源，如混凝土浇筑后的养护过程和墙面抹灰后的干燥过程等。

网络计划技术原理：首先将一项工程的全部建造过程分解成若干个施工过程；通过网络计划时间参数的计算，找出关键工作及关键线路；利用最优化原理，不断改进网络计划初始方案，并寻求最优方案；在网络计划执行过程中，对其进行有效的监督和控制。

网络计划方法是指依托网络计划这一形式产生的一套进度计划管理方法。

所谓网络计划技术，即是指网络计划原理与方法的集合。

二、网络计划的分类

1．按网络计划参数的性质不同分类

（1）肯定型网络计划。如果网络计划中各项工作之间的逻辑关系是肯定的，各项工作的持续时间也是确定的，而且整个网络计划有确定的工期，这种类型的网络计划就称为肯定型网络计划。其解决问题的方法主要为关键线路法（CPM）。

（2）非肯定型网络计划。如果网络计划中各项工作之间的逻辑关系或工作的持续时间是不确定的，整个网络计划的工期也是不确定的，这种类型的网络计划就称为非肯定型网络计划。

2．按工作表示方法的不同分类

（1）双代号网络计划。双代号网络计划是各项工作以双代号表示法绘制而成的网络计划。如图 4-1 中，①→②代表 A 工作，②→③代表 B 工作。

（2）单代号网络计划。单代号网络计划是以单代号的表示方法绘制而成的网络计划。如

图 4-2 中，编号 1 代表 A 工作，编号 2 代表 B 工作，编号 5 代表 E 工作等。

3. 按有无时间坐标分类

（1）无时标网络计划。不带有时间坐标的网络计划称为无时标网络计划。

（2）有时标网络计划。带有时间坐标的网络计划称为有时标网络计划。

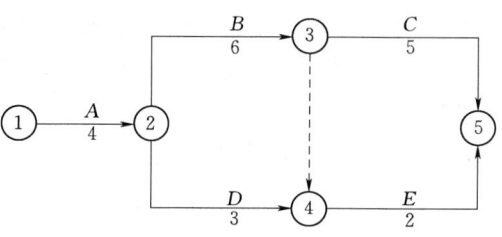

图 4-1 双代号网络图

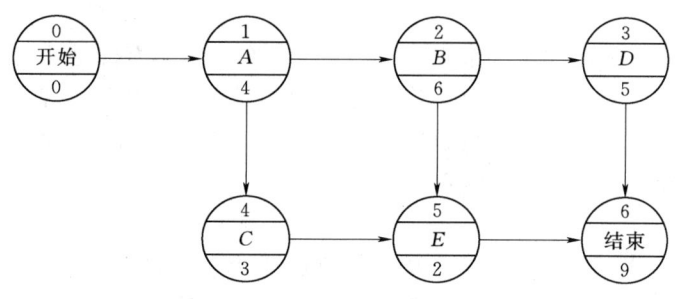

图 4-2 单代号网络图

4. 按网络计划的性质和作用分类

（1）控制性网络计划。控制性网络计划是以单位工程网络计划和总体网络计划的形式编制，是上级管理机构指导工作、检查和控制进度计划的依据，也是编制实施性网络计划的依据。

（2）实施性网络计划。实施性网络计划的编制的对象为分部工程或者是复杂的分项工程，以局部网络计划的形式编制。施工过程划分较细，计划工期较短。它是管理人员在现场具体指导施工的依据，是控制性进度计划得以实施的基本保证。

三、双代号网络图的绘制

（一）组成双代号网络图的基本要素

1. 箭线

在一个网络计划中，箭线分为实箭线和虚箭线，二者表示的含义不同，如图 4-3 所示。

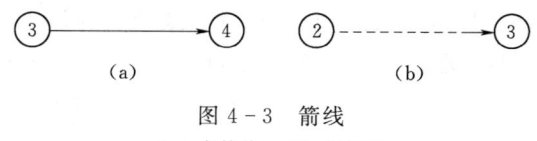

图 4-3 箭线
(a) 实箭线；(b) 虚箭线

（1）实箭线。一根实箭线表示一个施工过程（或一项工作）。一般情况下，每个实箭线表示的施工过程都要消耗一定的时间和资源，箭线的方向表示工作的进行方向和前进路线，箭线的长短一般与工作的持续时间无关。按照网络图中工作之间的相互关系，可将工作分为 3 种类型，如图 4-4 所示。

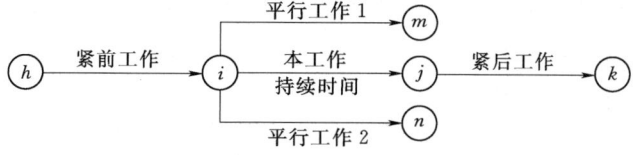

图 4-4 工作（工序）的分类

(2) 虚箭线。虚箭线仅表示工作之间的逻辑关系，既不消耗时间也不消耗资源。它在双代号网络图中起逻辑连接或逻辑间断的作用。

2. 节点（圆圈）

(1) 双代号网络图中，节点表示前面工作结束或后面工作开始的瞬间，既不消耗时间也不消耗资源。节点的含义，如图4-5所示。

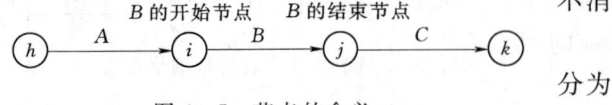

图4-5 节点的含义

(2) 节点根据其位置和含义不同，可分为3种类型：起始节点；中间节点；结束节点，也叫终节点。

(3) 节点的编号。网络图中的节点要统一编号，编号从起始节点开始，由左向右，直至终点节点为止；编排顺序由小到大，不许重复；在编号时，考虑到将来网络图有可能进行局部改变，而这种改变又不至于打乱网络图的全部编号，因此可以采用非连续编号。但是，每项工作的箭头编号始终都要大于箭尾编号。

3. 线路

(1) 线路含义及分类。网络图中，从起始节点开始，沿箭线方向连续通过一系列节点和箭线，最后到达终节点的若干条通道，称为线路。通常情况下，一个网络图可以有多条线路，线路上各施工过程的持续时间之和称为线路时间。如图4-6所示，该网络图中，共有8条线路。

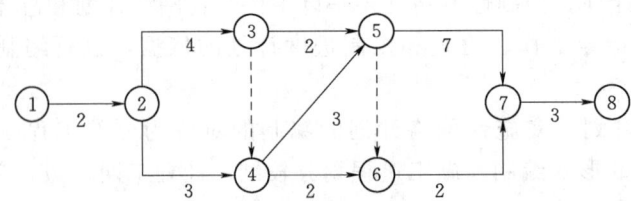

图4-6 双代号网络图的线路

(2) 施工过程根据所在线路的分类。各施工过程由于所在线路不同，可以分为关键工作和非关键工作。位于关键线路上的工作称为关键工作；位于非关键线路上，除关键工作之外的其他工作称为非关键工作。

(3) 关键线路。关键线路是指网络图中总时间最长的线路，一般用双线或粗线标注，网络图中至少有一条关键线路，关键线路上的节点叫关键节点，关键线路上的工作叫关键工作。

（二）双代号网络图的绘制方法

绘图时，必须做到：首先，绘制的网络图必须正确表达过程之间的各种逻辑关系；其次，必须遵守双代号网络图的绘图规则，也就是一个正确的双代号网络图应是在遵守绘图规则的基础上，正确表达过程之间的逻辑关系的一个网络图；最后，绘制实际工程的网络图时，还应选择适当的排列方法。

1. 网络图逻辑关系及其正确表示

(1) 网络图逻辑关系。网络图中的逻辑关系是指网络计划中所表示的各个工作之间客观上存在或主观上安排的先后顺序关系。这种顺序关系划分为两类：一类是施工工艺关系，简称工艺逻辑；另一类是施工组织关系，简称组织逻辑。工艺逻辑关系是由施工工艺或操作规程所决定的各个工作之间客观上存在的先后施工顺序。组织逻辑关系是在施工组织安排中，考虑劳动力、机具、材料或工期等影响，在各工作之间主观上安排的先后顺序关系。

（2）逻辑关系的正确表示。双代号网络图中常见的逻辑关系及其表示方法，见表4-2。

表4-2　　　　　　　　　双代号网络图中常见的逻辑关系及其表示方法

序号	工作间逻辑关系	表 示 方 法
1	A、B、C无紧前工作，即工作A、B、C均为计划的第一项工作，且平行进行	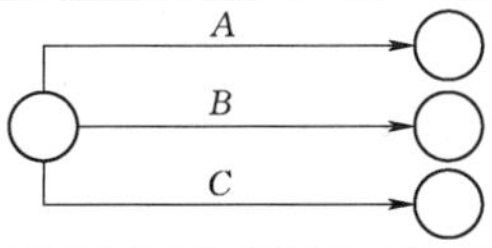
2	A完成后，B、C、D才能开始	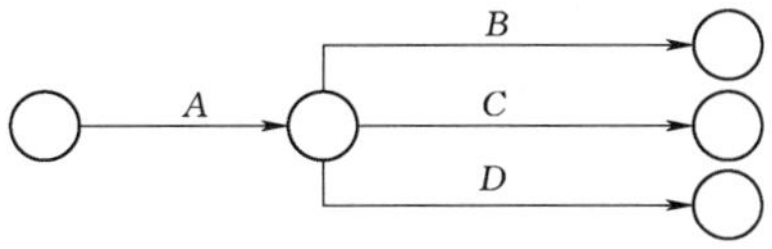
3	A、B、C均完成后，D才能开始	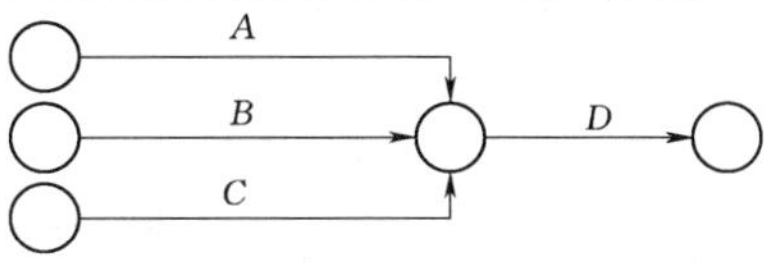
4	A、B均完成后，C、D才能开始	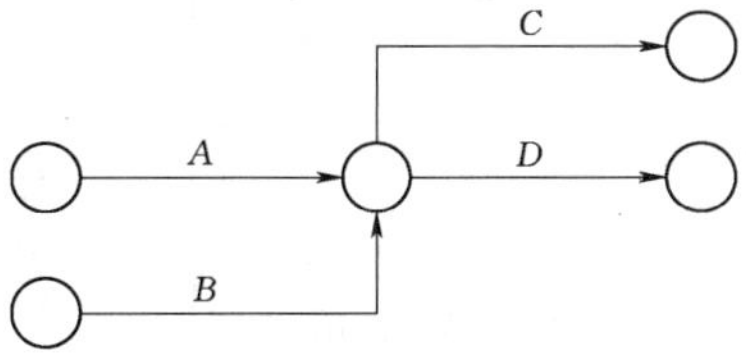
5	A完成后，D才能开始；A、B均完成后，E才能开始；A、B、C均完成后，F才能开始	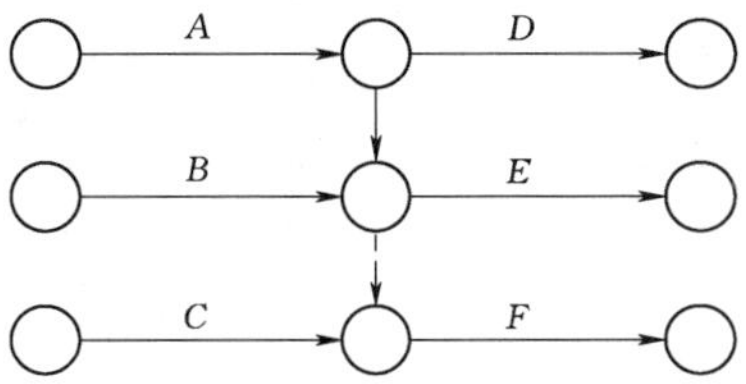
6	A与D同时开始，B为A的紧后工作	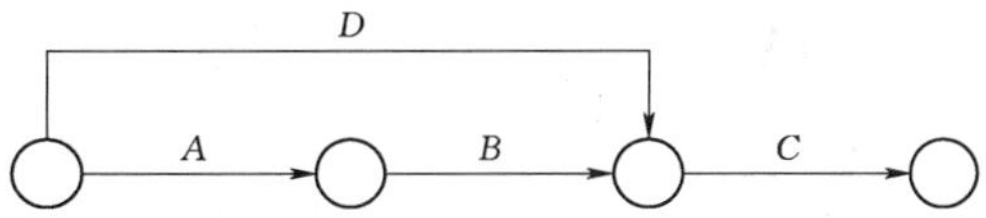
7	A、B均完成后，D才开始；A、B、C均完成后，E才开始；D、E完成后，F才开始	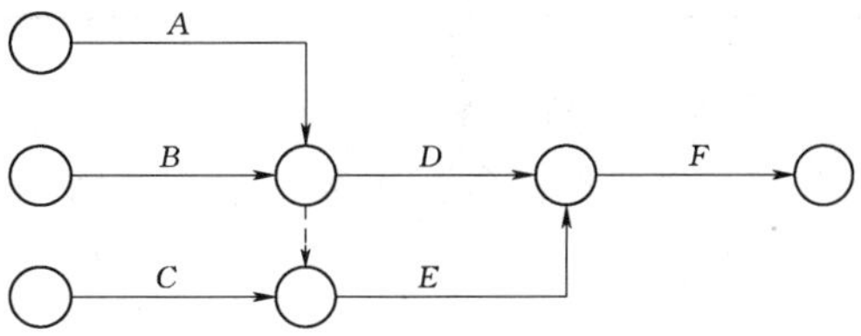
8	A结束后，B、C、D才开始；B、C、D结束后，E才开始	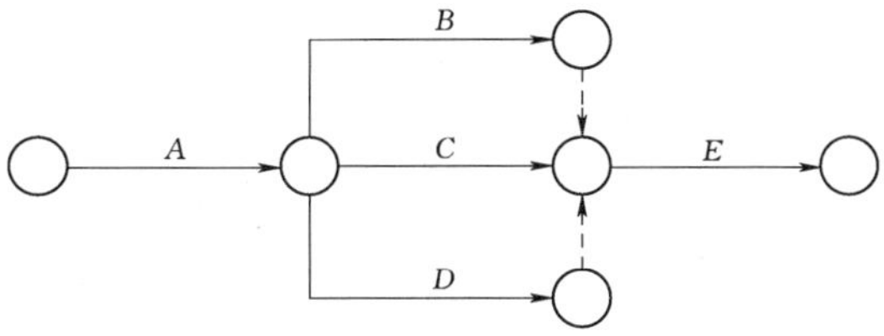

续表

序号	工作间逻辑关系	表示方法
9	A、B 完成后，D 才能开始；B、C 完成后，E 才能开始	
10	工作 A、B 分为 3 个施工阶段，分段流水施工	第一种表示法 / 第二种表示法
11	A、B 均完成后，C 才能开始；A、B 分为 a_1、a_2、a_3 和 b_1、b_2、b_3 3 个施工段，C 分为 c_1、c_2、c_3，A、B、C 分三段作业交叉进行	
12	A、B、C 为最后 3 项工作，即 A、B、C 无紧后作业	有 3 种可能情况

2. 双代号网络图的绘制规则

（1）双代号网络图必须正确表达过程之间的逻辑关系。

（2）双代号网络图中，不允许出现一个代号表示一个工作，如图 4-7 所示。

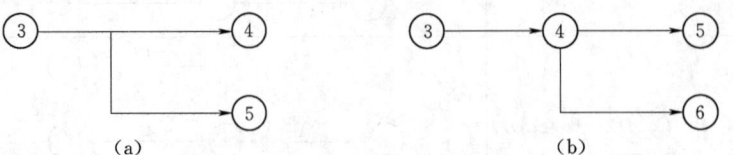

图 4-7　一个代号表示一个工作
(a) 错误画法；(b) 正确画法

(3) 双代号网络图中，严禁出现循环线路。循环线路示意图，如图 4-8 所示。

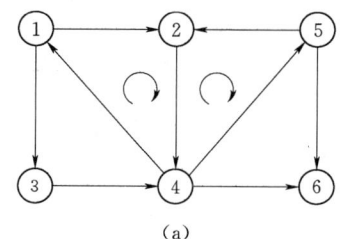 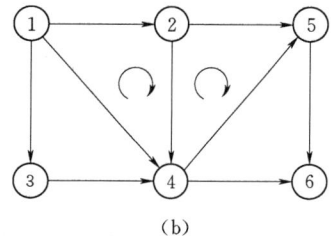

图 4-8 循环线路示意图
(a) 错误；(b) 正确

(4) 双代号网络图中，在节点之间严禁出现带双向箭头或无箭头的箭线。错误的箭线画法如图 4-9 所示。

(5) 双代号网络图中，严禁出现没有箭头节点或没有箭尾节点的箭线。没有箭尾和箭头节点的箭线如图 4-10 所示。

图 4-9 错误的箭线画法
(a) 有双向箭头的箭线；(b) 无箭头的箭线

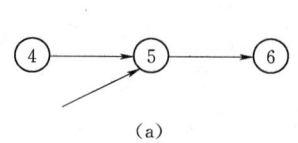 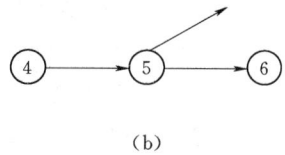

图 4-10 没有箭尾和箭头节点的箭线
(a) 没有箭尾节点的箭线；(b) 无箭头节点的箭线

(6) 网络图中，不允许出现节点编号相同的工作。重复编号示意图，如图 4-11 所示。

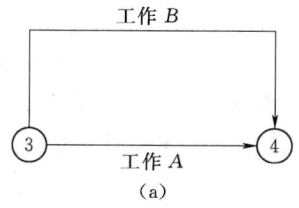 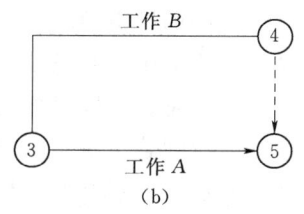

图 4-11 重复编号示意图
(a) 错误；(b) 正确

(7) 绘制网络图时，箭线不宜交叉；当交叉不可避免时，可用过桥法、断线法或指向法。交叉箭线绘制方法如图 4-12 所示。

(8) 双代号网络图中只有一个起点节点；在不分期完成任务的网络图中，应只有一个终点节点；而其他所有节点均应是中间节点。起点节点和终点节点如图 4-13 所示。

3. 双代号网络图绘制方法和要求

(1) 绘制方法。当已知每一项工作的紧前工作时，可按下述步骤绘制双代号网络图。

1) 绘制没有紧前工作的工作箭线，使它们具有相同的开始节点，以保证网络图只有一

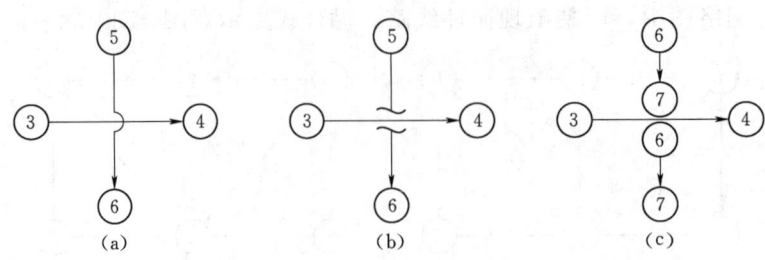

图 4-12 交叉箭线绘制方法
(a) 过桥法；(b) 断线法；(c) 指向法

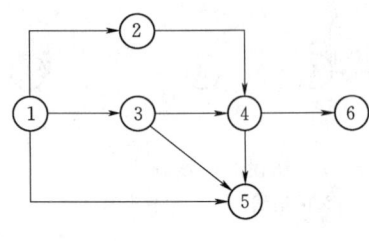

图 4-13 起点节点和
终点节点示意图

个起点节点。

2) 依次绘制其他工作箭线。这些工作箭线的绘制条件是其所有紧前工作箭线都已经绘制出来。在绘制这些工作箭线时，应按下列原则进行。

a. 当所要绘制的工作只有一项紧前工作时，则将该工作箭线直接画在其紧前工作箭线之后即可。

b. 当所要绘制的工作有多项紧前工作时，应按以下 4 种情况分别予以考虑。

（a）对于所要绘制的工作（本工作）而言，如果在其紧前工作之中存在一项只作为本工作紧前工作的工作（即在紧前工作栏目中，该紧前工作只出现一次），则应将本工作箭线直接画在该紧前工作箭线之后，然后用虚箭线将其他紧前工作箭线的箭头节点与本工作箭线的箭尾节点分别相连，以表示它们之间的逻辑关系。

（b）对于所要绘制的工作（本工作）而言，如果在其紧前工作之中存在多项只作为本工作紧前工作的工作，应先将这些紧前工作箭线的箭头节点合并，再从合并后的节点开始，画出本工作箭线，最后用虚箭线将其他紧前工作箭线的箭头节点与本工作箭线的箭尾节点分别相连，以表示它们之间的逻辑关系。

（c）对于所要绘制的工作（本工作）而言，如果不存在情况（a）和情况（b）时，应判断本工作的所有紧前工作是否都同时作为其他工作的紧前工作（即在紧前工作栏目中，这几项紧前工作是否均同时出现若干次）。如果上述条件成立，应先将这些紧前工作箭线的箭头节点合并后，再从合并后的节点开始画出本工作箭线。

（d）对于所要绘制的工作（本工作）而言，如果既不存在情况（a）和情况（b），也不存在情况（c）时，则应将本工作箭线单独画在其紧前工作箭线之后的中部，然后用虚箭线将其各紧前工作箭线的箭头节点与本工作箭线的箭尾节点分别相连，以表达它们之间的逻辑关系。

3) 当各项工作箭线都绘制出来之后，应合并那些没有紧后工作之工作箭线的箭头节点，以保证网络图只有一个终点节点（多目标网络计划除外）。

4) 当确认所绘制的网络图正确后，即可进行节点编号。网络图的节点编号在满足上述要求的前提下，既可采用连续的编号方法，也可采用不连续的编号方法，如 1、3、5、⋯或 5、10、15、⋯等，以避免以后因增加工作而改动整个网络图的节点编号。

以上所述是已知每一项工作的紧前工作时的绘图方法。当已知每一项工作的紧后工作时，也可按类似的方法进行网络图的绘制，只是其绘图顺序由上述的从左向右改为从右向左。

(2) 绘制要求。

1) 网络图的箭线应以水平线为主，竖线和斜线为辅，不应画成曲线。

2) 在网络图中，箭线应保持自左向右的方向，尽量避免"反向箭线"。

3) 在网络图中应正确应用虚箭线，力求减少不必要的虚箭线。

【例 4-1】 已知各工作之间的逻辑关系，见表 4-3，绘制其双代号网络图。

表 4-3　　　　　　　　　　工 作 逻 辑 关 系 表

工　作	A	B	C	D
紧前工作	—	—	A、B	B

【解】：

(1) 绘制工作箭线 A 和工作箭线 B，如图 4-14 (a) 所示。

(2) 按上述原则 b. 中的情况 (a) 绘制工作箭线 C，如图 4-14 (b) 所示。

(3) 按上述原则 a. 绘制工作箭线 D 后，将工作箭线 C 和 D 的箭头节点合并，以保证网络图只有一个终点节点。当确认给定的逻辑关系表达正确后，再进行节点编号。表 4-2 给定工作逻辑关系所对应的双代号网络图，如图 4-14 (c) 所示。

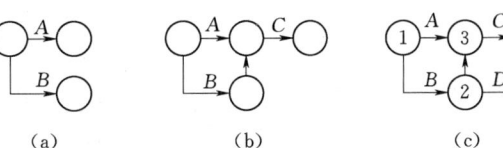

图 4-14　[例 4-1] 绘图过程

【例 4-2】 已知各工作之间的逻辑关系，见表 4-4，可按下述步骤绘制其双代号网络图。

表 4-4　　　　　　　　　　工 作 逻 辑 关 系 表

工　作	A	B	C	D	E	G
紧前工作	—	—	—	A、B	A、B、C	D、E

【解】：

(1) 绘制工作箭线 A、工作箭线 B 和工作箭线 C，如图 4-15 (a) 所示。

(2) 按上述原则 b. 中的情况 (c) 绘制工作箭线 D，如图 4-15 (b) 所示。

(3) 按上述原则 b. 中的情况 (a) 绘制工作箭线 E，如图 4-15 (c) 所示。

(4) 按上述原则 b. 中的情况 (b) 绘制工作箭线 G。当确认给定的逻辑关系表达正确

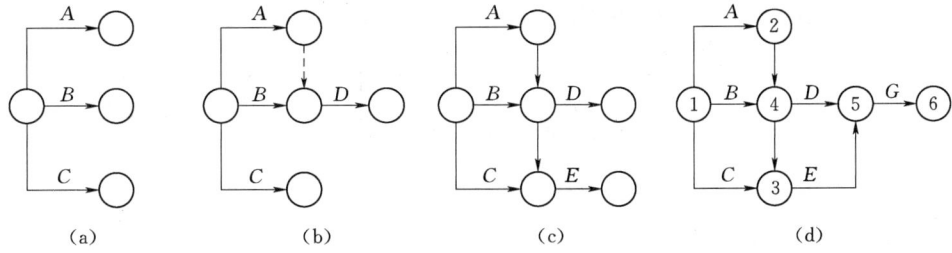

图 4-15　[例 4-2] 绘图过程

后，再进行节点编号。表 4-3 给定工作逻辑关系所对应的双代号网络图，如图 4-15（d）所示。

【例 4-3】 试根据表 4-5 中各施工过程之间的逻辑关系，绘制双代号网络图。

表 4-5　　　　　　　　某工程各施工过程之间的逻辑关系

工序代号 \ 箭线	A	B	C	D	E	F	G	H	J
持续时间	1	2	3	4	5	6	7	8	9
紧前工序	—	A	A	B	B、C	C	D、E	E、F	H、G
紧后工序	B、C	D、E	E、F	G	G	H	I	I	—

【解】：

绘制给定逻辑关系的双代号网络图之前，首先分析作为紧前工序的各工作特征，然后根据上文所述的绘图方法和技巧绘制网络图。某工程双代号网络图，如图 4-16 所示。

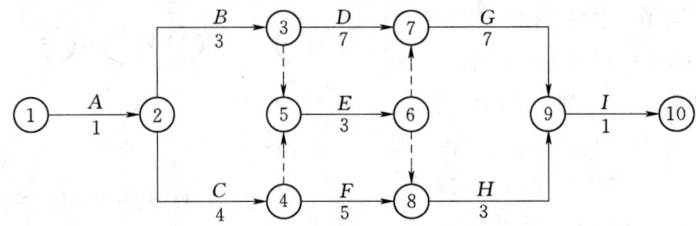

图 4-16　某工程双代号网络图

四、双代号网络图的时间参数计算

为了动态地优化、调整执行过程当中的工程项目进度计划，必须对经过图形绘制步骤而形成的网络计划实施各种时间参数计算。所谓时间参数，是指网络计划、工作及节点所具有的各种时间值。

囿于教材篇幅限制，下面仅将工程项目管理实践中常用到的双代号网络计划相关时间参数的计算加以介绍。

（一）双代号网络计划时间参数简介

双代号网络计划中的肯定型网络计划涉及以下时间参数，见表 4-6。

表 4-6　　　　　　　　双代号网络时间参数

种 类	符号	含 义	求取方法
（1）工作的持续时间	D_{i-j}	网络图上某个工序需要消耗的时间	
（2）工作的最早可能开始时间	ES_{i-j}	一旦具备工作条件，便立即可以进行的工作开始时间	$ES_{i-j} = \max(ES_{h-i} + D_{h-i})$　（4-1）
（3）工作的最早可能完成时间	EF_{i-j}	与时间参数 ES 对应的工作完成时间	$EF_{i-j} = ES_{i-j} + D_{i-j}$　（4-2）
（4）工作最迟必须开始时间	LS_{i-j}	与时间参数 LF 对应的工作完成时间	$LS_{i-j} = LF_{i-j} - D_{i-j}$　（4-3）

续表

种 类	符号	含 义	求 取 方 法
(5) 最迟必须完成时间	LF_{i-j}	在不影响总体工程任务按计划工期完成前提下，工作最迟必须完成时间	$LF_{i-j} = \min(LF_{j-k} - D_{j-k})$ (4-4)
(6) 工作总时差	TF_{i-j}	在不影响总体工程任务按计划工期完成前提下，本项工作拥有的机动时间	$TF_{i-j} = LS_{i-j} - ES_{i-j}$ (4-5)
(7) 工作自由时差	FF_{i-j}	在不影响紧后工作最早可能开始时间前提下，本项工作拥有的机动时间	$FF_{i-j} = ES_{j-k} - EF_{i-j}$ (4-6)
(8) 计算工期	T_C	由关键线路决定的网络计划总持续时间	$T_C = \max(ES_{i-n} + D_{i-n})$ (4-7)
(9) 计划工期	T_P	基于计划形成的工期取值，一般令 $T_P = T_C$	备注：$i-j$、$h-i$、$j-k$、$i-n$ 分别表示双代号网络图中的本项工作及其紧前、紧后工作、收尾要求工期及不按计算工期取值确定的计划工期，均与时间参数计算无关
(10) 要求工期	T_r	外界所加工期限制条件	

（二）双代号网络计划时间参数计算

1. 计算网络时间参数的步骤

（1）从网络图的起点节点开始，顺着箭线方向依次计算各项工作的最早可能开始时间和最早可能完成时间。整个计算过程是加法过程。

（2）确定工程的总工期。

（3）从网络图的终点节点开始，逆着箭线方向依次计算各项工作的最迟必须完成时间和最迟必须开始时间。整个计算过程是个减法过程。

（4）计算各项工作的总时差和自由时差。

（5）确定关键线路及关键工作。

2. 网络时间参数的图上计算法

网络时间参数的计算方法有图上计算法、表上计算法、矩阵法等，图上计算法直观又简便，下面通过例题来认识其具体做法。

【例 4-4】 计算下图所示双代号网络计划的时间参数。

【解】：

（1）计算方法和步骤。

工作的最早可能开始时间应从网络图的起点节点开始的工作算起，顺着箭线方向依次逐项计算，直到以终点节点为结束节点的工作计算完成为止。必须先计算其紧前工作，然后才能计算本工作。

图 4-17 中，以起点节点①为箭尾节点的工作 1—2，因为未规定其最早可能开始时间，一般其值取为零，即：

$$ES_{(1-2)} = 0$$

其他工作 i—j 的最早开始时间按式（4-1）进行计算：

$$ES_{(2-3)} = \max\{ES_{(1-2)} + D_{(1-2)}\} = 0 + 2 = 2$$

$$ES_{(2-4)} = \max\{ES_{(1-2)} + D_{(1-2)}\} = 0 + 2 = 2$$
$$ES_{(3-7)} = \max\{ES_{(2-3)} + D_{(2-3)}\} = 2 + 2 = 4$$
$$ES_{(5-6)} = \max\{ES_{(2-3)} + D_{(2-3)}, ES_{(2-4)} + D_{(2-4)}\} = \max\{2+2, 2+3\} = 5$$
$$ES_{(4-8)} = \max\{ES_{(2-4)} + D_{(2-4)}\} = 2 + 3 = 5$$
$$ES_{(8-9)} = \max\{ES_{(5-6)} + D_{(5-6)}, ES_{(4-8)} + D_{(4-8)}\} = \max\{5+3, 5+1\} = 8$$
$$ES_{(7-9)} = \max\{ES_{(5-6)} + D_{(5-6)}, ES_{(3-7)} + D_{(3-7)}\} = \max\{5+3, 4+2\} = 8$$
$$ES_{(9-10)} = \max\{ES_{(7-9)} + D_{(7-9)}, ES_{(8-9)} + D_{(8-9)}\} = \max\{8+3, 8+1\} = 11$$

（2）计算各工作的最早可能完成时间。

工作 i—j 的最早可能完成时间 EF_{i-j} 的计算按式（4-2）进行，因此得到：

$$ES_{(1-2)} = ES_{(1-2)} + D_{(1-2)} = 0 + 2 = 2$$
$$EF_{(2-3)} = ES_{(2-3)} + D_{(2-3)} = 2 + 2 = 4$$
$$EF_{(2-4)} = ES_{(2-4)} + D_{(2-4)} = 2 + 3 = 5$$
$$EF_{(3-7)} = ES_{(3-7)} + D_{(3-7)} = 4 + 2 = 6$$
$$EF_{(5-6)} = ES_{(5-6)} + D_{(5-6)} = 5 + 3 = 8$$
$$EF_{(4-8)} = ES_{(4-8)} + D_{(4-8)} = 5 + 1 = 6$$
$$EF_{(7-9)} = ES_{(7-9)} + D_{(7-9)} = 8 + 3 = 11$$
$$EF_{(8-9)} = ES_{(8-9)} + D_{(8-9)} = 8 + 1 = 9$$
$$EF_{(9-10)} = ES_{(9-10)} + D_{(9-10)} = 11 + 1 = 12$$

（3）计算网络计划的总工期。

网络计划的计算工期 T_C 的计算按式（4-7）进行，因此得到：

$$T_C = \max\{EF_{(9-10)}\} = 12$$

（4）网络计划的计划工期。

由于未规定要求工期，所以该网络计划的计划工期（T_P）可按其计算工期确定，即：

$$T_P = T_C = 12$$

（5）工作的最迟必须完成时间的计算。

工作最迟必须完成时间应从网络图的终点节点开始，逆着箭线的方向，自右至左进行计算，直到以起点节点为开始节点的工作计算完成为止。必须先计算紧后工作，然后才能计算本工作。以终点节点为箭头节点的工作最迟必须完成时间应等于 T_P，即：

$$LF_{i-n} = T_P$$

因此得到：
$$LF_{9-10} = 12$$

其他工作 i—j 的最迟完成时间是其诸紧后工作最迟必须开始时间的最小值，故应按式（4-4）进行计算。因此得到：

$$LF_{(7-9)} = \min\{LF_{(9-10)} - D_{(9-10)}\} = 12 - 1 = 11$$
$$LF_{(8-9)} = \min\{LF_{(9-10)} - D_{(9-10)}\} = 12 - 1 = 11$$
$$LF_{(3-7)} = \min\{LF_{(7-9)} - D_{(7-9)}\} = 11 - 3 = 8$$
$$LF_{(5-6)} = \min\{LF_{(7-9)} - D_{(7-9)}, LF_{(8-9)} - D_{(8-9)}\} = \min\{11-3, 11-1\} = 8$$
$$LF_{(4-8)} = \min\{LF_{(8-9)} - D_{(8-9)}\} = 11 - 1 = 10$$
$$LF_{(2-4)} = \min\{LF_{(5-6)} - D_{(5-6)}, LF_{(4-8)} - D_{(4-8)}\} = \min\{8-3, 10-1\} = 5$$
$$LF_{(2-3)} = \min\{LF_{(3-7)} - D_{(3-7)}, LF_{(5-6)} - D_{(5-6)}\} = \min\{8-2, 8-3\} = 5$$

$$LF_{(1-2)} = \min\{LF_{(2-3)} - D_{(2-3)}, LF_{(2-4)} - D_{(2-4)}\} = \min\{5-2, 5-3\} = 2$$

(6) 工作最迟必须开始时间的计算。

工作 $i—j$ 的最迟必须开始时间是其最迟必须完成时间与其持续时间之差，可按式（4-3）计算（计算过程略）。因此得到图 4-17 中各项工作的最迟必须开始时间，列入图 4-18 内。

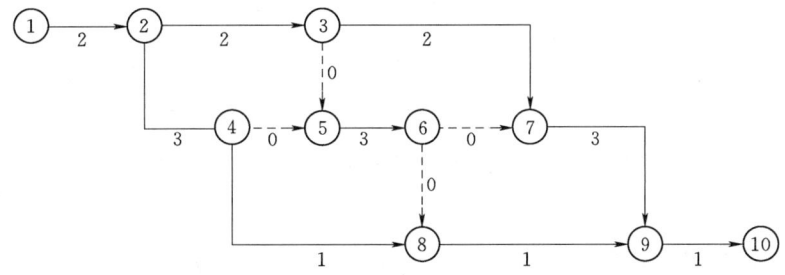

图 4-17 网络时间参数计算

(7) 工作总时差的计算。

一项工作的机动范围要受其紧前工作和紧后工作的约束。它的极限机动时间是从其最早可能开始时间到最迟必须完成时间这个时间段，从中扣除本身作业必须占用的时间之后，其余时间才可机动使用，因此：

$$TF_{i-j} = LF_{i-j} - ES_{i-j} - D_{i-j} = LF_{i-j} - EF_{i-j} = LS_{i-j} - ES_{i-j}$$

由此便可计算出各个工作的总时差：

$$TF_{(1-2)} = 0 - 0 = 2 - 2 = 0$$
$$TF_{(2-3)} = 3 - 2 = 5 - 4 = 1$$
$$TF_{(2-4)} = 2 - 2 = 5 - 5 = 0$$
$$\cdots$$

(8) 工作自由时差的计算。

根据自由时差的定义，其值应等于其紧后工作最早可能开始时间与本工作最早可能完成时间之差，故按式（4-6）计算。因此得到：

$$FF_{i-j} = ES_{j-k} - EF_{i-j}$$
$$FF_{(1-2)} = 2 - 2 = 0$$
$$FF_{(2-3)} = 4 - 4 = 0$$
$$FF_{(2-4)} = 5 - 5 = 0$$
$$\cdots$$

本例双代号网络计划时间参数的计算结果，如图 4-18 所示。

五、节点时间参数

节点时间参数只有两个，即节点最早时间和节点最迟时间，比较简单，所以在计算中特别是使用电子计算机进行时间参数计算时，经常是先计算节点时间参数，然后利用节点时间参数再进行其他时间参数的计算。

节点最早时间，即是以该节点为开始节点的各项工序的最早可能开始时间，从某一节点出发的若干项工序的最早可能开始时间一定是一相同的数值。节点最迟时间，即以该节点为结束节点的各项工序的最迟必须完成时间，以某节点结束的若干项工序的最迟必须完成时间

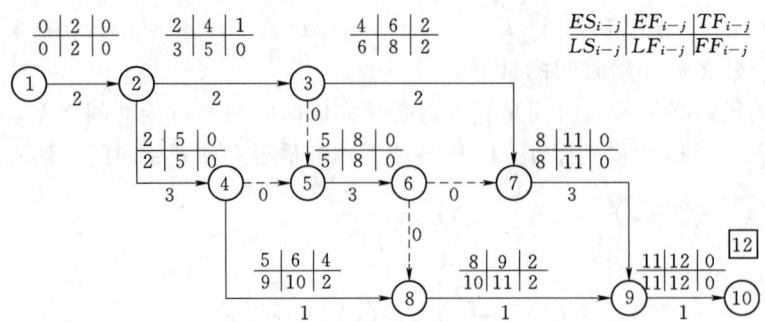

图 4-18 双代号网络计划时间参数的计算结果

一定是一相同的数值。

节点时间参数计算方法和步骤：

(1) 节点最早时间 TE 的计算。计算从网络图的起点节点开始顺着箭头方向直至终点节点。起点节点的最早时间等于零，即 $TE_{(始)}=0$

其余节点的最早时间计算公式：

$$TE_{(j)} = \max\{TE_{(i)} + D_{(i-j)}\} \quad (i<j) \tag{4-8}$$

(2) 节点最迟时间 TL 的计算。计算从网络图的终点节点开始，逆着箭头方向直到起点节点。

终点节点的最迟时间等于该节点的最早时间。

其余节点的最迟时间计算公式：

$$TL_{(i)} = \min\{TL_{(j)} - D_{(i-j)}\} \quad (i<j) \tag{4-9}$$

(3) 计算出节点的最早时间和最迟时间，就相当于计算出网络图中各项工序的最早开始时间及最迟完成时间，由于 $TE_{(i)} = ES_{(i-j)}$、$TL_{(j)} = LF_{(i-j)}$，利用前面的有关公式可计算出各工序的 $EF_{(i-j)}$、$LS_{(i-j)}$，也可以用下列公式直接求出工序总时差及工序自由时差。

$$TF_{(i-j)} = TL_{(j)} - TE_{(i)} - D_{(i-j)} \tag{4-10}$$

$$FF_{(i-j)} = TE_{(j)} - TE(i) - D_{(i-j)} \tag{4-11}$$

$$FF_{(i-j)} = TF_{(i-j)} - TL_{(j)} + TE_{(j)} \tag{4-12}$$

六、时标网络计划

(一) 时标网络计划的概念及特点

1. 时标网络计划的概念

时标网络计划是带有时间坐标的网络计划，它综合应用横道图的时间坐标和网络计划的原理，吸取了二者长处，使其结合起来应用的一种网络计划方法。

2. 时标网络计划的特点

(1) 时标网络计划中，箭线的水平投影长度直接代表该工作的持续时间。

(2) 时标网络计划中，可以直接显示各施工过程的开始时间、结束时间与计算工期等时间参数。

(3) 在时标网络计划中，不容易发生闭合回路的错误。

(4) 可以直接在时标网络计划的下方绘制资源动态曲线，从而可以进行劳动力、材料、机具等资源需要量的汇总。

(5) 由于箭线长度受时间坐标的限制，因此，修改和调整不如无时标网络计划方便。

3. 时标网络计划的分类和绘制方法

时标网络计划根据节点参数的意义不同，可以分为早时标网络计划（按最早时间绘制的网络计划）和迟时标网络计划（按最迟时间绘制的网络计划）两种。按最早时间绘制的时标网络图，如图 4-19 所示；按最迟时间绘制的时标网络图，如图 4-20 所示。一般情况下，宜按最早时间绘制。

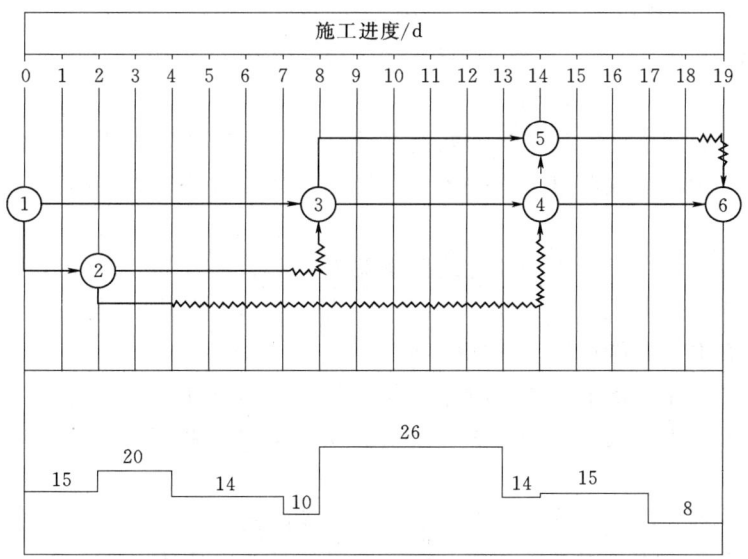

图 4-19　按最早时间绘制的时标网络图

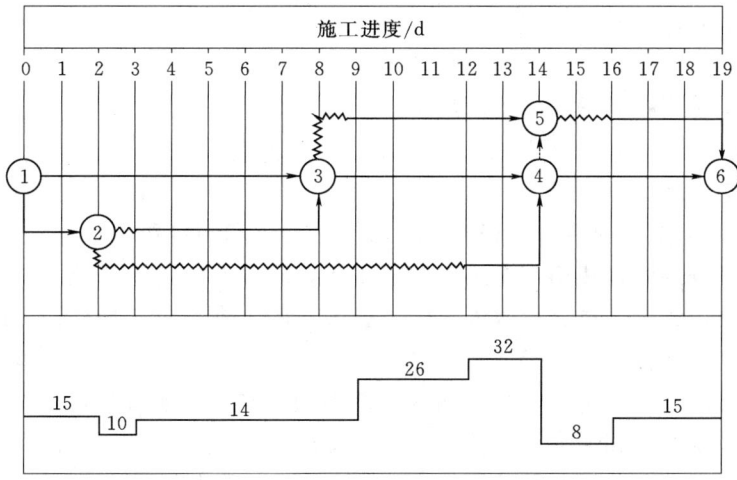

图 4-20　按最迟时间绘制的时标网络图

时标网络计划绘制方法有间接绘制法和直接绘制法两种。直接绘制法相对简单，直接法是不计算网络计划的时间参数，直接按草图在时间坐标上进行绘制的方法。

用直接法绘制时标网络计划可按以下方法和步骤。

（1）将起点节点的中心定位在时间坐标表的横轴为零纵轴上。

（2）按工作的持续时间在坐标系中绘制以网络计划起点节点为开始节点的工作箭线。

（3）用上述方法自左向右依次确定各节点位置，直至网络计划终点节点定位为止。

七、网络计划的优化

网络计划的优化,是指通过不断调整网络计划的最初方案,在满足若干既定目标的要求下,按某一衡量指标(时间、成本、资源)寻求最优的方案。例如,在人力、物力、财力有限的条件下,要求实现工期最短;又如,在工期和人力、机械、建筑材料供应等条件限定的情况下,如何安排工程的施工计划和资源供应计划,以实现工程的施工费用最低;此外还有,在一定工期条件下,怎样合理调度人力、机械、财力等各种资源的供应时间和供应强度,以实现施工现场的管理优化。总之,网络计划优化的内容包括:工期优化、费用优化和资源优化。

(一)工期优化

工期优化也称时间优化,就是当初始网络计划的计算工期大于要求工期时,通过压缩关键线路上工作的持续时间或调整工作关系,以满足工期要求的过程。

1. 优化步骤

(1)计算并找出网络计划中的关键线路及关键工作。

(2)计算工期与合同工期(即要求工期)对比,求出应压缩的时间。

(3)确定各关键工作能压缩的作业时间。

(4)选择关键工作,压缩其作业时间,并重新计算网络计划的工期。

(5)当计算工期仍超过要求工期时,则重复以上步骤,直到满足工期要求或工期已不能再缩短为止。

(6)当所有关键工作的持续时间都已达到其能缩短的极限而工期仍不能满足要求时,则应对计划的原技术、组织方案进行调整,或对要求工期重新审定。

2. 选择压缩作业时间的关键工作应考虑的因素

(1)备用资源充足。

(2)压缩作业时间对质量和安全影响较小。

(3)压缩作业时间所需增加的费用最少。

(二)费用优化

1. 费用优化涉及的相关概念

(1)工程的工期-成本曲线。工程成本是由直接费用和间接费用所组成的。

一般来说,工程的间接费用与施工工期成正比,间接费用随着工期的增加而递增。间接费用包括管理人员、领导人员、技术人员、后勤人员的工资;全工地性设施的租赁费;现场一切临时设施;公用和福利事业费;利息等。

工程的直接费用,一般来说,它是随着工期缩短而递增。如工程采取缩短工期的措施,往往会增加工程成本。例如增加工人数量、增加工作班次、增加施工机械和设备的数量及更换大功率的施工机械、采取更有效的施工方法等,以上这些措施,都会增加工程成本。

在正常工期 T_0 和加快工期 T_S 之间,缩短工期将引起直接费用的增加和间接费用的减少;反之,拉长工期会使直接费用减少,间接费用增加。工程总成本是直接费用和间接费用之和,是上述两曲线的组合。工期-成本曲线,如图 4-21 所示。

费用优化的目的:①寻求直接费用与间接费用总和即成本最低的最优工期 T_B,以及与此相适应的网络计划中各工作的进度安排;②在工期规定(T_1)的条件下,寻求与此相对应的最低成本,以及网络计划中各工作的进度安排。

(2)工作的持续时间-费用曲线。如图 4-22 所示,这一曲线反映网络计划中的各项工作占用不同的持续时间时,相应的直接费用也不一样。在正常持续时间 D 的条件下,所需要的直接费用为 M;当持续时间缩短为 d(加快持续时间)时,相应的直接费用为 m。

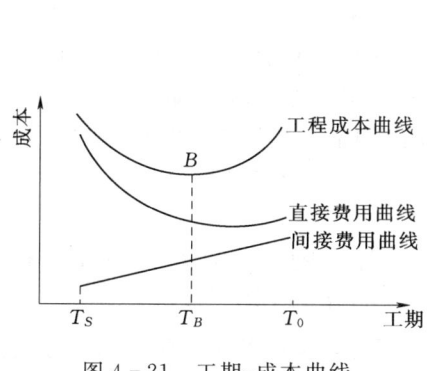

图 4-21 工期-成本曲线   图 4-22 工作的持续时间-费用曲线

为了简化起见,通常可用直线 AB 表示工作持续时间与费用的关系。工作持续时间 t 介于 D 和 d 之间时:

1)工程成本(工程总费用)是由直接费用和间接费用所组成的,若令工程成本符号为 S,直接费用符号为 C,间接费用符号为 F,则有:$S=C+F$。

2)令任意一项工作的直接费用变化率为 ΔC_{i-j},其反映该项工作缩短(或延长)单位持续时间所需增加(或减少)的直接费用数额。参照"工作的持续时间-费用曲线",即:

$$\Delta C_{i-j}=\frac{m_{i-j}-M_{i-j}}{D_{i-j}-d_{i-j}} \tag{4-13}$$

图 4-21 中:

$$\Delta C_{i-j}=(900-600)\div(12-7)=60(元/d)$$

3)工程的间接费用一般是根据取费标准、费用定额和工作时间由工程预算确定的。通常工程总工期越长,工程的总间接费用就越大,反之就越小,二者成正比关系,这样,单位时间内间接费用的变化也是固定的,令间接费用变化率为 ΔK_{i-j},则有:

$$\Delta K_{i-j}=\frac{F_1}{T_1}=\frac{F_2}{T_2} \tag{4-14}$$

式中 F_1、T_1——正常作业时间对应的总间接费用和总工期;

F_2、T_2——网络优化后对应的总间接费用和总工期;

ΔK_{i-j}——间接费用变化率。

在整个工程计划中,间接费用变化率 ΔK_{i-j} 为一个常数。

2. 费用优化的方法

网络计划费用优化的基本方法有两种:一种是以正常时间计划方案为基础,采用压缩工期的方法调整和优化网络计划;另一种是以极限时间的计划方案为基础,采用延长工期的方法调整和优化网络计划。第一种方法在工程中应用较为广泛,下面进行详细介绍。

以正常时间计划方案为基础,采用压缩工期的方法寻求最优方案时,必须遵循以下几条基本规则。

(1)必须压缩关键工序,缩短关键线路,否则达不到缩短工程工期的目的。

(2) 只能压缩有可能被压缩的工序，即正常时间大于极限时间的关键工序。

(3) 压缩关键线路上直接费用变化率 ΔC_{i-j} 小于间接费用变化率 ΔK_{i-j} 的工序，这样既可以缩短工期，又可以使总费用减少。

(4) 关键工序压缩的时间要受到以下两个条件的限制：①受压缩后工序的持续时间不得小于极限时间；②压缩后不得由关键工序变为非关键工序。也就是说，压缩是在保持仍为关键线路的条件下进行的。如果原来只有一条关键线路，则最多只能压缩此线路上某工序到刚出现另一条或数条新关键线路为止。否则，总工期不能因工序压缩而缩短。

(5) 如果有几条关键线路，就要在这几条关键线路上同时压缩相同的时间，缩短时间为这几条关键线路上可以压缩时间的最小值。

在调整优化时，要抓住关键线路，逐次压缩此线路上直接费用变化率小于间接费用变化率的关键工序，压缩时间以上述两个条件为准则，能压缩多少就压缩多少，直至不能压缩为止。此时的计划方案就是最优方案。这样调整，既可以使总工期缩短，又可以使总费用不增加或者减少。

【例 4-5】 已知某工程双代号网络计划，如图 4-23 所示，图中箭线下方括号外数字为工作的正常时间，括号内数字为最短持续时间；箭线上方括号外数字，为工作按正常持续时间完成时所需的直接费用，括号内数字为工作按最短持续时间完成时所需的直接费用。该工程的间接费用率为 0.8 万元/d，试对其进行费用优化。

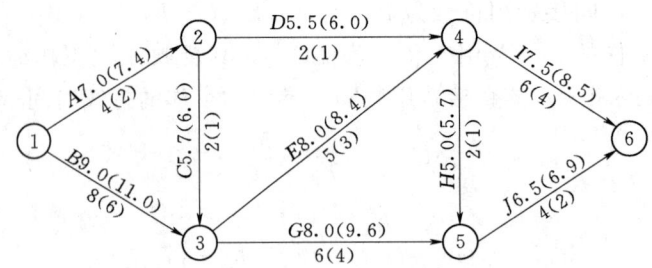

图 4-23 初始网络计划

【解】：

(1) 根据各项工作的正常持续时间，用标号法（所谓标号法，就是对网络图中的节点赋予两个编号，第一个标号表示从起点到该点的最短路长度，第二个标号表示在从起点到该点的最短路上，该点前面一个节点的编号，从而找到起点至终点的最短路线及距离。）确定网络计划的计算工期和关键线路，如图 4-24 所示。计算工期为 19d，关键线路有两条，即：①—③—④—⑥和①—③—④—⑤—⑥。

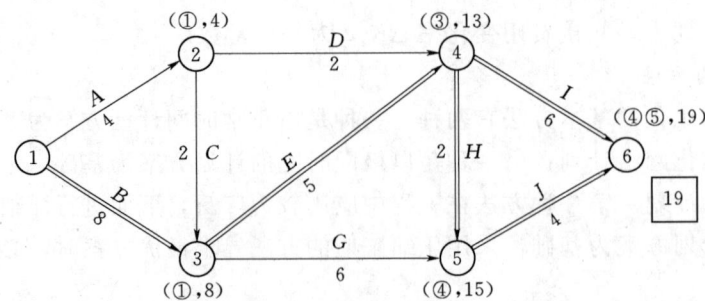

图 4-24 初始网络计划中的关键线路

(2) 计算各项工作的直接费用率。

$$\Delta C_{1-2} = \frac{7.4-7.0}{4-2} = 0.2(万元/d)$$

$$\Delta C_{1-3} = \frac{11.0-9.0}{8-6} = 1.0(万元/d)$$

$$\Delta C_{2-3} = 0.3(万元/d)$$

$$\Delta C_{2-4} = 0.5(万元/d)$$

$$\Delta C_{3-4} = 0.2(万元/d)$$

$$\Delta C_{3-5} = 0.8(万元/d)$$

$$\Delta C_{4-5} = 0.7(万元/d)$$

$$\Delta C_{4-6} = 0.5(万元/d)$$

$$\Delta C_{5-6} = 0.2(万元/d)$$

(3) 计算工程总费用。

1) 直接费总和：$C = 7.0+9.0+5.7+5.5+8.0+8.0+5.0+7.5+6.5 = 62.2(万元)$；

2) 间接费总和：$F = 0.8 \times 19 = 15.2(万元)$；

3) 工程总费用：$S = C+F = 62.2+15.2 = 77.4(万元)$。

(4) 通过压缩关键工作的持续时间进行费用优化，优化过程见表 4-7。

表 4-7　　　　　　　　　　　　优　化　表

压缩次数	被压缩的工作代号	被压缩的工作名称	直接费用率/(万元/d)	费率差/(万元/d)	缩短时间/d	费用增加值/万元	总工期/d	总费用/万元
0	—	—	—	—	—	—	19	77.4
1	3—4	E	0.2	−0.6	1	−0.6	18	76.8
2	3—4 5—6	E、J	0.4	−0.4	1	−0.4	17	76.4
3	4—6 5—6	I、J	0.7	−0.1	1	−0.1	16	76.3
4	1—3	B	1.0	+0.2	—	—	—	—

1) 第一次压缩。从图 4-24 可知，该网络计划中有两条关键线路，为了同时缩短两条关键线路的总持续，有以下 4 个压缩方案。

a. 压缩工作 B，直接费用率为 1.0 万元/d。

b. 压缩工作 E，直接费用率为 0.2 万元/d。

c. 同时压缩工作 H 和工作 I，组合直接费用率为：$0.7+0.5 = 1.2(万元/d)$。

d. 同时压缩工作 I 和工作 J，组合直接费用率为：$0.5+0.2 = 0.7(万元/d)$。

在上述压缩方案中，由于工作 E 的直接费用率最小，故应选择工作 E 为压缩对象。工作 E 的直接费用率 0.2 万元/d，小于间接费用率 0.8 万元/d，说明压缩工作 E 可使工程总费用降低。将工作 E 的持续时间压缩至最短持续时间 3d，利用标号法重新确定计算工期和关键线路，如图 4-25 所示。此时，关键工作 E 被压缩成非关键工作，故将其持续时间延长为 4d，使成为关键工作。第一次压缩后的网络计划，如图 4-26 所示。

2) 第二次压缩。从图 4-25 可知，该网络计划中有 3 条关键线路，即：①—③—④—

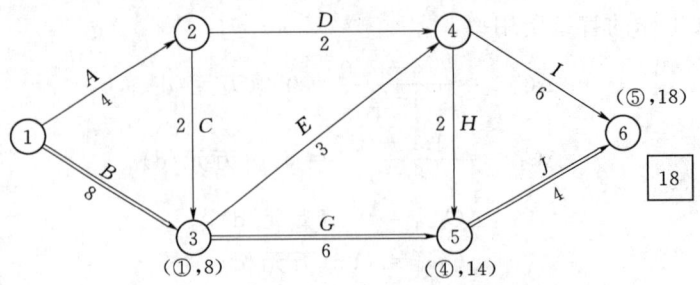

图 4-25 工作 E 压缩至最短时的关键线路

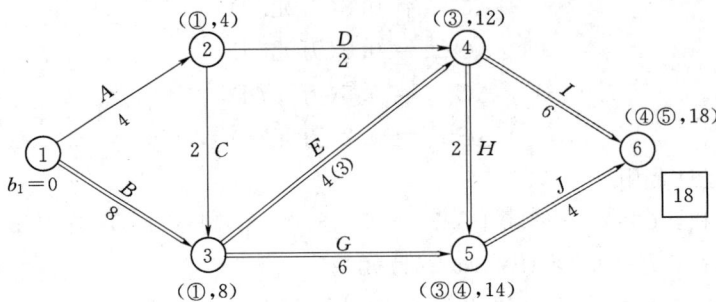

图 4-26 第一次压缩后的网络计划

⑥、①—③—④—⑤—⑥ 和 ①—③—⑤—⑥。为了同时缩短 3 条关键线路的总持续时间,有以下 5 个压缩方案。

    a. 压缩工作 B,直接费用率为 1.0 万元/d。

    b. 同时压缩工作 E 和工作 G,组合直接费用率为:$0.2+0.8=1.0$(万元/d)。

    c. 同时压缩工作 E 和工作 J,组合直接费用率为:$0.2+0.2=0.4$(万元/d)。

    d. 同时压缩工作 G、工作 H 和工作 J,组合直接费用率为:$0.8+0.7+0.5=2.0$(万元/d)。

    e. 同时压缩工作 I 和工作 J,组合直接费用率为:$0.5+0.2=0.7$(万元/d)。

在上述压缩方案中,由于工作 E 和工作 J 的组合直接费用率最小,故应选择工作 E 和工作 J 作为压缩对象。工作 E 和工作 J 的组合直接费用率 0.4 万元/d,小于间接费用率 0.8 万元/d,说明同时压缩工作 E 和工作 J 可使工程总费用降低。由于工作 E 的持续时间只能压缩 1d,工作 J 的持续时间也只能随之压缩 1d。工作 E 和工作 J 的持续时间同时压缩 1d 后,利用标号法重新确定计算工期和关键线路。此时,关键线路由压缩前的 3 条变为两条,即:①—③—④—⑥ 和 ①—③—⑤—⑥。原来的关键工作 H 未经压缩而被动地变成了非关键工作。第二次压缩后的网络计划,如图 4-27 所示。此时,关键工作 E 的持续时间已达最短,不能再压缩,故其直接费用率变为无穷大。

    3) 第三次压缩。从图 4-26 可知,由于工作 E 不能再压缩,而为了同时缩短两条关键线路 ①—③—④—⑥ 和 ①—③—⑤—⑥ 的总持续时间,只有以下 3 个压缩方案。

    a. 压缩工作 B,直接费用率为 1.0 万元/d。

    b. 同时压缩工作 G 和工作 I,组合直接费用率为:$0.8+0.5=1.3$(万元/d)。

    c. 同时压缩工作 I 和工作 J,组合直接费用率为:$0.5+0.2=0.7$(万元/d)。

在上述压缩方案中,由于工作 I 和工作 J 的组合直接费用率最小,故应选择工作 I 和工作 J 作为压缩对象。工作 I 和工作 J 的组合直接费用率 0.7 万元/d,小于间接费用率 0.8 万

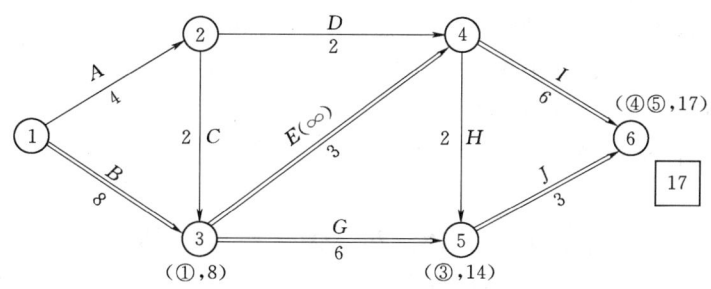

图 4-27 第二次压缩后的网络计划

元/d，说明同时压缩工作 I 和工作 J 可使工程总费用降低。由于工作 J 的持续时间只能压缩 1d，工作 I 的持续时间也只能随之压缩 1d。工作 I 和工作 J 的持续时间同时压缩 1d 后，利用标号法重新确定计算工期和关键线路。此时，关键线路仍然为两条，即：①—③—④—⑥和①—③—⑤—⑥。第三次压缩后的网络计划，如图 4-28 所示。此时，关键工作 I 的持续时间也已达最短，不能再压缩，故其直接费用率变为无穷大。

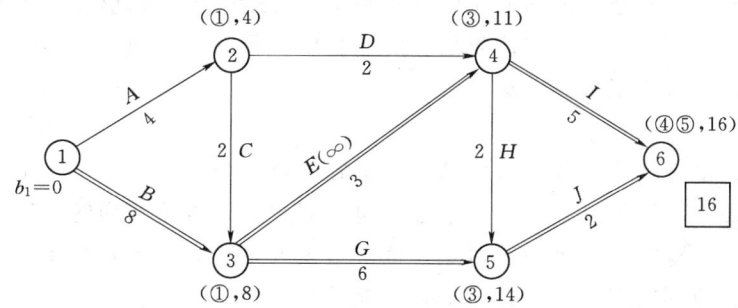

图 4-28 第三次压缩后的网络计划

4）第四次压缩。从图 4-28 可知，由于工作 E 和工作 I 不能再压缩，而为了同时缩短两条关键线路①—③—④—⑥和①—③—⑤—⑥的总持续时间，只有以下两个压缩方案。

a. 压缩工作 B，直接费用率为 1.0 万元/d。

b. 同时压缩工作 G 和工作 I，组合直接费用率为 0.8+0.5=1.3（万元/d）。

在上述压缩方案中，由于工作 B 的直接费用率最小，故应选择工作 B 作为压缩对象。但是，由于工作 B 的直接费用率 1.0 万元/d，大于间接费用率 0.8 万元/d，说明压缩工作 B 会使工程总费用增加。因此，不需要压缩工作 B，优化方案已得到，费用优化后的网络计划，如图 4-29 所示。图中箭线上方括号内数字为工作的直接费。

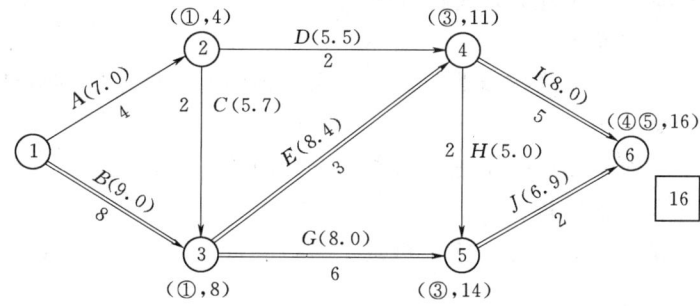

图 4-29 费用优化后的网络计划

(5) 计算优化后的工程总费用。

1) 直接费总和：$C=7.0+9.0+5.7+5.5+8.4+8.0+5.0+8.0+6.9=63.5$（万元）。

2) 间接费总和：$F=0.8\times16=12.8$（万元）。

3) 工程总费用：$S=C+F=63.5+12.8=76.3$（万元）。

任务三 流水施工原理

任务描述：学习流水施工相关知识，掌握工程施工流水作业组织方式的概念、相关参数计算和组织方法。

一、流水施工基本概念

水利工程施工中可以采用"流水施工"组织作业的方式，这种方式能使施工过程连续、均衡，从而降低工程成本、提高施工单位经济效益。

一个工程项目可以分解为若干个施工对象，一个施工对象又可以分解为若干个施工过程，这些施工对象和它们施工过程的先后顺序和平行搭接施工，则形成了不同的施工组织方式。考虑工程项目的施工特点、工艺流程、资源利用、平面或空间布置等要求，施工组织方式可以采用依次、平行、流水等方式。

1. 依次施工

依次施工方式是将拟建工程项目中的每一个施工对象分解为若干个施工过程，按施工工艺要求依次完成每一个施工过程；当一个施工对象完成后，再按同样的顺序完成下一个施工对象，依次类推，直至完成所有施工对象。依次施工方式具有以下几个特点。

(1) 没有充分地利用工作面进行施工，工期长。

(2) 如果按专业成立工作队，则各专业队不能连续作业，有时间间歇，劳动力及施工机具等资源无法均衡使用。

(3) 如果由一个工作队完成全部施工任务，则不能实现专业化施工，不利于提高劳动生产率和工程质量。

(4) 单位时间内投入的劳动力、施工机具、材料等资源量较少，有利于资源供应的组织。

(5) 施工现场的组织、管理比较简单。

2. 平行施工

平行施工方式是组织几个劳动组织相同的工作队，在同一时间、不同的空间，按施工工艺要求完成各施工对象。平行施工方式具有以下几个特点。

(1) 充分地利用工作面进行施工，工期短。

(2) 如果每一个施工对象均按专业成立工作队，则各专业队不能连续作业，劳动力及施工机具等资源无法均衡使用。

(3) 如果由一个工作队完成一个施工对象的全部施工任务，则不能实现专业化施工，不利于提高劳动生产率和工程质量。

(4) 单位时间内投入的劳动力、施工机具、材料等资源量成倍地增加，不利于资源供应的组织。

(5) 施工现场的组织、管理比较复杂。

任务三 流水施工原理

3. 流水施工

流水施工方式是将拟建工程项目中的每一个施工对象分解为若干个施工过程，并按照施工过程成立相应的专业工作队，各专业队按照施工顺序依次完成各个施工对象的施工过程，同时保证施工在时间和空间上连续、均衡和有节奏地进行，使相邻两专业队能最大限度地搭接作业。施工方式比较，见表 4-8。流水施工方式具有以下几个特点。

（1）尽可能地利用工作面进行施工，工期比较短。

（2）各工作队实现了专业化施工，有利于提高技术水平和劳动生产率，也有利于提高工程质量。

（3）专业工作队能够连续施工，同时使相邻专业队的开工时间能够最大限度地搭接。

（4）单位时间内投入的劳动力、施工机具、材料等资源量较为均衡，有利于资源供应的组织。

（5）为施工现场的文明施工和科学管理创造了有利条件。

表 4-8 施工方式比较

施工过程名称	作业/d	施工进度/d																				
		20										10						14					
		2	4	6	8	10	12	14	16	18	20	2	4	6	8	10	2	4	6	8	10	12	14
支模	8																						
绑筋	8																						
浇混凝土	4																						
施工组织方式		依次施工										平行施工					流水施工						

二、流水施工参数

在组织工程项目流水施工时，用来表达流水施工在工艺流程、空间布置和时间安排等方面实时的参数，称为流水参数，主要包括工艺参数、空间参数和时间参数。

（一）工艺参数

工艺参数是指组织流水施工时，用以表达流水施工在施工工艺方面进展状态的参数，通常包括施工过程和流水强度两个参数。

1. 施工过程

组织工程项目流水施工时，根据施工组织及计划安排需要而将计划任务划分成的子项称为施工过程。

施工过程的数目一般用 n 来表示，它是流水施工的主要参数之一。根据性质和特点不同，施工过程一般分为三类，即建造类施工过程、运输类施工过程和制备类施工过程。

（1）建造类施工过程，是指在施工对象的空间上直接进行砌筑、安装与加工，最终形成建筑产品的施工过程。

（2）运输类施工过程，是指将建筑材料、各类构配件、成品、制品和设备等运到工地仓库或施工现场，使用地点的施工过程。

（3）制备类施工过程，是指为了提高建筑产品生产的工厂化、机械化程度和生产能力而形成的施工过程，如砂浆、混凝土、各类制品、门窗等的制备过程和混凝土构件的预制过程。

由于建造类施工过程占有施工对象的空间，直接影响工期的长短，因此必须列入施工进度计划，并且其中大多作为主导施工过程或关键的工作。运输类与制备类施工过程一般不占有施工对象的工作面，不影响工期，故不需要列入流水施工进度计划之中，只有当其占有施工对象的工作面，影响工期时，才列入施工进度计划中。

2. 流水强度

流水强度是指流水施工的某施工过程（专业工作队）在单位时间内完成的工程量，也称为流水能力或生产能力。

流水强度通常用大写 V 来表示。

$$V = \sum_{i=1}^{X} R_i S_i \tag{4-15}$$

式中　V——某施工过程（队）的流水强度；

　　　R_i——投入该施工过程的第 i 种资源量（施工机械台数或工人数）；

　　　S_i——投入该施工过程的第 i 种资源的产量定额；

　　　X——投入该过程的资源种类数。

（二）空间参数

空间参数是指在组织流水施工时，用以表达流水施工在空间布置上开展状态的参数。

1. 工作面

工作面是指在某专业工种的工人或某种施工机械进行施工的活动空间。工作面的大小，表明能安排施工人数或机械台数的多少。每个作业的工人或每台施工机械所需工作面的大小，取决于单位时间内其完成的工程量和安全施工的要求。工作面确定的合理与否，直接影响专业工作队的生产效率。因此，必须合理确定工作面。

2. 施工段

将施工对象在平面或空间上划分成若干个劳动量大致相等的施工段落，称为施工段或流水段。施工段的数目一般用 m 表示，它是流水施工的主要参数之一。

（1）划分施工段的目的。划分施工段的目的就是为了组织流水施工。在组织流水施工时，专业工作队完成一个施工段上的任务后，遵循施工组织顺序又到另一个施工段上作业，产生连续流动施工的效果。在一般情况下，一个施工段在同一时间内，只安排一个专业工作队施工，各专业工作队遵循施工工艺顺序依次投入作业。同一时间内，在不同施工段上平行施工，使流水施工均衡地进行。组织流水施工时，可以划分足够数量的施工段，充分利用工作面，避免窝工，尽可能缩短工期。

（2）划分施工段的原则。

1）同一专业工作队在各个施工段上的劳动量应大致相等，相差幅度不宜超过 10%～15%。

2）每个施工段内要有足够的工作面，以保证相应数量的工人、主导施工机械的生产效率，满足合理劳动组织的要求。

3）施工段的界限应尽可能与结构界限（如沉降缝、伸缩缝等）相吻合，或设在对建筑结构整体性影响小的部位，以保证建筑结构的整体性。

4）施工段的数目要满足合理组织流水施工的要求。施工段数目过多，会降低施工速度，延长工期；施工段过少，不利于充分利用工作面，可能造成窝工。

5）对于多层建筑物、构筑物或需要分层施工的工程，应既分施工段，又分施工层。各专业工作队依次完成第一施工层中各施工段任务后，再转入第二施工层的施工段上作业，依此类推，以确保相应专业队在施工段与施工层之间，组织连续、均衡、有节奏地流水施工。

（三）时间参数

时间参数是指在组织流水施工时，用以表达流水施工在时间安排上所处状态的参数，主要包括流水节拍、流水步距和流水施工工期等。

1. 流水节拍

流水节拍是指在组织流水施工时，某个专业工作队在一个施工段上的施工时间。第 j 个专业工作队在第 i 个施工段的流水节拍一般用 $t_{j,i}$ 来表示（$j=1,2,\cdots,n$；$i=1,2,\cdots,m$）。若该专业工作队在各施工段上的流水节拍均相等，则流水节拍一般用 t_j 来表示。

流水节拍是流水施工的主要参数之一，它表明流水施工的速度和节奏性。流水节拍小，其流水速度快，节奏感强；反之则相反。流水节拍决定着单位时间的资源供应量，同时，流水节拍也是区别流水施工组织方式的特征参数。

同一施工过程的流水节拍，主要由所采用的施工方法、施工机械以及在工作面允许的前提下投入施工的人工数、机械台数和采用的工作班次等因素确定。有时，为了均衡施工和减少转移施工段时消耗的工时，可以适当调整流水节拍，其数值最好为半个班的整数倍。

流水节拍确定方法：

（1）定额计算法。如果已有定额标准时，可按式（4-16）确定流水节拍，即：

$$t_{j,i}=\frac{Q_{j,i}}{S_j R_j N_j} \tag{4-16}$$

式中　S_j——第 j 个专业工作队的计划产量定额；

　　　R_j——第 j 个专业工作队所投入的人工数或机械台数；

　　　N_j——第 j 个专业工作队的工作班次；

　　　$Q_{j,i}$——第 j 个专业工作队在第 i 个施工段要完成的工程量或工作量。

（2）经验估算法。它是根据以往的施工经验进行估算。一般为了提高其准确程度，往往先估算出该流水节拍的最长、最短、正常（即最可能）三种时间，然后据此求出期望时间作为某专业工作队在某施工段上的流水节拍。因此，这种方法也称为三种时间估算法。一般按式（4-17）进行计算，即：

$$t=\frac{a+4c+b}{6} \tag{4-17}$$

式中　t——某施工过程在某施工段上的流水节拍；

　　　a——某施工过程在某施工段上的最短估算时间；

　　　b——某施工过程在某施工段上的最长估算时间；

　　　c——某施工过程在某施工段上的正常估算时间。

这种方法多适用于采用新工艺、新方法和新材料等没有定额可循的施工过程。

2. 流水步距

流水步距是指组织流水施工时，相邻两个施工过程（或专业工作队）相继开始施工的最小间隔时间。流水步距一般用 $K_{j,j+1}$ 来表示，其中 j（$j=1,2,\cdots,n-1$）为专业工作队或施工过程的编号，若流水步距均相等，也可用 K_b 来表示。它是流水施工的主要参数之一。

流水步距的数目取决于参加流水的施工过程数。如果施工过程数为 n 个，则流水步距的总数为 $n-1$ 个。

流水步距的大小取决相邻两个施工过程（或专业工作队）在各个施工段上的流水节拍及流水施工的组织方式。确定流水步距，一般应满足以下基本要求。

（1）各施工过程按各自流水速度施工，始终保持工艺先后顺序。

（2）各施工过程的专业工作队投入施工后尽可能保持连续作业。

（3）相邻两个施工过程（或专业工作队）在满足连续施工的条件下，能最大限度地实现合理搭接。

3. 流水施工工期

流水施工工期是指从第一个专业工作队投入流水施工开始，到最后一个专业工作队完成流水施工为止的整个持续时间。由于一项建设工程往往包含有许多流水组，故流水施工工期一般均不是整个工程的总工期。

三、流水作业组织

根据流水施工节拍特征的不同，常用的专业流水施工方式有等节拍专业流水、异节拍专业流水和无节奏专业流水等几种方式。

（一）等节拍流水施工

等节拍流水施工是指各个施工过程的流水节拍均为常数的一种流水施工方式，即同一施工过程在各施工段上的流水节拍都相等，并且不同施工过程之间的流水节拍也相等的一种流水方式。它有以下几种基本特点。

（1）如有 n 个施工过程，流水节拍彼此相等。

（2）流水步距彼此相等，而且等于流水节拍。

（3）每个专业工作队都能够连续施工，施工段没有空闲。

（4）专业工作队数（n_1）等于施工过程数（n）。

工期可按式（4-18）进行计算：

$$T=(m+n-1)\times k+\sum Z_{j,j+1}+\sum G_{j,j+1}-\sum C_{j,j+1} \qquad (4-18)$$

式中　T——流水施工总工期；

　　　m——施工段数；

　　　n——施工过程数；

　　　k——流水步距；

　　　j——施工过程编号，$1\leqslant j\leqslant n$；

$Z_{j,j+1}$——j 与 $j+1$ 两施工过程间的技术间歇时间；

$G_{j,j+1}$——j 与 $j+1$ 两施工过程间的组织间歇时间；

$C_{j,j+1}$——j 与 $j+1$ 两施工过程间的平行搭接时间。

【例 4-6】　某基础工程包括 3 个单元，各分项工程的工程量为：挖土 187m³/单元；扎筋 2.53t/单元；浇混凝土 50m³/单元；砌基础墙 90m³/单元；回填土 130m³/单元，混凝土完工后应留 3d 的养护期，工种产量表见表 4-9，请组织等节拍流水施工，并绘进度计划表。

表 4-9　　　　　　　　　　　　　工 种 产 量 表

施工过程	工程量	每工产量	劳动量 /工日	班组人数 /人	流水节拍 /d
挖土	187m³/单元	3.5m³/工日	53	21	3
垫层	11m³/单元	1.2m³/工日	9		
绑扎钢筋	2.53t/单元	0.45t/工日	6	2	3
浇混凝土基础	50m³/单元	1.5m³/工日	33	11	
砌基础墙	90m³/单元	1.25m³/工日	72	24	3
回填土	130m³/单元	4m³/工日	33	11	3

【解】：

(1) 划分施工过程。

挖土及垫层相邻工序，且垫层劳动量相对较小，故合并成挖土垫层一道工序；绑扎钢筋与浇混凝土基础为相邻工序，且绑扎钢筋劳动量相对较小，故合并成钢筋混凝土基础一道工序，即总工序由6个合并成4个，即 $n=4$。

(2) 确定主要施工过程施工人数并计算流水节拍。

各施工过程分别按劳动定额参考班组人数一一计算出各施工时间，取最长的时间为流水节拍，此过程略去，最后由挖土垫层过程的时间为最长，即流水节拍为：

$$T=\frac{\frac{187}{3.5}+\frac{11}{1.2}}{21}=3(\mathrm{d})$$

(3) 确定其他各施工过程班组人数。进行反算，以混凝土基础为例：

扎筋： $R=\dfrac{2.53}{3\times 0.54}=1.87\approx 2(人)$

浇混凝土： $R=\dfrac{50}{3\times 1.5}=11.1\approx 11(人)$

其他标于表上，略。

(4) 计算工期：

$$T=(m+n-1)\times k+\sum Z_{j,j+1}+\sum G_{j,j+1}-\sum C_{j,j+1}$$
$$=(4+3-1)\times 3+3+0-0=21(\mathrm{d})$$

(5) 绘制进度表，见表 4-10 所示。

表 4-10　　　　　　　　　　　　　施 工 进 度 表

施工过程	施工进度/d																					
	1	2	3	4	5	6	7	8	9	10	11	12	13	14	15	16	17	18	19	20	21
挖土垫层	─	─	─	─	─	─															
钢筋混凝土基础				─	─	─	─	─	─												
砖基础墙							─	─	─	─	─	─									
回填土										─	─	─	─	─	─	─	─	─	─	─	─

（二）异节拍流水施工

异节拍流水施工是指同一施工过程在各施工段上的流水节拍都相等，不同施工过程之间的流水节拍不全相等的一种流水方式。

异节拍流水可分为：异步距异节拍流水和等步距异节拍流水两种。

1. 异步距异节拍流水施工

异步距异节拍流水施工有以下几个特点。

(1) 同一施工过程流水节拍相等，不同施工过程之间的流水节拍不一定相等。

(2) 各个施工过程之间的流水步距不一定相等。

(3) 各施工班组能够在施工段上连续作业，但有的施工段之间可能有空闲。

(4) 专业工作队数等于施工过程数，即 $n_1 = n$。

异步距异节拍流水施工主要参数的确定：

(1) 确定流水步距：

a. 当 $t_j \leqslant t_{j+1}$ 时：$K_{j,j+1} = t_j$

b. 当 $t_j > t_{j+1}$ 时：$K_{j,j+1} = mt_j - (m-1)t_{j+1}$

(2) 计算工期：

$$T = \sum K_{j,j+1} + mt_n + \sum Z_{j,j+1} - \sum C_{j,j+1} \tag{4-19}$$

式中 t_n——最后一个施工过程的流水节拍。

【例 4-7】 某工程划分为 A、B、C、D 4 个过程，分 3 个施工段组织施工，各施工过程的流水节拍分别为 $t_A = 3d$，$t_B = 4d$，$t_C = 5d$，$t_D = 3d$；施工过程 B 完成后有 2d 技术间歇时间，施工过程 D 与 C 搭接 1d。试求各施工过程之间的流水步距及该工程的工期，并绘制流水施工进度表。

【解】：

根据上述条件，按照流水步距的计算公式，分别求各流水步距：

$$K_{A,B} = t_A = 3(d)$$

$$K_{B,C} = t_B = 4(d)$$

$$K_{C,D} = mt_C - (m-1)t_D = 3 \times 5 - (3-1) \times 3 = 9(d)$$

根据上述结果，代入工期计算公式得：

$$T = \sum K_{j,j+1} + mt_n + \sum Z_{j,j+1} - \sum C_{j,j+1} = (3+4+9) + 3 \times 3 + 2 - 1 = 26(d)$$

据此绘出施工进度表，见表 4-11。

表 4-11 施 工 进 度 表

施工过程	施工进度/d																									
	1	2	3	4	5	6	7	8	9	10	11	12	13	14	15	16	17	18	19	20	21	22	23	24	25	26
A	─	─	─	─	─	─	─	─	─																	
B				─	─	─	─	─	─	─	─	─	─	─	─											
C							─	─	─	─	─	─	─	─	─	─	─	─	─	─	─					
D																─	─	─	─	─	─	─	─	─	─	

2. 等步距异节拍（即成倍节拍流水）流水施工

等步距异节拍流水施工有以下特点。

(1) 同一施工过程在各施工段上的流水节拍彼此相等。

(2) 不同施工过程在同一施工段上的流水节拍彼此不等，但互为倍数关系。

(3) 流水步距彼此相等，且等于各流水节拍的最大公约数，即：$K=$最大公约数$\{t_1, t_2, \cdots, t_n\}$。

(4) 各专业工作队都能保证连续施工，施工段没有空闲。

(5) 专业工作队数大于施工过程数，即 $n_1 > n$。

等步距异节拍流水施工主要参数的确定：

(1) 确定流水节拍。

(2) 确定流水步距；$K_b=$最大公约数$\{t_j\}$。

(3) 专业工作队数目的确定。

$$b_j = \frac{t_j}{K_b} \quad (4-20)$$

式中 b_j——某施工过程的专业工作队数目；

K_b——成倍节拍流水的流水步距；

n_1——专业工作队总数，$n_1 = \sum_{j=1}^{n} b_j$。

(4) 确定计划总工期。

$$T = (m+n_1-1)K_b - \sum C_{j,j+1} + \sum Z_{j,j+1} \quad (4-21)$$

【例 4-8】 某住宅小区共有 6 幢同类型的住宅楼基础工程施工，其基础施工划分为挖基槽、做垫层、砌筑砖基础、回填土等 4 个施工过程，它们的作业时间分别为：$t_1=4d$，$t_2=2d$，$t_3=4d$，$t_4=2d$。试组织这 6 幢住宅楼基础工程的流水施工。

【解】：

(1) 确定流水步距。

$$K = 最大公约数\{4,2,4,2\} = 2(d)$$

(2) 确定工作队数。

$$b_1 = \frac{t_1}{K} = \frac{4}{2} = 2(队)$$

$$b_2 = \frac{t_2}{K} = \frac{2}{2} = 1(队)$$

$$b_3 = \frac{t_3}{K} = \frac{4}{2} = 2(队)$$

$$b_4 = \frac{t_4}{K} = \frac{2}{2} = 1(队)$$

(3) 计算总工期。

$$T = (m+n_1-1)K_b - \sum C_{j,j+1} + \sum Z_{j,j+1}$$
$$T = (6+6-1) \times 2 - 0 + 0 = 22(d)$$

(4) 绘制流水施工进度图表，见表 4-12。

（三）无节奏流水施工

无节奏流水施工是指在组织流水施工时，全部或部分施工过程在各个施工段上的流水节拍不相等的流水施工。这种施工是流水施工中最常见的一种。

表 4-12　　　　　　　　　施 工 进 度 表

施工过程		施 工 进 度/d										
		22									
		1	2	3	4	5	6	7	8	9	10	11
挖基槽	I_a											
	I_b											
垫层												
砌基础	III_a											
	III_b											
回填土												

1. 无节奏流水施工的特点

(1) 各施工过程在各施工段的流水节拍不全相等。

(2) 相邻施工过程的流水步距不全相等，且差异很大。

(3) 专业工作队数等于施工过程数，即 $n_1=n$。

(4) 各专业工作队能够在施工段上连续作业，但有的施工段之间可能有空闲时间。

2. 流水步距的确定

在无节奏流水施工中，通常采用累加数列错位相减求最大差法计算流水步距。由于这种方法是由潘特考夫斯基（译音）首先提出的，故又称为潘特考夫斯基法。这种方法简捷、准确，便于掌握。

累加数列错位相减取最大差法有以下基本步骤。

(1) 对每一个施工过程在各施工段上的流水节拍依次累加，求得各施工过程流水节拍的累加数列。

(2) 将相邻施工过程流水节拍累加数列中的后者错后一位，相减后求得一个差数列。

(3) 在差数列中取最大值，即为这两个相邻施工过程的流水步距。

3. 无节奏流水施工工期的计算

$$T=\sum K_{j,j+1}+\sum t_n+\sum Z_{j,j+1}+\sum G_{j,j+1}-\sum C_{j,j+1} \qquad (4-22)$$

式中　T——流水施工总工期；

$\sum K_{j,j+1}$——各施工过程（或专业工作队）之间流水步距之和；

$\sum t_n$——最后一个施工过程（或专业工作队）在各施工段流水节拍之和；

j——施工过程编号，$1\leqslant j\leqslant n$；

$Z_{j,j+1}$——j 与 $j+1$ 两施工过程间的技术间歇时间；

$G_{j,j+1}$——j 与 $j+1$ 两施工过程间的组织间歇时间；

$C_{j,j+1}$——j 与 $j+1$ 两施工过程间的平行搭接时间。

【例 4-9】　某工程由 3 个施工过程组成，分为 4 个施工段进行流水施工，其流水节拍 (d) 见表 4-13，试确定流水步距。

【解】：

(1) 求各施工过程流水节拍的累加数列。

施工过程 I：2，5，7，8

施工过程Ⅱ：3，5，9，11
施工过程Ⅲ：3，7，9，11

表 4-13　　　　　　　　　　某工程流水节拍表

施工过程	施工段			
	①	②	③	④
Ⅰ	2	3	2	1
Ⅱ	3	2	4	2
Ⅲ	3	4	2	2

（2）错位相减求得差数列。

$$
\begin{array}{rrrrr}
\text{Ⅰ 与 Ⅱ：} & 2, & 5, & 7, & 8 \\
- & & 3, & 5, & 9, & 11 \\
\hline
 & 2, & 2, & 2, & -1, & -11 \\
\text{Ⅱ 与 Ⅲ：} & 3, & 5, & 9, & 11 \\
- & & 3, & 7, & 9, & 11 \\
\hline
 & 3, & 2, & 2, & 2, & -11
\end{array}
$$

（3）在差数列中取最大值求得流水步距。

施工过程Ⅰ与Ⅱ之间的流水步距：$K_{1,2}=\max\{2,2,2,-1,-11\}=2(d)$。
施工过程Ⅱ与Ⅲ之间的流水步距：$K_{2,3}=\max\{2,2,2,-1,-11\}=2(d)$。

（4）流水施工工期的确定。

由于本例中没有组织间歇、工艺间歇及提前插入，根据式（4-21），则其流水施工工期为：

$$T=(2+3)+(3+4+2+2)=16(d)$$

任务四　施工阶段进度计划检查与调整

任务描述：学习施工阶段进度计划检查与调整的方法，重点掌握进度计划实施中的调整方法。

确定合理的工程进度目标，编制科学的进度计划是实现进度控制的必要前提。但是在工程项目的实施过程中，由于不可预见事件的发生以及其他条件的变化均会对工程进度计划的实施产生影响，从而造成实际进度偏离计划进度，如果实际进度与计划进度的偏差得不到及时纠正，势必影响进度总目标的实现。为此，在进度计划执行过程中，必须采取有效的检查、对比分析来对进度计划的实施过程进行监控，及时发现问题，并运用行之有效的进度调整方法解决实际进度与计划进度之间的偏差问题。

一、进度计划实施中的检查与比较方法

（一）进度计划实施中的检查

工程项目进度计划实施过程中，应经常或定期地对进度计划的执行情况进行跟踪检查，

发现问题后，及时采取措施加以解决，方能实现进度目标的控制。

进度计划实施中的检查主要开展以下3项工作。

1. **实际进度数据收集**

对进度计划的执行情况进行动态跟踪所获得的信息，是进度对比分析和调整的依据，也是进度目标控制的关键步骤。一般来说，动态跟踪进度控制的效果与收集数据资料的时间间隔有关，而进度检查的时间间隔又与工程项目的类型、规模、现场条件等多方面因素相关，究竟多长时间进行一次进度检查，可视工程的具体情况，每月、每半月或每周，甚至需要每天进行一次进度检查。

2. **实际进度数据的加工处理**

为了进行实际进度与计划进度的比较，必须对收集到的实际进度数据进行加工处理，形成与计划进度具有可比性的数据。例如，对检查时段实际完成工作量的进度数据进行整理、统计和分析，确定本期累计完成的工作量、本期已完成的工作量占计划总工作量的百分比等。

3. **实际进度与计划进度的比较分析**

将实际进度数据与计划进度数据进行比较，可以确定建设工程实际执行情况与计划目标之间的差距。为了直观反映实际进度偏差，通常采用表格或图形进行实际进度与计划进度的对比分析，从而得出实际进度比计划进度超前、滞后或一致的结论。

（二）实际进度与计划进度的比较方法

实际进度与计划进度的比较是工程项目进度检查的主要环节。常用的进度比较方法有横道图、前锋线和列表比较法。

1. **前锋线比较法**

前锋线比较法是通过绘制某检查时刻工程项目实际进度前锋线，进行工程实际进度与计划进度比较的方法，它主要适用于时标网络计划。所谓前锋线，是指在原时标网络计划上，从检查时刻的时标点出发，用点画线依次将各项工作实际进展位置点连接而成的折线。前锋线比较法就是通过实际进度前锋线与原进度计划中各工作箭线交点的位置，来判断工作实际进度与计划进度的偏差，进而判定该偏差对后续工作及总工期影响程度的一种方法。采用前锋线比较法进行实际进度与计划进度的比较有下列步骤。

（1）绘制时标网络计划图。工程项目实际进度前锋线是在时标网络计划图上标示，为清楚起见，可在时标网络计划图的上方和下方各设一时间坐标。

（2）绘制实际进度前锋线。一般从时标网络计划图上方时间坐标的检查日期开始绘制，依次连接相邻工作的实际进展位置点，最后与时标网络计划图下方坐标的检查日期相连接。工作实际进展位置点的标定方法有以下两种。

1）按该工作已完任务量比例进行标定。假设工程项目中各项工作均为匀速进展，根据实际进度检查时刻该工作已完任务量占其计划完成总任务量的比例，在工作箭线上从左至右按相同的比例标定其实际进展位置点。

2）按尚需作业时间进行标定。当某些工作的持续时间难以按实物工程量来计算而只能凭经验估算时，可以先估算出检查时刻到该工作全部完成尚需作业的时间，然后在该工作箭线上从右向左逆向标定其实际进展位置点。

（3）进行实际进度与计划进度的比较。前锋线的左侧为已完部分，右侧为尚需的工作时间。对匀速进行的工作,前锋线明显地反映出检查日有关工作实际进度与计划进度的关系:工作实际进度点位置与检查日时间坐标相同,则该工作实际进度与计划进度一致;工作实际进度点位置在检查日时间坐标右侧,则该工作实际进度超前,超前天数为两者之差;工作实际进度点位置在检查日时间坐标左侧,则该工作实际进度拖后,拖后天数为两者之差。

(4) 预测进度偏差对后续工作及总工期的影响。通过实际进度与计划进度的比较确定进度偏差后,还可根据工作的自由时差和总时差预测该进度偏差对后续工作及项目总工期的影响。由此可见,前锋线比较法既适用于工作实际进度与计划进度之间的局部比较,又可用来分析和预测工程项目整体进度状况。

【例 4-10】 某工程项目时标网络计划,如图 4-30 所示。该计划执行到第 6 周末检查实际进度时,发现工作 A 和 B 已经全部完成,工作 D、E 分别完成计划任务量的 20% 和 50%,工作 C 尚需 3 周完成,试用前锋线法进行实际进度与计划进度的比较。

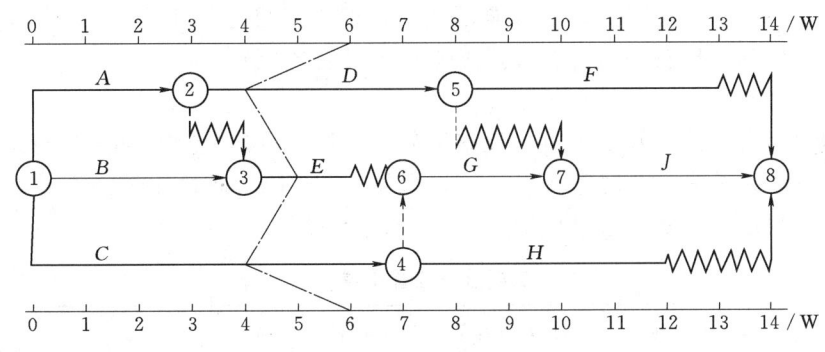

图 4-30 某工程前锋线比较图

【解】:

根据第 6 周末实际进度的检查结果绘制前锋线,如图 4-29 中点画线所示。通过比较可以看出:

(1) 工作 D 实际进度拖后 2 周,将使其后续工作 F 的最早开始时间推迟 2 周,并使总工期延长 1 周。

(2) 工作 E 实际进度拖后 1 周,既不影响总工期,也不影响其后续工作的正常进行。

(3) 工作 C 实际进度拖后 2 周,将使其后续工作 G、H、J 的最早开始时间推迟 2 周。由于工作 G、J 开始时间的推迟,从而使总工期延长 2 周。

综上所述,如果不采取措施加快进度,该工程项目的总工期将延长 2 周。

2. 列表比较法

当工程进度计划用非时标网络图表示时,可以采用列表比较法进行实际进度与计划进度的比较。这种方法是记录检查日期应该进行的工作名称及其已经作业的时间,然后列表计算有关时间参数,并根据工作总时差进行实际进度与计划进度比较的方法。

采用列表比较法进行实际进度与计划进度的比较,主要有以下 4 个步骤。

(1) 对于实际进度检查日期应该进行的工作,根据已经作业的时间,确定其尚需作业时间。

(2) 根据原进度计划计算检查日期应该进行的工作从检查日期到原计划最迟完成时尚余

时间。

(3) 计算工作尚有总时差,其值等于工作从检查日期到原计划最迟完成时间尚余时间与该工作尚需作业时间之差。

(4) 比较实际进度与计划进度,可能有以下几种情况。

1) 如果工作尚有总时差与原有总时差相等,说明该工作实际进度与计划进度一致。

2) 如果工作尚有总时差大于原有总时差,说明该工作实际进度超前,超前的时间为两者之差。

3) 如果工作尚有总时差小于原有总时差,且仍为非负值,说明该工作实际进度拖后,拖后的时间为两者之差,但不影响总工期。

4) 如果工作尚有总时差小于原有总时差,且为负值,说明该工作实际进度拖后,拖后的时间为两者之差,此时工作实际进度偏差将影响总工期。

【例 4-11】 某工程项目进度计划如图 4-29 所示。该计划执行到第 9 周末检查实际进度时,发现工作 A、B、C、D、E 已经全部完成,工作 F 已进行 1 周,工作 G 和工作 H 均已进行 2 周,试用列表比较法进行实际进度与计划进度的比较。

【解】:

根据工程项目进度计划及实际进度检查结果,可以计算出检查日期应进行工作的尚需作业时间、原有总时差及尚有总时差等,计算结果见表 4-14。通过比较尚有总时差和原有总时差,即可判断目前工程实际进展状况。

表 4-14　　　　　　　　　工程进度检查比较表

工作代号	工作名称	检查计划时尚需作业周数	到计划最迟完成时间尚余周数	原有总时差	尚有总时差	情况判断
5—8	F	4	5	1	1	实际进度与计划进度相同
6—7	G	1	0	0	−1	拖后 1 周,影响总工期 1 周
4—8	H	3	4	2	1	拖后 1 周,但不影响总工期

二、施工进度计划的调整

在工程项目实施进度检查过程中,一旦发现实际进度偏离计划进度,即出现进度偏差时,必须认真分析产生偏差的原因及其对后续工作和总工期的影响,必要时采取合理、有效的进度计划调整措施,确保进度总目标的实现。

1. 分析进度偏差对后续工作及总工期的影响

在工程项目实施过程中,当通过实际进度与计划进度的比较,发现有进度偏差时,需要分析该偏差对后续工作及总工期的影响,从而采取相应的调整措施对原进度计划进行调整,以确保工期目标的顺利实现。进度偏差的大小及其所处的位置不同,对后续工作和总工期的影响程度是不同的,需要利用网络计划中工作总时差和自由时差的概念来进行分析,分析步骤有以下几项。

(1) 分析出现进度偏差的工作是否为关键工作。如果出现进度偏差的工作位于关键线路上,即该工作为关键工作,则无论其偏差有多大,都将对后续工作和总工期产生影响,必须采取相应的调整措施;如果出现偏差的工作是非关键工作,则需要根据进度偏差值与总时差和自由时差的关系作进一步分析。

（2）分析进度偏差是否超过总时差。如果工作的进度偏差大于该工作的总时差，则此进度偏差必将影响其后续工作和总工期，必须采取相应的调整措施；如果工作的进度偏差未超过该工作的总时差，则此进度偏差不影响总工期。至于对后续工作的影响程度，还需要根据偏差值与其自由时差的关系作进一步分析。

（3）分析进度偏差是否超过自由时差。如果工作的进度偏差大于该工作的自由时差，则此进度偏差将对其后续工作产生影响，此时应根据后续工作的限制条件确定调整方法；如果工作的进度偏差未超过该工作的自由时差，则此进度偏差不影响后续工作，因此，原进度计划可以不作调整。

通过分析，进度控制人员可以根据进度偏差的影响程度，制订相应的纠偏措施进行调整，以获得符合实际进度情况和计划目标的新进度计划。

2. 进度计划的调整方法

在对实施的进度计划分析的基础上，应确定调整原计划的方法，一般主要有以下几种。

（1）关键线路长度的调整。当关键线路的实际进度比计划进度提前时，首先要确定是否对原计划工期予以缩短。如果不予以缩短，可以利用这个机会降低资源强度或费用，方法是选择后续关键工作中，资源占用量大的或直接费用高的予以适当延长，延长的长度不应超过已完成的关键工作提前的时间量。如果提前完成的关键线路的效果导致整个计划工期缩短，则应将计划的未完成部分作为一个新计划，进行更新、计算与调整，再按新的计划执行，并保证新的关键工作按新的计划时间完成。

当关键线路的实际进度比计划进度落后时，计划调整的任务是采取措施把失去的时间抢回来。应在未完成的关键线路中，选择资源强度小的予以缩短，重新计算未完成部分的时间参数，按新参数执行。这样的方法有利于减少赶工费用。

（2）逻辑关系的调整。若检查的实际施工进度产生的偏差影响了总工期，在工作之间逻辑关系允许改变的条件下，可改变关键线路和超过计划工期的非关键线路上有关工作之间的逻辑关系，达到缩短工期的目的。用这种方法调整的效果是很显著的，例如可以把依次进行的有关工作，改变为平行的或互相搭接的，以及分成几个施工段进行流水施工的工作，都可以达到缩短工期的目的。

（3）非关键工作时差的调整。时差调整的目的是能更充分地利用资源，降低成本，满足施工需要。时差调整幅度不得大于计划总时差值。每次调整均需进行时间参数计算，从而观察这次调整对计划全局的影响。调整的方法有3种：①在总时差范围内移动工作的起止时间；②延长非关键工作的持续时间；③缩短非关键工作的持续时间。3种方法的前提均是在降低资源强度的条件下进行。

（4）资源供应的调整。如果资源供应发生异常，应采用资源优化方法对计划进行调整，或采取应急措施，使其对工期影响最小。

（5）缩短某些工作的持续时间。这种方法是不改变工作之间的逻辑关系，通过缩短某些工作的持续时间，而使施工进度加快，以保证实现计划工期目标的方法。调整后，需要重新计算网络计划时间参数。

（6）增减工作项目。不改变原来的总的逻辑关系，只在局部调整工作项目，改变局部逻辑关系。增减工作项目之后需重新计算时间参数，以分析此调整是否对原网络计划工期有影响，如有影响，应采取措施消除。

实际工作中应根据具体情况选用适当的方法进行计划的调整，可同时采用若干种方法调整计划。

【例 4-12】 某工程项目基础工程包括挖基槽、作垫层、砌基础、回填土 4 个施工过程，各施工过程的持续时间分别为 21d、15d、18d 和 9d，如果采取顺序作业方式进行施工，则其总工期为 63d。为缩短该基础工程总工期，设想如果在工作面及资源供应允许的条件下，将基础工程划分为工作量大致相等的 3 个施工段组织流水作业，试绘制该基础工程流水作业网络计划，并确定其计算工期。

【解】：

该基础工程流水施工网络计划，如图 4-31 所示。通过组织流水作业，使得该基础工程的计算工期由 63d 缩短为 35d。

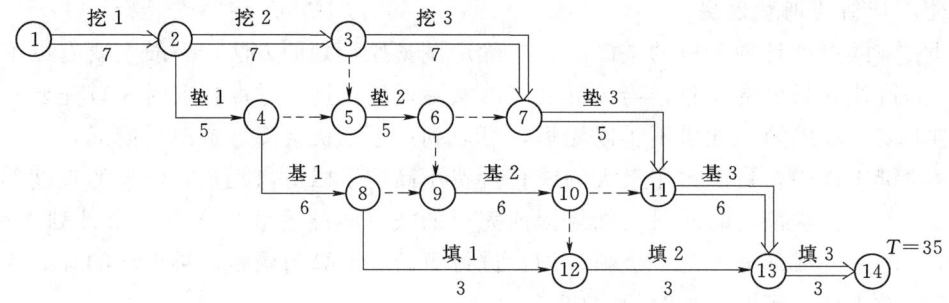

图 4-31 某基础工程流水施工网络计划

任务五 案 例 分 析

流水作业工程实例

一、工程简介

某水库大坝工程主体为钢筋混凝土结构，高 14m，长 171m，坝体最厚处 3.15m。根据现场实际情况，坝体施工时按照每 45m 设置一道施工缝。

二、坝体流水施工组织

（一）划分施工段

根据本工程所处地形特点和水利施工的特点，依据施工缝设置位置将整个坝体施工范围划分为 Ⅰ、Ⅱ、Ⅲ、Ⅳ 4 个施工段，需要说明的是由于受地形限制，Ⅳ 段的工程数量略大于其他三段。因此，施工段数 $m=4$。

施工时，按照从左岸至右岸的顺序，依次"Ⅰ段→Ⅱ段→Ⅲ段→Ⅳ段"组织施工。

（二）计算施工过程数

根据钢筋混凝土坝体施工的工艺特点，每个施工段均包括"基础和垫层施工（A）→坝体钢筋工程（B）→坝体模板工程（C）→坝体混凝土工程（D）→养护和分层拆模（E）"。因此，坝体主体结构的施工过程数 $n=5$，对每个施工过程组织专业班组。

根据本工程施工前排定的材料和劳动力供应计划表，拟定坝体结构各施工段的各施工过程流水节拍情况，见表 4-15。

表 4-15 坝体工程各施工段施工过程的流水节拍情况表

施工过程	施工段/d			
	Ⅰ 段	Ⅱ 段	Ⅲ 段	Ⅳ 段
A	21	14	7	28
B	14	21	14	21
C	7	21	14	21
D	14	28	21	7
E	14	14	14	14

（三）计算流水步距

鉴于本坝体工程每个施工过程在施工段上的多数流水节拍不全相同，可按照潘特考夫斯基法计算流水步距，再将相邻两个专业班组最大限度地搭接起来，从而保证非节奏流水施工连续、流畅施工。

流水步距计算过程如下：

（1）计算 K_{A-B}。

$$\begin{array}{r} 3\ \ 5\ \ 6\ \ 10 \\ -\ 2\ \ 5\ \ 7\ \ 10 \\ \hline 3\ \ 3\ \ 1\ \ 3\ \ -10 \end{array}$$

因此，$K_{A-B}=3$

（2）同理，可计算得到 $K_{B-C}=4$，$K_{C-D}=2$，$K_{D-E}=5$。

（四）组织搭接施工和计算总工期

1. 计算流水工期

$$T_L = \sum K_{i,i+1} + T_n$$

式中 T_L——计算工期；

$\sum K_{i,i+1}$——所有流水节拍的和；

T_n——最后一个专业班组在各个施工段上的流水节拍的和。

因此，$T_L = (3+4+2+5)+(2+2+2+2) = 22(周) = 154(d)$

2. 绘制流水施工进度图（表 4-16）

表 4-16 流水施工进度图

施工过程	施工进度/d																					
	1	2	3	4	5	6	7	8	9	10	11	12	13	14	15	16	17	18	19	20	21	22
A		Ⅰ		Ⅱ		Ⅲ			Ⅳ													
B				Ⅰ			Ⅱ			Ⅲ		Ⅳ										
C								Ⅰ		Ⅱ		Ⅲ		Ⅳ								
D										Ⅰ			Ⅱ			Ⅲ		Ⅳ				
E															Ⅰ		Ⅱ		Ⅲ		Ⅳ	

三、技术经济效益分析

（1）由于流水步距的合理设置，使得承担专业施工过程的专业班组没有一天的时间间歇和窝工情况，减少了施工间接费的产生，不仅合理缩短了工期，而且减少了施工成本和不必要的浪费。

（2）由于流水施工的连续性，使得施工机械和劳动力得到了充分利用，改善了劳动组织关系，使专业班组的娴熟技能得到充分发挥，从而提高了劳动生产效率，有效提高了水坝工程施工项目经理部的综合经济效益。

项目学习小结

本项目介绍了工程项目进度控制的概念，影响工程项目施工进度的主要因素，进度控制的方法，工程项目施工进度计划的分类，工程项目施工进度计划的编制依据，工程项目施工进度计划的编制步骤，网络计划技术的基本概念，网络计划的分类，双代号网络图的绘图，双代号网络图的时间参数计算，节点时间参数，时标网络计划，网络计划的优化，流水施工基本概念，流水施工参数，流水作业组织，进度计划实施中的检查与比较方法，施工进度计划的调整，流水作业工程实例等知识。其中网络计划技术和流水施工原理两部分内容为教学重点。通过对本项目的学习，学生应当掌握工程项目施工进度计划的编制，以及双代号网络图的绘图，双代号网络图的时间参数计算的相关技能。

职业能力训练四

一、单选题

1. 单位工程施工进度计划是对单位工程中的（　　）的计划安排。
   A. 单位工程　　　　　　　　B. 各分部、分项工程
   C. 某一子项目　　　　　　　D. 某一专业工种

2. 控制性网络计划是以（　　）网络计划和总体网络计划的形式编制，是上级管理机构指导工作、检查和控制进度计划的依据，也是编制实施性网络计划的依据。
   A. 单项工程　　　　　　　　B. 单位工程
   C. 分项进度　　　　　　　　D. 全局性

3. 工作的最早可能开始时间为其所有紧前工序的（　　）的最大值。
   A. 最早可能开始时间　　　　B. 最早可能完成时间
   C. 最迟必须开始时间　　　　D. 最迟必须完成时间

4. 压缩关键线路上直接费用变化率（　　）间接费用变化率的工序，这样既可以缩短工期，又可以使总费用减少。
   A. 小于　　　　　　　　　　B. 大于
   C. 等于　　　　　　　　　　D. 大于或等于

5. 无节奏流水施工的各施工过程在各施工段的流水节拍（　　）；相邻施工过程的流水步距（　　），且差异很大。
   A. 不相等，不相等　　　　　B. 相等，相等

C. 不相等，相等　　　　　　D. 不完全相等，不完全相等

二、多选题

1. 进度控制的方法有：（　　）。
   A. 行政方法　　　　　　　　B. 经济方法
   C. 管理技术方法　　　　　　D. 法律方法
2. 双代号网络图的绘制规则有：（　　）。
   A. 严禁出现无箭头的箭线　　B. 严禁出现循环线路
   C. 箭线可以交叉　　　　　　D. 不允许出现节点编号相同的工作
3. 考虑工程项目的施工特点、工艺流程、资源利用、平面或空间布置等要求，施工组织方式可以采用（　　）等方式。
   A. 循环　　　　　　　　　　B. 依次
   C. 平行　　　　　　　　　　D. 流水
4. 流水施工时间参数包括：（　　）。
   A. 流水节拍　　　　　　　　B. 流水强度
   C. 流水步距　　　　　　　　D. 流水施工工期
5. 前锋线比较法步骤有：（　　）。
   A. 绘制时标网络计划图　　　B. 分析进度偏差是否超过总时差
   C. 绘制实际进度前锋线　　　D. 进行实际进度与计划进度的比较

三、判断题

1. 参与工程建设的各单位工作进度的拖后必将对施工进度产生影响。（　　）
2. 网络图中的工作是工程项目计划任务按需要粗细程度划分而成的，消耗时间或同时也消耗资源的一个子项目或子任务。（　　）
3. 节点最早时间，即是以该节点为结束节点的各项工序的最早可能完成时间。（　　）
4. 等步距异节拍流水施工的不同施工过程在同一施工段上的流水节拍彼此不等，也没有比例关系。（　　）
5. 由于工作之间逻辑关系不可改变，因此进度计划的调整方法中不包括逻辑关系的调整。（　　）

四、案例分析题（本案例题为2009年二级建造师《管理与实务（水利水电）》考试试题）

1. 背景

发包人与承包人签订堤防加固项目的施工合同，主要内容为堤身加固和穿堤涵洞拆除重建。为保证项目按期完成，将堤身划分成两个区段组织流水施工，项目部拟定的初始施工进度计划如图4-32所示（单位：d）。

在实施中发生如下事件：

事件1：项目部在审查初始的施工进度计划时，提出了优化方案，即按先"Ⅱ堤段"、后"Ⅰ堤段"顺序组织施工，其他工作逻辑关系不变，各项工作持续时间不变，新计划已获监理单位批准并按其组织施工。

事件2：第225d末检查时，"Ⅱ段砌石护坡"（G工作）已累计完成40％工程量，"Ⅰ段堤身填筑"（C工作）已累计完成40％工程量，"穿堤涵洞"（K工作）已累计完成60％工

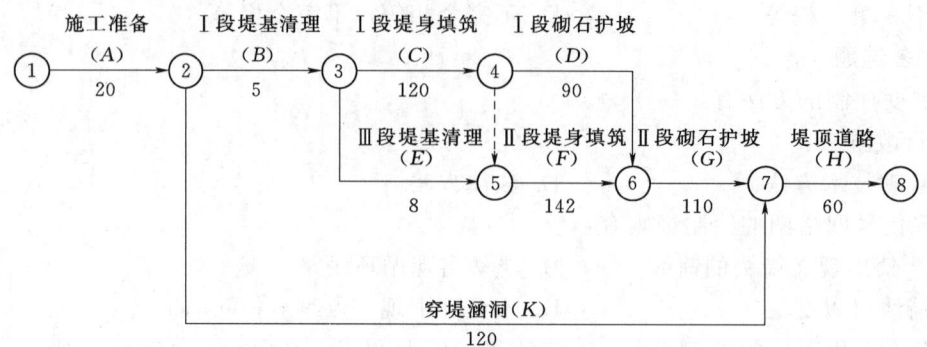

图 4-32 初始施工进度计划

程量。

2. 问题

（1）根据事件 1，绘制新的施工网络计划图（工作名称用原计划中的字母代码表示），分别计算原计划与新计划的工期，确定新计划的关键线路（用工作代码表示）。

（2）根据事件 2，分别指出第 225d 末 G、C、K 工作已完成多少天工程量，及其对工期有何影响？（假定各工作匀速施工）

五、计算题（本题为 2013 年二级建造师《管理与实务（水利水电）》考试试题）

承包人承担某溢洪道工程施工，为降低成本，加快进度，对闸墩组织流水作业。经监理工程师批准的网络进度计划如图 4-33 所示（单位：d）。

问题：通过对网络时间参数的计算，指出网络进度计划的工期和关键线路。

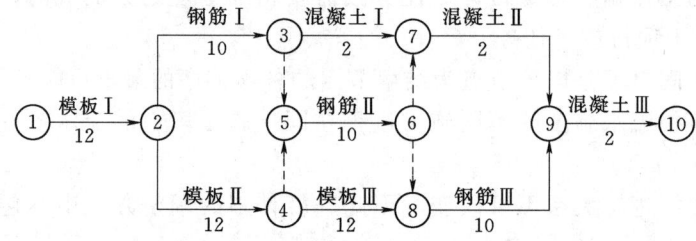

图 4-33 网络进度计划

项目五　工程项目施工成本管理

项目描述：介绍工程项目施工成本管理的概念、一般程序以及从成本预测到成本考核整个成本管理体系的工作内容，最后通过案例进一步加深对工程项目施工成本管理具体方法应用的熟悉。

项目学习目标：掌握工程项目施工成本管理的方法。

项目学习重点：施工成本管理的工作内容。

项目学习难点：成本预测、成本核算方法。

任务一　施工成本管理概述

任务描述：理解工程项目施工成本管理的概念，熟悉工程项目施工成本管理的一般程序。

一、施工成本的概念

施工成本是指建筑业企业以施工项目作为成本核算对象，在施工生产过程中所耗费的生产资料转移价值和劳动者的必要劳动所创造价值的货币形式。也就是说，某施工项目在施工过程中所发生的全部生产费用的总和，包括所消耗的主材料、辅材料，各种配件，周转材料的摊销费或租赁费，施工机械的台班费或租赁费，支付给生产工人的工资、奖金以及施工项目部为组织和管理工程施工所发生的全部费用支出。当然，施工项目成本一般不包括劳动者为社会所创造的价值（如税金和利润），也不应包括不构成施工项目价值的一切非生产性支出。

施工项目成本是建筑业企业的主要产品成本，一般以施工项目的单位工程作为成本核算的对象，通过各单位工程成本核算的综合来反映施工项目成本。根据施工项目的特点、计算标准的不同和成本管理的要求，可将施工成本按以下几种标准进行分类。按成本计算的标准，可以分为预算成本、计划成本和实际成本；按成本计算的范围，可以分为全部工程成本、单项工程成本、单位工程成本、分部工程成本和分项工程成本；按各项工程施工发生的实际成本，可以分为人工费、材料费、施工机械使用费、企业管理费和措施费。

二、施工成本管理的概念

施工成本管理是工程项目管理的一个重要内容。施工成本管理是收集、整理有关施工项目的成本信息，并利用成本信息对施工项目进行成本控制的管理活动。

在施工项目成本管理中，为了降低工程成本，争取更大的利润，施工单位要制定技术组织措施，以便提高劳动生产率、节约原材料、提高机械利用率、节约经营管理费用，并在充分挖掘内部潜力的基础上，制订工程计划成本。在施工中实际发生的费用称为工程的实际成本。与工程计划成本相比，它可以检查工程计划成本的完成情况；与工程预算成本相比，它可以考核工程费用的实际降低或增加额。总而言之，所谓成本管理，就是以降低工程成本为目标而进行的管理。它虽以费用或金额为指标，却表示了工程施工中的所有信息，是综合反映施工管理水平的尺度，同时也是提高管理水平的重要标杆，是监督人力、物力和财力使用的重要手段，还是提高建筑业企业竞争能力的基本条件。

三、施工成本管理的基础工作

1. 建立完整的组织机构

施工成本管理必须有完整的组织机构，保证成本管理活动的有效运行。组织机构的设计应包括管理层次、机构设置、职责范围、隶属关系、相互关系及工作接口等。

2. 建立健全各项责任制度

施工成本管理主要责任制度包括计量验收制度、考勤考核制度、原始记录和统计制度、成本核算和分析制度、质量验收制度，及项目管理的有关采购、价格控制和横向管理制度。

3. 建立健全原始记录

原始记录是成本控制和核算的依据。原始记录有施工任务单、领退料单、机械台班使用记录、周转材料进退场记录、材料进退场验收调出记录、质量事故记录、职工考勤表等。

4. 健全企业内部定额制度

为了便于核算施工成本和测算目标成本以及为办理材料、劳务、机械的供应和作业的结算，企业应根据企业定额标准和当时当地的物价、工资和成本等情况，对各种材料、机械设备、周转材料、劳动力、商品制定统一的内部定额或内部计划价格，并定期进行修正。

5. 进行规范的施工成本核算

施工成本核算是在成本范围内，以货币为计量单位，以施工项目成本直接耗费为对象，在区分收支类别和岗位成本责任的基础上，利用一定的方法，正确组织施工成本核算，全面反映施工成本耗费的核算过程。因此，规范的施工成本核算具有重要意义。

6. 履行严格的考核评价

施工成本管理应包括严格的考核制度，考核包括施工成本考核和成本管理体系及其运行质量考核。施工成本管理是对施工成本全过程的实时控制，因此，考核也是全过程的实时考核，绝非工程项目施工完成后的最终考核。当然，施工项目完成后，对施工成本的最终考核也是必不可少的。

四、施工成本管理的程序

施工成本管理的程序是指从成本估算开始，经编制成本计划，采取降低成本的措施，进行成本控制，直到成本核算与分析的一系列管理工作步骤。施工成本管理的一般程序，如图5-1所示。

五、施工成本管理的措施

为了取得施工成本管理的理想效果，应当从多方面采取措施实施管理，通常可以将这些措施归纳为组织措施、技术措施、经济措施、合同措施。

1. 组织措施

组织措施是从施工成本管理的组织方面采取的措施。施工成本控制是全员的活动，如实行项目经理责任制，落实施工成本管理的组织机构和人员，明确各级施工成本管理人员的任务和职能分工、权利和责任。施工成本管理不仅是专业成本管理人员的工作，各级项目管理人员都负有成本控制责任。组织措施的另一方面是编制施工成本控制工作计划，确定详细的工作流程。要做好施工采购规划，通过生产要素的优化配置、合理使用、动态管理，可以有

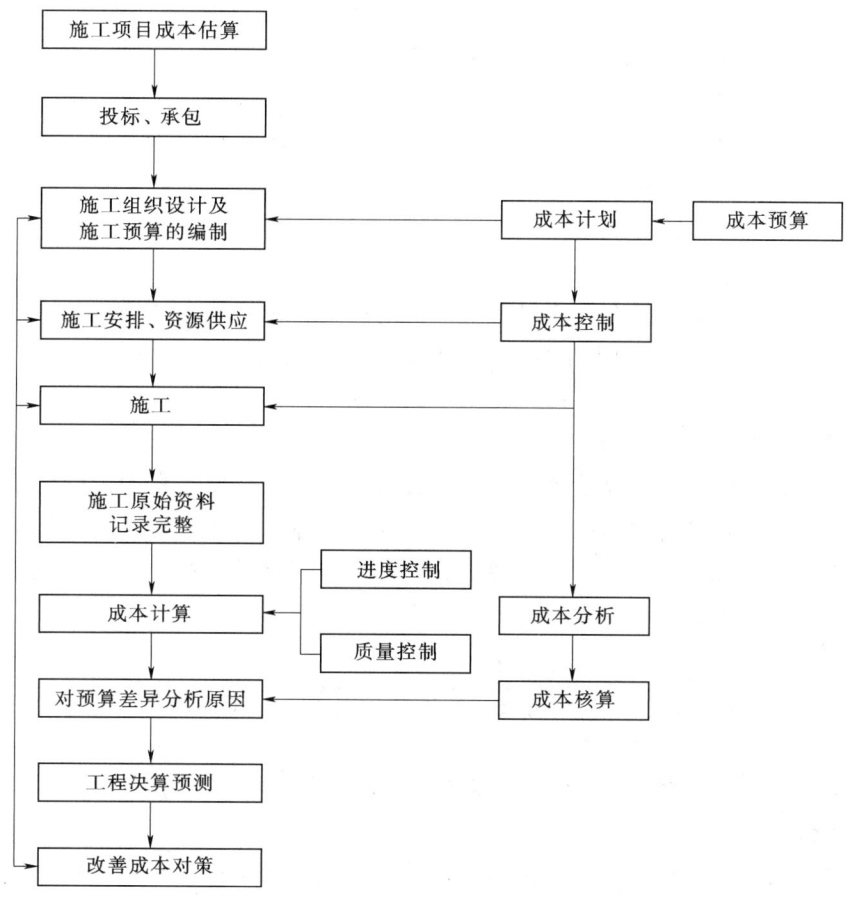

图 5-1 施工成本管理的一般程序

效地控制实际成本;加强施工定额管理和施工任务单管理,控制活劳动和物化劳动的消耗;加强施工调度,避免因施工计划不周和盲目调度,造成窝工损失、机械利用率降低、物料积压等而使施工成本增加。组织措施是其他各类措施的前提和保障,而且一般不需要增加什么费用,运用得当可以收到良好的效果。

2. 技术措施

施工过程中降低成本的技术措施包括进行技术经济分析,确定最佳的施工方案;结合施工方法,进行材料使用的比选,在满足功能要求的前提下,通过代用、改变配合比、使用添加剂等方法降低材料消耗的费用;确定最合适的施工机械、设备使用方案;结合项目的施工组织设计及自然地理条件,降低材料的库存成本和运输成本;应用先进的施工技术,运用新材料,使用新开发的机械设备等。在实践中,还要避免仅从技术角度选定方案,而忽视对其经济效果的分析论证。

技术措施不仅对解决施工成本管理过程中的技术问题是不可以少的,而且对纠正施工成本管理目标偏差也有相当重要的作用。因此,运用技术纠偏措施的关键,一是要能提出多个不同的技术方案;二是要对不同的技术方案进行技术经济分析。

3. 经济措施

经济措施是最易为人们所接受和采用的措施。管理人员应编制资金使用计划,确定、分解施工成本管理目标。对施工成本管理目标进行风险分析，并制订防范性对策。对各种支出，应认真做好资金的使用计划，并在施工中严格控制各项开支。及时准确地记录、收集、整理、核算实际发生的成本。对各种变更，要及时做好增减账，及时落实业主签证，及时结算工程款。通过偏差分析和未完工工程预测，可发现一些潜在的问题引起未完工程施工成本增加，对这些问题应以主动控制为出发点，及时采取预防措施。由此可见，经济措施的运用绝不仅仅是财务人员的事情。

4. 合同措施

采用合同措施控制施工成本，应贯穿整个合同周期，包括从合同谈判开始到合同终结的全过程。首先是选用合适的合同结构，对各种合同结构模式进行分析、比较，在合同谈判时，要争取选用适合于工程规模、性质和特点的合同结构模式。其次，在合同的条款中应仔细考虑一切影响成本和效益的因素，特别是潜在的风险因素。通过对引起成本变动的风险因素的识别和分析，采取必要的风险对策，如通过合理的方式，增加承担风险的个体数量，降低损失发生的比例，并最终使这些策略反映在合同的具体条款中。在合同执行期间，合同管理的措施既要密切注视对方合同执行的情况，以寻求合同索赔的机会；同时也要密切关注自己履行合同的情况，以防止被对方索赔。

任务二　施工成本管理的主要工作

任务描述：系统介绍施工成本管理的工作内容及各部分的主要方法。

一、成本预测

成本预测是成本计划的基础，它为编制科学、合理的成本控制目标提供了依据。成本预测的内容主要是使用科学的方法，根据项目的施工条件、机械设备、人员素质等对项目的成本目标进行预测。

工程项目施工成本预测通常可以按照以下程序进行：

1. 制订成本预测计划

制订成本预测计划主要包括确定预测对象和目标、组织领导及工作布置、有关部门提供的配合、时间进度计划、搜集材料的范围等。如果在成本预测过程中，出现新情况或发现成本预测计划存在缺陷，则应及时修订成本预测计划，以保证成本预测的顺利开展，并获得良好的预测质量。

2. 环境调查

环境调查可从以下 3 个方面来进行。

(1) 市场调查。它主要是了解国民经济发展情况，国家和地区的投资规模、方向和布局及主要工程的性质和结构、市场竞争形势等。

(2) 成本水平调查。它主要是了解本行业各种类型工程的成本水平，本企业在各地区、各类型投标中标工程项目的成本水平和目标利润，建筑材料、劳务供应情况和市场价格及其变化趋势。

(3) 技术发展调查。它主要是了解国内外新技术、新设计、新工艺、新材料采用的可能性及对成本的影响。

3. 搜集和整理成本预测资料

相关的成本资料一般可分为两类：一类是纵向数据资料，如施工企业各类材料的消耗量及单价的历年动态数据资料等；另一类是横向数据资料，如一定时期内同类施工项目的成本资料。

成本预测资料主要包括以下几点。

（1）企业本部下达的与成本有关的指标。

（2）历史上同类项目成本资料。

（3）项目所在地的成本水平。

（4）工程项目中与成本有关的其他预测资料及台班、工时消耗等。

（5）其他与成本有关的资料，如项目技术特征，新材料、新工艺、新设备等的使用，交通、能源供应等。

在收集资料的过程中，应随时分析资料的可靠性、连续性、全面性和完整性，尽可能排除会计、统计资料中那些偶然因素、虚假因素对成本的影响。对不具有可比性或重复的资料，要去伪存真，进行筛选，以保证成本预测资料的完整性、连续性和真实性。

4. 建立预测模型

为了使成本预测更加规范和科学，应根据经过分析整理的资料，在研究成本变化规律的基础上建立相应的预测模型。在实验中，对于短期的成本预测，可以采用较为简单的预测模型，考虑的因素也可以相应少些；而对于较长时期的成本预测，则应采用较为复杂的预测模型和多种预测方法，考虑的因素也应多些。

5. 选择成本预测方法

成本预测方法一般有定性预测方法和定量预测方法两类。定性预测方法主要有德尔菲法、主观概率法和专家会议法等方法，数据资料不足或难以定量描述时，就需要依靠个人经验和主观判断来推断预测的定性预测方法。定量预测方法非常多，主要有回归分析法、平均法和指数平滑法等几种预测方法。

6. 进行成本预测

首先根据定性预测的方法及一些横向成本资料的定量预测，对施工项目成本进行初步估计。其预测结果往往比较粗糙，需要进一步对影响施工项目成本的因素，如物价变化、劳动生产率、物料消耗、间接费用等，进行详细预测，以便根据市场行情、分包企业情况、近期其他工程实施情况等，推测未来影响施工项目成本水平的因素有哪些，其影响如何。必要时可做不确定性分析，如量本利分析和敏感性分析。最后，根据初步成本预测结果及对影响因素的预测结果，确定施工项目的预测成本。

7. 分析、评价预测结果，提出预测报告

施工项目可以通过专业人员、技术人员根据经验检查、判断预测结果是否合理，是否会存在较大的误差，也可以通过其他预测方法进行验证，如根据新近掌握的最新资料利用原定预测模型重新预测、建立新的预测模型重新预测、采用多种预测方法对同一对象进行预测，并将每一方法下的成本预测结果进行概率评价。根据预测分析的结论，最终确定预测的结果，并在此基础上提出预测报告，确定目标成本，作为编制成本计划和进行成本控制的依据。

8. 分析预测误差

成本预测的结果常常与实施后实际发生的成本有出入，因而产生预测误差。预测误差的大小，反映了成本预测的准确程度。对这种误差进行分析，有利于提高今后成本预测工作的质量。

二、成本计划

（一）成本计划的概念

施工项目的计划成本是与预算成本、实际成本相对应的概念，它是项目成本计划的核心内容，是项目组织以施工定额和采取可行的技术措施为依托，预先确定的以货币表示的项目成本耗用的计划数。施工项目的计划成本是施工项目成本计划的组成部分和具体内容。

施工项目的成本计划是项目施工生产综合计划的重要组成部分。它是项目经理部在进行成本预测的基础上，以货币形式确定的项目计划期内施工生产所需支出和降低成本的具体行动计划，它按成本管理层次、有关成本项目以及项目的进展逐阶段对成本计划加以分解，并制订各级成本实施方案。它是指导各施工生产部门在计划期内改进施工技术和方法、提高劳动生产率、降低原材料消耗、提高机械设备使用率、降低费用开支，以达到预期经济效果的成本实施计划或技术经济性文件。成本计划是项目控制成本支出和进行成本核算的重要依据。而且，施工项目的成本计划是全项目经理部以挖掘生产潜力、节约成本为目的的实行计划。

（二）成本计划的内容

施工项目的成本计划一般由降低直接成本计划和间接成本计划组成。

1. 直接成本计划

施工项目的直接成本计划是施工项目降低工程成本中直接成本的计划，它主要反映项目直接成本的预算成本、计划降低额以及计划降低率。它主要包括工程项目的成本目标及核算原则、降低成本计划表或总控制方案、对成本计划估算过程的说明及对降低成本途径的分析等。

2. 间接成本计划

间接成本计划主要反映施工现场管理费用的计划数及降低额。间接成本计划应根据施工项目的成本核算期，做到成本项目与会计核算中间接成本项目的内容一致。各部门应按照节约开支、压缩费用的原则，制订施工现场管理费用计划表，以保证该计划的实施。

此外，施工成本计划还应包括项目经理对可控责任目标成本进行分解后形成的各个实施性计划成本，即各责任中心的责任成本计划。责任成本计划又包括年度责任成本计划、季度责任成本计划和月度责任成本计划。

（三）成本计划的编制方法

施工成本计划工作主要是在项目经理负责下，在成本预测、决策基础上进行的。编制中的关键前提——确定目标成本，是成本计划的核心，是成本管理所要达到的目的。成本目标通常以项目成本总降低额和降低率来定量表示。项目成本目标的方向性、综合性和预测性，决定了必须选择科学的确定目标的方法。

1. 常用的施工成本计划编制方法

在概算和预算编制力量较强、定额比较完备的情况下，特别是施工图预算与施工预算编制经验比较丰富的施工企业，工程项目的成本目标可由定额估算法产生。施工图预算，是以施工图为依据，按照预算定额和规定的取费标准以及图纸工程量计算出项目成本，反映为完成施工项目建筑安装任务所需的直接成本和间接成本；它是招标投标中计算标底的依据、评标的尺度，是控制项目成本支出、衡量成本节约或超支的标准，也是施工项目考核经营成果的基础。施工预算是施工单位（各项目经理部）根据施工定额编制的，作为施工单位内部经济核算的依据。

过去，通常以预算对比差额与技术组织措施带来的节约来估算计划成本的降低额，公式为：

$$计划成本降低额＝两算对比差额＋技术组织措施计划节约额 \quad (5-1)$$

随着市场经济体制的建立，一些施工单位对这种定额估算法又作了改进，其步骤及公式为：

（1）根据已有的投标、预算资料，确定中标合同价与施工图预算的总价格差，以及施工图预算与施工预算的总价格差。

（2）根据技术组织措施计划确定技术组织措施带来的项目节约数。

（3）对施工预算未能包括的项目，参照定额进行估算。

（4）对实际成本可能明显超出或低于定额的主要子项，按实际支出水平估算出其实际与定额水平之差。

（5）充分考虑不可预见因素、工期制约因素以及风险因素、市场价格波动因素，加以试算调整，得出一综合影响系数，用于编制施工成本降低额。

（6）综合计算整个项目的目标成本降低额及降低率。

$$目标成本降低额＝[（1）＋（2）－（3）±（4）]×[1＋（5）] \quad (5-2)$$

$$目标成本降低率＝\frac{目标成本降低额}{项目的预算成本} \quad (5-3)$$

2. 施工预算法

施工预算法是指主要以施工图中的工程实物量，套以施工工料消耗定额，计算工料消耗量，并进行工料汇总，然后统一以货币形式反映其施工生产耗费水平。以施工工料消耗定额所计算的施工生产耗费水平，基本是一个不变的常数。一个施工项目要实现较高的经济效益（即提高"降低成本"的水平），就必须在这个常数基础上采取技术节约措施，以降低消耗定额的单位消耗量和降低价格等措施，来达到成本计划的目标成本水平。因此，采用施工预算法编制成本计划时，必须考虑结合技术节约措施计划，以进一步降低施工生产耗费水平。用公式来表示为：

$$施工预算法的计划成本（目标成本）＝施工预算施工生产耗费水平（工料消耗费用）$$
$$－技术节约措施计划节约额 \quad (5-4)$$

3. 按实计算法

按实计算法是以工程项目的实际资源消耗测算为基础，根据所需资源的实际价格，详细计算各项活动或各项成本组成的目标成本，即：

$$人工费＝\Sigma 各类人员计划用工量×实际工资标准 \quad (5-5)$$

$$材料费＝\Sigma 各类材料的计划用量×实际材料基价 \quad (5-6)$$

$$施工机械使用费＝\Sigma 各类机械的计划台班量×实际台班单价 \quad (5-7)$$

在此基础上，由项目管理部生产和财务管理人员结合施工技术和管理方案等测算措施费、项目经理部的管理费等，最后构成项目的目标成本。

4. 定率估算法

当项目过于庞大或复杂时，可采用定率估算法。此法先将工程项目分为少数几个子项目，然后参照同类项目的历史数据，采用算术平均法计算子项目标成本降低率和降低额，然

项目五 工程项目施工成本管理

后再汇总整个工程项目的目标成本降低率、降低额。确定子项目标成本降低率的方法通常有加权平均法和三点估算法。

三、成本控制

施工成本控制，通常是指在施工项目成本的形成过程中，对生产经营所消耗的人力资源、物资资源和费用开支进行指导、监督、调节和限制，及时纠正将要发生和已经发生的偏差，把各项生产费用，控制在计划成本的范围之内，以保证成本的实现。

（一）成本控制的依据

施工项目成本控制的依据包括以下几项内容。

（1）工程承包合同。施工项目成本控制要以工程承包合同为依据，围绕降低工程成本这个目标，从预算收入和实际成本两方面，努力挖掘增收节支潜力，以求获得最大的经济效益。

（2）施工项目成本计划。施工项目成本计划是根据施工项目的具体情况制定的施工项目成本控制方案，既包括预定的具体成本控制目标，又包括实现控制目标的措施和规划，是施工项目成本控制的指导文件。

（3）进度报告。进度报告提供了每一时刻工程的实际完成量，工程施工项目成本实际支付情况等重要信息。施工项目成本控制工作正是通过实际情况与施工项目成本计划相比较，找出两者之间的差别，分析偏差产生的原因，从而采取措施改进以后的工作。

（4）工程变更。在项目的实施过程中，由于各方面的原因，工程变更是很难避免的。工程变更一般包括设计变更、进度计划变更、施工条件变更、技术规范与标准变更、施工次序变更、工程数量变更等。一旦出现变更，工程量、工期、成本都必将发生变化，从而使得施工项目成本控制工作变得更加复杂和困难。因此，施工项目成本管理人员就应当通过对变更要求中各类数据的计算、分析，随时掌握变更情况，包括已发生工程量、将要发生工程量、工期是否拖延、支付情况等重要信息，判断变更及变更可能带来的索赔额度等。

除了上述几项施工项目成本控制工作的主要依据以外，有关施工组织设计、分包合同等也都是施工项目成本控制的依据。

（二）成本控制的步骤

在确定了施工项目成本计划之后，必须定期地进行施工项目成本计划值与实际值的比较。当实际值偏离计划值时，分析产生偏差的原因，采取适当的纠偏措施，以确保施工项目成本控制目标的实现。其步骤如下所述。

（1）比较。按照某种确定的方式将施工项目成本计划值与实际值逐项进行比较，以发现施工项目成本是否已超支。

（2）分析。在比较的基础上，对比较的结果进行分析，以确定偏差的严重性及偏差产生的原因。上述两步是施工项目成本控制工作的核心，其主要目的在于找出产生偏差的原因，从而采取有针对性的措施，减少或避免相同原因的再次发生及减少由此造成的损失。

（3）预测。按照完成情况估计完成整个施工项目所需的总费用。

（4）纠偏。当工程项目的实际施工项目成本出现了偏差，应当根据工程的具体情况、偏差分析和预测的结果，采取适当的措施，以期达到使施工项目成本偏差尽可能小的目的。纠偏是施工项目成本控制中最具实质性的一步。只有通过纠偏，才能最终达到有效控制施工项目成本的目的。在确定了纠偏的主要对象之后，就需要采取有针对性的纠偏措施。纠偏可采用组织措施、经济措施、技术措施和合同措施等。

（5）检查。检查是指对工程的进展进行跟踪和检查，及时了解工程进展状况及纠偏措施的执行情况和效果，为今后的工作积累经验。

（三）成本控制的方法

施工阶段是控制建设工程项目成本发生的主要阶段，它通过确定成本目标并按计划成本进行施工、资源配置，对施工现场发生的各种成本费用进行有效控制，其具体的控制方法有下列4种。

1. 人工费的控制

人工费的控制实行"量价分离"的方法，即将作业用工及零星用工按定额工日的一定比例综合确定用工数量与单价，通过劳务合同进行控制。

2. 材料费的控制

材料费的控制同样按照"量价分离"原则，控制材料用量和材料价格。

（1）材料用量的控制。在保证符合设计要求和质量标准的前提下，合理使用材料，通过定额管理、计量管理等手段有效控制材料物资的消耗。

（2）材料价格的控制。材料价格主要由材料采购部门控制。由于材料价格是由买价、运杂费、运输中的合理损耗等所组成。因此控制材料价格，主要是通过掌握市场信息，应用招标和询价等方式控制材料、设备的采购价格。

从价值角度看，材料物资的价值，约占建筑安装工程造价的60%～70%，其重要程度自然是不言而喻。

3. 施工机械使用费的控制

合理选择、使用施工机械设备对成本控制具有十分重要的意义，尤其是水利工程施工，场面宏大，机械化施工程度高，机械种类繁多，优化组合使用工程机械，将有利于控制施工成本，提高综合经济效益。

施工机械使用费主要由台班数量和台班单价两方面决定，为有效控制施工机械使用费支出，主要从以下几个方面进行控制。

（1）合理安排施工生产，加强设备租赁计划管理，减少因安排不当引起的设备闲置。

（2）加强机械设备的调度工作，尽量避免窝工，提高现场设备利用率。

（3）加强现场设备的维修保养，避免因不正确使用造成机械设备的停置。

（4）做好机上人员与辅助生产人员的协调与配合，提高施工机械台时产量。

4. 施工分包费用的控制

分包工程价格的高低，必然对项目经理部的施工项目成本产生一定的影响。因此，施工项目成本控制的重要工作之一是对分包价格的控制。项目经理部应在确定施工方案的初期就要确定需要分包的工程范围。决定分包范围的因素主要是施工项目的专业性和项目规模。对分包费用的控制，主要是要做好分包工程的询价、订立平等互利的分包合同、建立稳定的分包关系网络、加强施工验收和分包结算等工作。

四、成本核算

工程项目成本核算就是定期地确认、记录施工过程中发生的费用支出，以反映工程项目发生的实际成本。建立项目成本核算制，明确项目成本核算的原则、范围、程序、方法、内容、责任及要求，可以反映、监督项目成本计划的完成情况，促进工程项目改善管理、降低成本、提高经济效益。

（一）成本核算的对象

项目成本核算一般以每一独立编制施工图预算的单位工程为对象，但也可以按照承包工程项目的规模、工期、结构类型、施工组织和施工现场等情况，结合成本控制的要求，灵活划分成本核算对象。一般说来有以下几种划分核算对象的方法。

（1）一个单位工程由几个施工单位共同施工时，各施工单位都应以同一单位工程为成本核算对象，各自核算自行完成的部分。

（2）大规模、工期长的单位工程，可以将工程划分为若干分部工程，以分部工程作为成本核算对象。

（3）同一建设项目，由同一施工单位施工，并在同一施工地点，属于同一建设项目的各个单位工程，可以合并作为一个成本核算对象。

（4）改建、扩建的零星工程，可以将开竣工时间相接近，属于同一建设项目的各个单位工程合并为一个成本核算对象。

（5）土石方工程、打桩工程，可根据实际情况和管理需要，以一个单项工程为成本核算对象，或将同一施工地点的若干个工程量较少的单项工程合并作为一个成本核算对象。

（二）项目成本核算的基本要求

（1）项目经理部应根据财务制度和会计制度的有关规定，建立项目成本核算制度，明确项目成本核算的原则、范围、程序、方法、内容、责任及要求，并设置核算台账，记录原始数据。

（2）项目经理部应按照规定的时间间隔进行项目成本核算。

（3）项目成本核算应坚持形象进度、产值统计、成本归集三同步的原则。

（4）项目经理部应编制定期成本报告。

（三）成本核算的方法

1. 表格核算法

表格核算法是建立在内部各项成本核算基础之上，由各要素部门和核算单位定期采集信息，按有关规定，填制相应的表格，完成数据比较、考核和简单的核算，形成工程项目成本核算体系，作为支撑项目成本核算平台的方法。表格核算法需要依靠众多部门和单位支持，专业要求性不高。其优点是比较简洁明了，直观易懂，易于操作，实时性较好；缺点是覆盖范围较窄，核算债权债务比较困难，且较难实现科学严密的审核制度，有可能造成数据失真，精度较差。

2. 会计核算法

会计核算法是指建立在会计核算基础上，利用会计核算所独有的借贷记账法和收支全面核算的综合特点，按工程项目施工成本内容和收支范围，组织工程项目施工成本核算的方法。会计核算法不仅核算工程项目施工直接成本，而且还要核算工程项目在施工生产过程中出现的债权债务，为施工生产而自购的工具、器具摊销、向建设单位的报量和收款、分包完成和分包付款等。其特点是核算严密、逻辑性强、人为调节的可能因素较小、核算范围较大，但对核算人员的专业水平要求较高。

3. 两种核算方法的并行运用

由于表格核算法便于操作和表格格式自由等特点，它可以根据不同的管理方式和要求设置各种表格格式,因而对工程项目内各岗位成本的责任核算比较实用。施工承包单位除对整个企业的生产经营进行会计核算外,还应在工程项目上设置成本会计,进行工程项目成本核算,减少数据的传递,提高数据的及时性,便于与表格核算的数据接口,这将成为工程项目施工成本核算的发展趋势。

总的来说,用表格核算法进行工程项目施工各岗位成本的责任核算和控制,用会计核算法进行工程项目施工成本核算,两者互补,相得益彰,确保工程项目施工成本核算工作的开展。

(四)成本的归集与分配

1. 人工费核算

劳动工资部门根据考勤表、施工任务书和承包结算书等,每月向财务部门提供《单位工程用工汇总表》,财务部门据以编制《工资分配表》,按受益对象计入成本和费用。

采用计件工资制度的,费用一般能分清为哪个工程项目所发生的;采用计时工资制度的,计入成本的工资应按照当月工资总额和工人总的出勤工日计算的日平均工资及各工程当月实际用工数计算分配;工资附加费可以采用比例分配法;劳动保护费的分配方法同工资是相同的。

2. 材料费核算

工程耗用的材料,根据限额领料单、退料单、报损报耗单、大堆材料耗用计算单等,由项目材料员按单位工程编制《材料耗用汇总表》,据以计入项目成本。

3. 机械使用费核算

(1) 机械设备实行内部租赁制,以租赁费形式反映其消耗情况,按"谁租用谁负担"的原则,核算其项目成本。

(2) 按机械设备租赁办法和租赁合同,由机械设备租赁单位与项目经理部按月结算租赁费。租赁费根据机械使用台班、停置台班和内部租赁单价计算,计入项目成本。

(3) 机械进出场费,按规定由承租项目负担。

(4) 项目经理部租赁的各类大中小型机械,其租赁费全额计入项目机械费成本。

(5) 根据内部机械设备租赁市场运行规则要求,结算原始凭证由项目指定专人签证开班和停班数,据以结算费用。现场机、电、修等操作工奖金由项目考核支付,计入项目机械费成本并分配到有关单位工程。

上述机械租赁费结算,尤其是大型机械费及进出场费应与产值对应,防止只有收入无成本的不正常现象,或反之,形成收入与支出不配比状况。

4. 措施费核算

凡能分清受益对象的,应直接计入受益成本核算对象中去。如与若干个成本核算对象有关的,可先归集到措施费总账中,月末再按适当的方法分配计入有关成本核算对象的措施费中。

5. 间接成本核算

凡能分清受益对象的间接成本,应直接计入受益成本核算对象中去。否则先在项目"间接成本"总账中进行归集,月末再按一定的分配标准计入受益成本核算对象。分配的方法:土建工程是以实际成本中直接成本为分配依据,安装工程则以人工费为分配依据。计算公式如下:

$$土建(安装)工程间接成本分配率 = \frac{土建(安装)工程分配的间接成本总额}{全部土建工程直接成本(安装工程人工费)总额}$$
(5-8)

某土建(安装)分配的间接成本 = 该土建工程直接成本(安装工程人工费)
×土建(安装)工程间接成本分配率 　　(5-9)

五、成本分析

施工项目的成本分析，就是以会计核算提供的成本信息为依据，按照一定程序，运用专门科学的方法，对成本计划（预算）的执行过程、结果和原因进行研究，据以评价企业成本管理工作，并寻求进一步降低成本的途径（包括项目成本中的有利偏差的挖潜和不利偏差的纠正）。通过成本分析，可从账簿、报表反映的成本现象看清成本的实质，从而增强项目成本的透明度和可控性，为加强成本控制，实现项目成本创造条件。由此可见，施工项目成本分析是施工项目成本管理的重要组成内容。

由于施工项目成本涉及的范围很广，需要分析的内容也很多，所以，应该在不同的情况下采取不同的分析方法。下面介绍成本分析的基本方法。

（一）综合指标法

综合指标法就是通过技术经济指标的对比，检查计划的完成情况，分析产生差异的原因，进而挖掘内部潜力的方法。这种方法，具有通俗易懂、简单易行，便于掌握的特点，因而得到了广泛的应用，但在应用时必须注意各技术经济指标的可比性。

成本分析的综合指标主要有以下6种。

（1）计划完成差额指标。计划完成差额指标是以实际完成数与计划任务数的差值来表示计划执行的绝对效果。其计算公式为：

$$计划完成差额指标 = 完成指标 - 计划指标 \quad (5-10)$$

（2）计划完成相对指标。计划完成相对指标也称计划完成百分数。它是把实际完成数与相应的计划任务数对比，借以反映计划完成程度的相对指标，一般用百分数表示。其计算公式为：

$$计划完成相对指标 = \frac{完成指标}{计划指标} \times 100\% \quad (5-11)$$

【例5-1】 某建筑工程公司下属第一项目部完成生产车间单位工程的施工，将该工程的单位成本用计划完成差额指标和计划完成相对指标进行分析，见表5-1。

表 5-1　　　　　　　　　生产车间单位成本分析表　　　　　　　　　单位：元

成本项目	单位成本		计划完成差额指标	计划完成相对指标 /%
	实际	计划		
人工费	209.16	211.76	-2.60	98.77
材料费	223.37	225.59	-2.22	99.02
机械使用费	116.68	119.12	-2.44	97.95
其他直接费	15.85	16.18	-0.33	97.96
间接成本	14.72	14.85	-0.13	99.12
合计	579.78	587.50	-7.72	98.69

(3) 比较相对指标。比较相对指标是同一时间同类现象在不同地区、企业之间的指标对比，借以反映不同地区、企业同类现象发展的差异。一般用百分比或倍数表示。其计算公式为：

$$比较相对指标=\frac{甲地区（企业）的某种指标}{乙地区（企业）的某种指标}\times100\% \quad (5-12)$$

(4) 动态相对指标。动态相对指标是同一研究对象在不同时间上的同类指标对比而得到的相对指标，用来表示某一技术经济指标在不同时间上的发展方向和变化的程度。在分析中，通常将作为比较标准的时期称为基期，把同基期对比的时期称为报告期。动态相对指标一般用百分比或倍数表示。其计算公式为：

$$动态相对指标=\frac{报告期技术经济指标}{基期技术经济指标}\times100\% \quad (5-13)$$

(5) 结构相对指标。将某一技术经济指标中各组成部分的数值与该指标的总数值对比求得的比值，称为结构相对指标。它主要用来反映现象总体的内部构成状况，揭露现象的特点、性质和发展规律。一般用百分比表示。其计算公式为：

$$结构相对指标=\frac{某指标各构成部分的数值}{指标的总数值}\times100\% \quad (5-14)$$

通过结构相对指标，可以考察成本总量的构成情况及各成本项目占成本总量的比重，同时也可看出量、本、利的比例关系（即预算成本、实际成本和降低成本的比例关系），从而为寻求降低成本的途径指明方向。

(6) 强度相对指标。强度相对指标是两个有联系，但性质不同的技术经济指标相互对比的比值。由于项目经济活动的各个方面互相联系、互相依存、互相影响，因而将两个性质不同而又相关的指标加以对比，求出比率，并以此来考察经营成果的好坏。

如产值和工资是两个不同的概念，但它们的关系又是投入与产出的关系。在一般情况下，都希望以最少的人工费支出完成最大的产值。因此，用产值工资率指标来考核人工费的支出水平，就很能说明问题。

（二）因素分析法

因素分析法是利用指数分析法，通过指数体系，分析各种因素的变动对施工项目工程成本的影响程度，从数量上说明成本变动的具体原因。因素分析法按照所分析变动因素的多少，分为两因素分析法和多因素分析法。在进行分析时，首先要假定众多因素中的一个因素发生了变化，而其他因素不变，然后逐个替换，并分别比较其计算结果，以确定各个因素的变化对成本的影响程度。

因素分析法有以下几个计算步骤。

(1) 确定分析对象（即所分析的技术经济指标），并计算出实际与计划（预算）数的差异。

(2) 确定该指标是由哪几个因素组成的，并按其相互关系进行排序。

(3) 以计划（预算）数为基础，将各因素的计划（预算）数相乘，作为分析替代的基数。

(4) 将各因素的实际数按照上面的顺序进行替换计算，并将替换后的实际数保留下来。

(5) 将每次替换计算所得的结果，与前一次的计算结果相比较，两者的差异即为该因素对成本的影响程度。

(6) 各个因素的影响程度之和,应与分析对象的总差异相等。

【例 5-2】 某工程浇注一层结构商品混凝土,实际成本比计划成本超支 39736 元。用因素分析法分析产量、单价、损耗率等因素的变动对实际成本的影响程度,见表 5-2。

表 5-2　　　　　　　　　商品混凝土计划成本与实际成本对比表

项　目	单位	计划	实际	差额
产量	m^2	400	450	+50
单价	元	760	765	+5
损耗率	%	3	2.5	-0.5
成本	元	313120	352856.25	39736.25

根据表 5-2 所列资料,进行多因素分析,求出产量、单价、损耗率等因素的变动对工程实际成本的影响程度,见表 5-3。

表 5-3　　　　　　　　商品混凝土成本变动因素分析表　　　　　　　　单位:元

项　目	连环替代计算	差异	因　素　分　析
计划数	400×760×(1+3%)=313120		
第一次替代	450×760×(1+3%)=352260	39140	由于产量增加 50m^2,成本增加 39140 元
第二次替代	450×765×(1+3%)=354577.5	2317.5	由于单价提高 5 元,成本增加 2317.5 元
第三次替代	450×765×(1+2.5%)=352856.25	-1721.25	由于损耗率降低 0.5%,成本下降 1721.25
合计	39140+2317.5-1721.25=41736.25		

需要说明的是,在应用因素分析法进行成本分析时,各个因素的替换顺序一旦改变,就会得出不同的计算结果,一般按"先实物量,后价值量;先绝对数,后相对数"的规则确定各个成本影响因素的替换顺序。

(三) 综合成本的分析方法

所谓综合成本,是指涉及多种生产要素,并受多种因素影响的成本费用,如分部分项工程成本,月(季)度成本、年度成本等。由于这些成本都是随着项目施工的进展而逐步形成的,与生产经营有着密切的关系。因此,做好上述成本的分析工作,无疑将促进项目的生产经营管理,提高项目的经济效益。

1. 分部分项工程成本分析

分部分项工程成本分析是施工项目成本分析的基础。分部分项工程成本分析的对象为已完分部分项工程。分析的方法是:进行预算成本、计划成本和实际成本的"三算"对比,分别计算实际成本与预算成本、实际成本与计划成本的偏差,分析偏差产生的原因,为今后的分部分项工程成本寻求节约途径。

分部分项工程成本分析的资料来源是:预算成本来自施工图预算,计划成本来自施工预算,实际成本来自施工任务单的实际工程量、实耗人工和限额领料单的实耗材料。

由于施工项目包括很多分部分项工程,不可能也没有必要对每一个分部分项工程都进行成本分析。特别是一些工程量小、成本费用微不足道的零星工程。但是,对于那些主要分部分项工程则必须进行成本分析,而且要做到从开工到竣工进行系统的成本分析。这是一项很有意义的工作,因为通过主要分部分项工程成本的系统分析,可以基本上了解项目成本形成的全过程，为竣工成本分析和今后的项目成本管理提供一份宝贵的参考资料。

2. 月（季）度成本分析

月（季）度的成本分析，是施工项目定期的、经常性的中间成本分析。对于有一次性特点的施工项目来说，有着特别重要的意义。因为，通过月（季）度成本分析，可以及时发现问题，以便按照成本目标指示的方向进行监督和控制，保证项目成本目标的实现。

月（季）度的成本分析的依据是当月（季）的成本报表。分析的方法，通常有以下几个方面。

(1) 通过实际成本与预算成本的对比，分析当月（季）的成本降低水平；通过累计实际成本与累计预算成本的对比，分析累计的成本降低水平，预测实现项目成本目标的前景。

(2) 通过实际成本与计划成本的对比，分析计划成本的落实情况，以及目标管理中的问题和不足，进而采取措施，加强成本管理，保证成本计划的落实。

(3) 通过对各成本项目的成本分析，可以了解成本总量的构成比例和成本管理的薄弱环节。例如，在成本分析中，发现人工费、机械费和间接费等项目大幅度超支，就应该对这些费用的收支配比关系认真研究，并采取对应的增收节支措施，防止今后再超支。如果是属于预算定额规定的"政策性"亏损，则应从控制支出着手，把超支额压缩到最低限度。

(4) 通过主要技术经济指标的实际与计划的对比，分析产量、工期、质量、"三材"节约率、机械利用率等对成本的影响。

(5) 通过对技术组织措施执行效果的分析，寻求更加有效的节约途径。

(6) 分析其他有利条件和不利条件对成本的影响。

3. 年度成本分析

企业成本要求一年结算一次，不得将本年成本转入下一年度，而项目成本则以项目的寿命周期为结算期，要求从开工到竣工到保修期结束连续计算，最后结算出成本总量及其盈亏。由于项目的施工周期一般都比较长，除了要进行月（季）度成本的核算和分析外，还要进行年度成本的核算和分析。这不仅是为了满足企业汇编年度成本报表的需要，同时也是项目成本管理的需要。因为通过年度成本的综合分析，可以总结一年来成本管理的成绩和不足，为今后的成本管理提供经验和教训，从而可对项目成本进行更有效的管理。

年度成本分析的依据是年度成本报表。年度成本分析的内容，除了月（季）度成本分析的6个方面以外，重点是针对下一年度的施工进展情况规划切实可行的成本管理措施，以保证施工项目成本目标的实现。

4. 竣工成本的综合分析

凡是有几个单位工程而且是单独进行成本核算（即成本核算对象）的施工项目，其竣工成本分析应以各单位工程竣工成本分析资料为基础，再加上项目经理部的经营效益（如资金调度、对外分包等所产生的效益）进行综合分析。如果施工项目只有一个成本核算对象（单位工程），就以该成本核算对象的竣工成本资料作为成本分析的依据。单位工程竣工成本分析应包括竣工成本分析、主要资源节超对比分析、主要技术节约措施及经济效果分析。

通过以上分析，可以全面了解单位工程的成本构成和降低成本的来源，对今后同类工程的成本管理很有参考价值。

六、成本考核

(一) 施工项目成本考核的概念

施工项目成本考核是在工程建设过程中或项目完成后,定期对项目形成过程中的各级单位成本管理的成绩或失误进行总结和评价。通过成本考核,给予责任者相应的奖励或惩罚。施工承包单位应该建立和健全工程项目成本考核制度,作为工程项目成本管理责任体系的组成部分。考核制度应对考核的目的、时间、范围、对象、方式、依据、指标、组织领导以及结论与奖惩原则等,作出明确规定。

施工项目的成本考核,可以分为两个层次:一是企业对项目经理的考核;二是项目经理对所属部门、施工队和班组的考核(对班组的考核,平时以施工队为主)。通过以上的层层考核,督促项目经理、责任部门和责任者更好地完成自己的责任成本,从而形成实现项目成本目标的层层保证体系。

(二) 成本考核的内容

施工项目成本考核的内容,应该包括责任成本完成情况的考核和成本管理工作业绩的考核。从理论上讲,成本管理工作扎实,必然会使责任成本更好地落实。但是,影响成本的因素很多,而且有一定的偶然性,往往会使成本管理工作得不到预期的效果。为了鼓励有关人员成本管理的积极性,应该对他们的工作业绩,也要通过考核做出正确的评价。

企业对项目经理可控责任成本的考核包括以下几个方面。

(1) 项目成本目标和阶段成本目标的完成情况。

(2) 建立以项目经理为核心的成本管理责任制的落实情况。

(3) 成本计划的编制和落实情况。

(4) 对各部门、各施工队和班组责任成本的检查和考核情况。

(5) 在成本管理中贯彻责、权、利相结合原则的执行情况。

除此之外,为层层落实项目成本管理工作,项目经理对所属各部门、各施工队和班组也要进行成本考核,主要考核其责任成本的完成情况。

(三) 成本考核指标

1. 企业项目成本考核指标

$$项目施工成本降低额 = 项目施工合同成本 - 项目实际施工成本 \quad (5-15)$$

$$项目施工成本降低率 = \frac{项目施工成本降低额}{项目施工合同成本} \times 100\% \quad (5-16)$$

2. 项目经理部可控责任成本考核指标

(1) 项目经理责任目标总成本降低额和降低率。

$$目标总成本降低额 = 项目经理责任目标总成本 - 项目竣工结算总成本 \quad (5-17)$$

$$目标总成本降低率 = \frac{目标总成本降低额}{项目经理责任目标总成本} \times 100\% \quad (5-18)$$

(2) 施工责任目标成本实际降低额和降低率

$$施工责任目标成本实际降低额 = 施工责任目标总成本 - 工程竣工结算总成本 \quad (5-19)$$

$$施工责任目标成本实际降低率 = \frac{施工责任目标成本实际降低额}{施工责任目标总成本} \times 100\% \quad (5-20)$$

(3) 施工计划成本实际降低额和降低率。

$$施工计划成本实际降低额 = 施工计划总成本 - 工程竣工结算总成本 \quad (5-21)$$

$$施工计划成本实际降低率 = \frac{施工计划成本实际降低额}{施工计划总成本} \times 100\% \quad (5-22)$$

施工承包单位应充分利用工程项目核算资料和报表，由企业财务审计部门对项目经理部的成本和效益进行全面审核，在此基础上做好工程项目成本效益的考核与评价，并按照项目经理部的绩效，落实成本管理责任制的激励措施。

任务三 案 例 分 析

水利工程施工成本管理若干做法

工程施工成本管理目前已经有了较为完善的理论体系，但由于参与市场竞争的施工方众多，工程项目的复杂性和技术难度亦有不同，所以目前在大体遵循成熟理论的基础上，各类大大小小的施工企业做法也有一定的区别，例如大的集团化施工企业施工成本管理体系健全，成本控制做得相对较好，而很多中小型施工企业囿于资源匮乏，在施工成本管理上比较粗放，这就是现状，下面就施工成本管理的各个阶段选取几个典型案例供大家学习。

一、工程项目施工成本管理体系构建

某水利工程项目经理部在施工项目成本管理过程中，首先，根据项目施工的要求，考虑到合同工期和施工项目进度安排，组织建立项目成本管理机构。在项目成本预测方面结合合同造价、施工图和投标文件计算出预算成本，而在企业自身特点及多年实践经验的基础上计算出计划成本，实际成本则是由施工中根据实际花费统计编制；其次，项目部组织编制施工组织设计，落实各单项工程施工方案。按照施工组织设计制订切实可行的计划成本，编制项目施工成本计划表，并根据项目成本的形成，采用价值工程和线性规划方法来控制施工成本，落实施工成本控制的各项措施，使施工成本控制在目标范围内。同时做好项目成本核算，并与项目管理责任目标成本的界定范围相一致，做到口径统一，有可比性，账账相符。

针对本工程项目特点，根据施工企业标准成本管理体系要求，建立本工程项目成本管理体系的组织机构，由项目经理、项目总工程师、项目造价工程师等相关技术人员组成施工成本管理小组，对各部门成员权限和责任以及运作情况进行全方位的管理。主要有工程部、预算部、技术部、材料部、财务部、审计部等6个成本管理职能部门，各部门均设置相应的管理人员参与成本管理工作。施工成本管理组织机构如图5-2所示。

二、施工阶段成本管理措施

某施工企业在建立适合本企业的成本管理体系后，结合施工部门在当地的工程量定额、材料耗损定额和设备定额调查，来确定项目自身需要筹备的人力、物力和财力配备。以总工程量为基础，按部门、施工队和班组建立工程施工成本目标配比数据，形成成本管理的目标责任。落实过程中，充分结合当地市场数据情况，确保施工执行的准确和可行。显性的施工成本构成来自人工、材料、机械等方面，隐性的施工成本构成则来自工程衔接安排（有无窝工情形）、工程进度跟进（有无工程管理缺失）和工程技术提升（有无新的工程施工技术）等方面。根据成本管理体系分析施工中各项工作的成本核算工作，

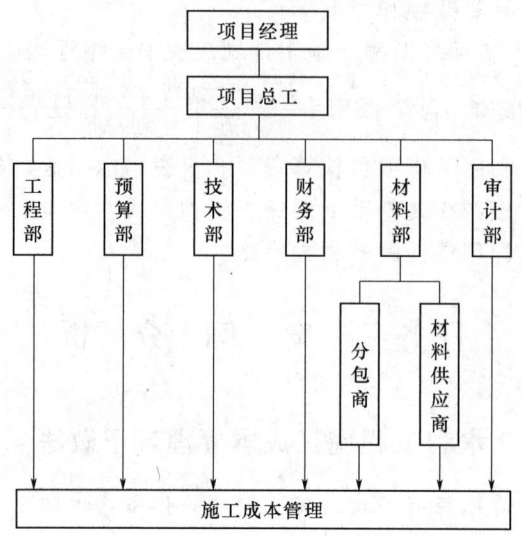

图 5-2 施工成本管理组织机构

运用成本因素分析法对成本管理有重大影响力的成本要素进行分析，找出造成成本超支的原因，分析这些原因对成本超支的影响程度。对成本超支影响大的原因进行分析论证，找出相对应的解决办法。为进一步促进施工企业经济发展，提高工程施工利润，施工成本的管理采取的具体措施有：

（1）人工费用管理。控制人工成本的主要方法是加强对人工的管理，提高人工劳动效率，对于相同的工程量而言，越少的人工消耗量越有利于降低项目人工成本。对施工组织进行优化，采用先进的施工方法，合理安排施工进度，安排好各劳务队伍的进场顺序，在遇到需要进行交叉施工的情况时，根据施工内容和工程进展情况合理安排劳务，调整施工顺序，做到既无人员闲置，又无工序延误。

（2）材料费用管理。从材料数量和材料质量两个角度入手，同等质量下出数量，同等数量下见质量。进货关口做好工程项目使用材料质量、数量的熟练掌控。如个别用量较大的材料可变通采购模式，以招标或市场竞价方式，保证材料成本性价比最优。再如用量相对较少或零星用量的材料，则要关注材料使用率问题。做好材料库存统计，也就是要从材料管控方面实现项目施工成本控制。

（3）设备费用管理。着重突出自有设备维护保养、租赁设备保持满负荷运转重要性。设备使用过程中的故障窝工带来的损失不仅仅局限于设备自身的维修费用，因窝工带来的人工、材料、进度和质量损失，相比故障维修费用，更是一个天文数字。工程项目工地租赁设备多为大中型工程机械，单价高、购置成本高，采用租赁方式对一些中小型工程项目施工具有经济性、实用性和替代性特点。对于租赁设备在成本控制角度下的使用，尤其要保障其运转的满负荷，人停设备不停，提高租赁设备利用效率，最大化节省设备使用和维护成本。

（4）非生产费用管理，主要包括围绕人员窝工、管理衔接、审批效率、制度执行等方面产生的沟通或协调成本问题。合理分配和使用施工现场工人劳力，做到一人一岗或多岗，工作时间不懈怠，在保障工程质量前提下，提高工作效率。管理衔接方面，做到人、材、机的有机统一，人尽其职、材尽其用、机尽其效（表 5-4）。

表 5-4　　　　　　　　某施工企业施工阶段成本控制分项目标

施工成本构成	成本控制	控制目标
人工费用	与工资制度挂钩、按劳分配、合理调整人员结构	节约人工费
材料费用	货比三家、降库存、限额出库，杜绝浪费	材料利用最大化
设备费用	维护保养、工序衔接合理、使用记录完备	提高设备利用率
非生产费用	一人多岗、人尽其责、力图节约	节省非生产费用

三、计划成本的分析与纠偏

某施工企业在其承建的某项目计划成本确定后，经过实际施工，对实际成本进行统计、整理、分析，当出现较大偏差时，必须及时进行纠偏，重新计算目标成本，以保证成本目标的可行性。在目标成本纠偏过程中，需要大量实际数据，需要各部门通力合作。截至 2015 年 10 月底，砌石 4820m³，经核算人工成本 44.1 万元，偏差较小，成本目标保持不变；材料成本 124.5 万元，由于材料价格上涨，与预期目标相比材料费偏大，重新计算计划成本，材料费补差 16.8 万元；机械使用成本 0.5 万元，偏差较小，保持不变；其他直接成本 7.1 万元，偏差较小，保持不变；间接成本实际为 13.5 万元，比预期目标偏大，补差 2.2 万元。为此，项目部立即对 11 月成本目标进行调整，计划砌石 3500m³，人工成本目标不变，材料成本按照最新市场价格进行调整，增加 12 万元，机械使用成本不变，其他直接成本不变，间接成本增加 1.6 万元。截至 2015 年 11 月底，计划成本与实际成本对比见表 5-5。

表 5-5　　　　　　　计划成本与实际成本对比　　　　　　　单位：万元

	目标成本	实际成本	偏差
人工成本	43.3	44.1	0.8
材料成本	107.7	124.5	16.8
机械使用成本	0.5	0.5	0
其他直接成本	6.8	7.1	0.3
间接成本	11.3	13.5	2.2

从 2015 年 10 月成本目标调整后，险工整治工程共砌石 11520m³，结算工程款 511 万。其中，人工成本 106 万元，材料成本 288 万元，机械使用成本 1 万元，其他直接成本 16 万元，间接成本 33 万元，共计成本 444 万元。通过对目标成本及时调整以及对成本的良好控制，最大限度降低实际施工成本。

项 目 学 习 小 结

本项目介绍了施工成本、施工成本管理的概念，施工成本管理的基础工作，施工成本管理的程序，施工成本管理的措施，施工成本管理的主要工作：成本预测、成本计划、成本控制、成本核算、成本分析、成本考核，以及水电施工企业责任成本管理案例研究等知识。其中施工成本管理的主要工作部分内容为教学重点。通过对本项目的学习，学生应当掌握成本计划的编制方法、成本控制方法、成本分析方法等施工成本管理的相关技能。

职业能力训练五

一、单选题

1. 根据成本信息和施工项目的具体情况，运用一定的专门方法，对未来的成本水平及其可能发展趋势做出科学的估计，这是（　　）。
   A. 施工成本控制　　　　　　　　　B. 施工成本计划
   C. 施工成本预测　　　　　　　　　D. 施工成本核算

2. 以货币形式编制施工项目在计划期内的生产费用、成本水平、成本降低率以及为降低成本所采取的主要措施和规划的书面方案，这是（　　）。
   A. 施工成本控制　　　　　　　　　B. 施工成本计划
   C. 施工成本预测　　　　　　　　　D. 施工成本核算

3. 在施工过程中，对影响施工项目成本的各种因素加强管理，并采用各种有效措施加以纠正，这是（　　）。
   A. 施工成本控制　　　　　　　　　B. 施工成本计划
   C. 施工成本预测　　　　　　　　　D. 施工成本核算

4. （　　）是指按照规定开支范围对施工费用进行归集，计算出施工费用的实际发生额，并根据成本核算对象，采用适当的方法，计算出该施工项目的总成本和单位成本。
   A. 施工成本分析　　　　　　　　　B. 施工成本考核
   C. 施工成本控制　　　　　　　　　D. 施工成本核算

5. （　　）是在成本形成过程中，对施工项目成本进行的对比评价和总结工作。
   A. 施工成本分析　　　　　　　　　B. 施工成本考核
   C. 施工成本控制　　　　　　　　　D. 施工成本核算

二、多选题

1. 施工方进度控制工作的主要环节包括（　　）。
   A. 编制施工进度计划及相关资源需求计划　B. 组织施工进度计划的实施
   C. 确定施工项目的进度目标　　　　D. 施工进度计划的检查与调整
   E. 论证施工项目的进度目标

2. 为了取得施工成本管理的理想成果，应当从多方面采取措施实施管理，通常可以将这些措施归纳为（　　）。
   A. 管理措施　　　　B. 组织措施　　　　C. 技术措施
   D. 经济措施　　　　E. 合同措施

3. 施工成本管理的主要工作包括（　　）。
   A. 成本预测　　　　B. 成本计划　　　　C. 成本控制
   D. 成本核算　　　　E. 施工计划

4. 单位工程竣工成本分析包括（　　）。
   A. 竣工成本分析
   B. 主要资源节超对比分析
   C. 主要技术节约措施及经济效果分析

D. 通过对技术组织措施执行效果的分析，寻求更加有效的节约途经
E. 分析其他有利条件和不利条件对成本的影响

5. 某商品混凝土目标成本与实际成本对比，见表5-6，关于其成本分析的说法，正确的有（　　）。

表5-6　　　　　　　　某商品混凝土目标成本与实现成本对比表

项　目	单　位	目　标	实　际
产量	m^3	600	640
单价	元	715	755
损耗	%	4	3

A. 产量增加使成本增加了28600元
B. 实际成本与目标成本的差额是51536元
C. 单价提高使成本增加了26624元
D. 该商品混凝土目标成本是497696元
E. 损耗率下降使成本减少了4832元

三、判断题

1. 施工成本管理是收集、整理有关施工项目的成本信息，并利用成本信息对施工项目进行成本控制的管理活动。（　　）

2. 施工成本管理的程序是指从成本估算开始，经编制成本计划，采取降低成本的措施，进行成本控制，直到成本核算与分析的一系列管理工作步骤。（　　）

3. 施工项目的成本计划是全项目经理部以挖掘生产潜力、节约成本为目的实行的计划。（　　）

4. 综合指标法就是通过指数体系，分析各种因素的变动对施工项目工程成本的影响程度，从数量上说明成本变动的具体原因。（　　）

5. 施工项目成本考核，就是对责任成本完成情况的考核。（　　）

项目六　工程项目质量管理

项目描述：本项目通过完成4个教学任务，学习工程项目质量管理相关概念和基础知识、项目质量控制的原理和控制方法、施工质量事故的处理等知识内容，并通过工程项目质量事故的案例分析，加深学生对工程项目质量管理的感性认知。

项目学习目标：熟悉工程项目质量管理的基础知识，掌握质量控制的基本方法。

项目学习重点：项目质量控制原理及方法。

项目学习难点：项目质量控制原理。

任务一　质量管理概述

任务描述：围绕工程项目质量管理这个概念，通过对"质量""质量管理""工程项目质量管理"这一组概念的剖析，是学生明确工程项目质量管理的内涵和范畴。

一、质量与质量管理

（一）质量

质量有广义和狭义之分，广义的质量包括产品质量、工作质量、工序质量（工程质量）的总和，即全面质量；狭义的质量是指产品质量。

1. 产品质量

产品质量是指产品适应社会生产和生活消费需要而具备的特性，它是产品使用价值的具体体现。它包括产品内在质量和外观质量两个方面。

产品的内在质量是指产品的内在属性，包括性能、寿命、可靠性、安全性、经济性5个方面。

产品的外观质量指产品的外部属性，包括产品的光洁度、造型、色彩等。

在产品的内在质量与外观质量特性中，内在质量是主要的、基本的。

产品的质量表现为不同的特性，对这些特性的评价会因为人们掌握的尺度不同而有所差异。为了避免主观因素影响，在生产、检验以及评价产品质量时，需要有一个基本的依据、统一的尺度，这就是产品的质量标准。产品的质量标准是根据产品生产的技术要求，将产品的主要的内在质量和外观质量从数量上加以规定，即对一些主要的技术参数作统一规定。我国采用的产品质量标准有：国际标准、国家标准、行业标准、企业标准。将产品实际达到的质量水平与规定的质量标准进行比较，凡是符合或超过标准的产品才能称得上是合格品。

2. 工作质量

工作质量是指企业的管理工作、技术工作和组织工作为保证产品达到质量标准而做到的程度。工作质量的高低，可以通过企业各个部门、岗位相关工作的效率、成果、效益等反映出来，并且可以使用相关产品的合格率、不合格率、次品率、返修率、废品率等指标进行衡量。

3. 工序质量

工序质量是指工序能够稳定地生产合格产品的能力，是企业质量管理工作是否取得成效的反映，通常以工序能力表示。工序质量一般是由操作者、机器设备、原材料、工艺方法、测量、环境等六大因素决定的。

（1）操作者。它包括操作工人的文化程度、技术水平、劳动态度、质量意识和身体状况等。

（2）机器设备。它包括设备及工艺装备的技术性能、工作精度、使用效率和维修状况等。

（3）材料。它包括原材料及辅助材料的性能、规格、成分和形状等。

（4）方法。它包括工艺规程、操作规程和工作方法等。

（5）测量。它包括测量器具和测量方法等。

（6）环境。它包括工作地的温度、湿度、照明、噪声和清洁卫生等。

美国著名的质量管理专家朱兰（J. M. Juran）博士从用户的角度出发，提出了产品质量就是产品的适用性，即产品的质量就是能满足用户的使用要求。

这个定义包括两个方面的内容，即使用要求和满足程度。第一，用户对产品的质量要求，通常是受使用的时段、地域特征、社会环境、经济环境、人文习惯等因素的影响，随着这些因素的特性的变化而提出不同的质量要求，它是一个动态的、变化的、发展的过程；第二，用户对产品的满足程度，是指对产品价格、款式、功能、服务、耐用性等涉及消费和使用时各因素的综合反映程度，而不是单指传统上关注产品的技术特征。因此，产品的适用性把质量关注的范围扩大至涉及产品的各项内容，丰富了质量的内涵，对质量管理工作提出了更高的要求。

（二）质量管理

质量管理是指组织为了实现质量目标而进行的各项管理活动，具体包括制定质量方针和质量目标以及质量策划、质量控制、质量保证和质量改进。

随着社会生产的不断发展，质量管理相关的内容得到不断的补充和完善，其大体经历了3个阶段：

第一阶段，质量检查（20世纪初到20世纪30年代）。美国"科学管理之父"泰勒提出在质量管理方面实行标准化工作，管理要和操作明确分工，建议增设独立的产品质量检查环节，在实践中主要表现为质检部门与岗位的设置，通过检验来保证产品质量从而进入后续工序和流程。本阶段质量管理的主要特征是"事后检验"，并不能预防不合格产品产生的问题，其作用有一定局限性。

第二阶段，统计质量管理（20世纪30—60年代）。20世纪40年代，由于第二次世界大战美国军工的质量需要，美国休哈特等统计学者提出了"战时质量管理标准"，即使用管理图、控制图表、抽样检验等方法监控生产过程中的质量，战后推广到了民族工业和其他国家的企业，内容为根据控制图对出现不合格产品时找出生产中存在的原因，进而采取有效措施，预防不合格产品的产生。到20世纪50年代中期，企业中的质量控制已逐渐演化为质量保证，质量管理的目标从避免问题发展到发现问题，通过使用复杂统计工具对产品的验收采用科学的抽样检验方法，有效地实现对产品质量的判断，实现质量检验延伸至生产环节，质量管理在企业运作环节中的作用得到加强。

第三阶段，全面质量管理（20世纪60—90年代）。20世纪60年代，朱兰、费根堡姆提出全面质量管理的理论，他们在统计质量管理的基础上，对覆盖所有职能部门的质量活动进行策划，实行全员、全过程、全方位的运作，对设备、工艺、人员及环境进行科学的管理，实现生产出具有合理成本和较高质量的产品的目标。这些理论被日本企业所接受并在实践中获得巨大的成功，使全面质量管理在全世界范围得到了广泛的应用。本阶段的主要特征是"数理统计方法与行为科学结合，注重人在管理中的作用，全面、全方位参与管理"。此时期企业中的质量管理实践表现为与质量相关的所有主体参与质量管理活动，企业质量管理延伸至企业外部特别是对消费者需求的重视。质量管理已不仅是企业的运作环节，而是企业战略的重要组成部分。

质量管理从"事后检验"到"事中抽查"再到"事前预防"，参与主体从单一质量管理部门到全员参与，统计工具与手段的不断更新、升级，可以看出质量管理每一个阶段的发展都是对前一阶段的不断丰富和发展，同时给处于该阶段的企业的生产和经营带来了巨大的帮助，质量管理在一定程度上已经成为决定企业竞争能力的战略要素。

二、工程项目质量管理

（一）工程项目质量管理的含义

工程项目质量管理是指为达到工程项目质量要求所采取的作业技术和活动。工程项目质量要求主要表现为工程合同、设计文件、规范规定的质量标准。工程项目质量管理就是为了保证达到工程合同规定的质量标准而采取的一系列措施、手段和方法。

工程项目质量管理按其实施者不同，包括以下3个方面。

（1）业主方面的质量管理。业主方面的质量管理是指监理单位受业主委托，为保证工程合同规定的质量标准对工程项目进行的质量管理。其目的在于保证工程项目能按照工程合同规定的质量要求达到业主的建设意图，取得良好的投资效益。其管理依据除国家制定的法律、法规外，主要是合同文件、设计施工图等。

（2）政府方面的质量管理。政府监督机构的质量管理是指政府建立的工程质量监督机构，根据有关法规和技术标准，对本地区（本部门）的工程质量进行监督检查。其目的在于维护社会公共利益，保证技术性法规和标准的贯彻执行。其管理依据主要是有关法律文件和法定技术标准。

（3）承包商方面的质量管理。承包商方面的质量管理是设计承包商与施工承建商在项目建造过程中对项目设计和项目施工进行的内部的、自身的管理。

（二）工程项目质量管理的特点

建设工程的特点导致建设工程质量管理较一般制造业的管理更加综合、复杂，具体表现为以下几个方面。

1. 影响因素多

建设工程质量受到诸多因素的影响，这些因素包括立项、规划、勘察、设计、施工、验收以及人员、材料、机械、工艺、操作方法、技术措施、地质、水文、气象、管理制度和社会环境等。因此，要保证建设工程的质量，必须对所有这些影响因素进行有效控制。

2. 控制难度大

由于建设产品的单件性和流动性，不具备一般工业产品生产常有的固定生产流水线、规范化的生产工艺、完善的检测技术、成套的生产设备和稳定的生产环境，不能进行标准化施工，因此工程质量容易产生波动、不易控制；再者，施工场面大、人员多、工序交接多、中间产品多、作业环境差，这些都加大了对建设工程质量控制的难度。

3. 过程管理要求高

施工的一次性，致使在项目管理过程中一旦出现失误，就很难纠正。工程项目建成后，不能像一般工业产品那样依靠终检来判断和控制产品的质量，也不可能做到工业产品那样将其拆卸或解体来检查内在质量或更换不合格的零部件，所以，工程项目的终检（竣工验收）存在一定的局限性。因此，建设工程的质量管理应强调过程管理，即对勘察、设计、采购、施工和检验等过程，边实施、边检查、边整改，及时做好相关记录。

（三）我国当前建设工程质量管理方式

随着工程建设行业的迅猛发展，我国的建筑法律体系和建设市场也在逐步完善，建设工程质量管理已形成了政府监督管理、企业保证和社会舆论监督的局面。

政府对建设工程的监督管理主要体现在两个方面：一是制定建设工程方面的法律、法规；二是依法进行监督管理。工程质量监督机构是代表国家和政府对建设工程质量实施监督管理，对企业建设项目的活动过程、质量行为和执行强制性标准的情况，用科学的手段、规范的方法和程序进行监督检查，得出科学的评价结论。政府监督管理的主要内容包括：

（1）控制市场准入，推行企业资质等级许可、专业人员执业资格和建设工程施工许可制度。

（2）监管工程质量，推行工程发包与承包、工程监理、质量责任、质量体系认证和竣工验收备案等制度。

（3）对重要的建设材料、构配件和设备，推行产品质量认证制度。

（4）推行工程质量保修制度。

企业责任主要体现在建设单位、勘察单位、设计单位、施工单位和工程监理单位依法对建设工程质量承担责任和义务。企业对工程质量的管理通常是以项目部（或项目组、监理部）为责任主体，企业为项目部提供项目质量管理必需的资源，企业相关部室和领导对项目部的质量管理进行指导和监控。目前，我国大多数的勘察单位、设计单位、施工单位和工程监理单位都已按照 GB/T 19001—2008 标准建立了质量管理体系并通过了第三方认证，这些企业在质量管理方面大多能做到制度化、标准化和规范化。

社会舆论监督在提高质量意识、监督工程质量方面所发挥的作用越来越大。近年来，通过新闻媒体对工程质量问题的批评和曝光，对优质工程的宣传和推广，已营造出重视工程质量的社会舆论氛围，并对一些不重视工程质量的行为、野蛮违法施工和对监管置若罔闻的现象起到了制止和纠正的作用。

（四）建设工程质量管理的内容

1. 质量方针

质量方针是企业经营管理总方针的重要组成部分，是企业总的质量宗旨和方向，由企业的最高管理者（如集团总裁、企业总经理）批准并正式发布。

企业通过建立并实施质量方针可以统一全体员工的质量意识，确定企业质量管理体系的方向和原则。质量方针是检验企业质量管理体系运行效果的最高标准。质量管理体系运行的各方面是否符合要求，运行效果是否达到预期的目的，都可以用质量方针进行分析和评审。

2. 质量目标

质量目标是企业经营目标的组成部分，是企业在质量方面所追求的目的，由企业管理层依据质量方针制定，质量目标通常根据企业的相关职能和层次分别进行规定。

质量目标可以体现企业的质量水平。企业的质量目标可以为员工提供其在质量方面的关注焦点，可以帮助企业合理地分配和利用资源。通过对质量目标完成情况的考核、评审，企业可以发现质量管理中的问题并进行改进。通过调整质量目标，企业可以达到改进质量管理体系的目的。

3. 质量职责

质量职责是企业岗位职责的组成部分，是企业对从事与质量有关的管理、执行和验证人员规定的责任、权限和相互关系。质量职责通常由企业管理层制定并按部门和岗位分别进行规定。

质量职责可以作为人员招聘、调配和考核的依据，可以规范操作行为，有效防止因职务重叠而发生的工作扯皮现象的出现，提高工作效率和工作质量，减少违章行为和违章事故的发生。

4. 质量策划

企业通常针对质量目标、质量管理体系、工程项目和质量管理过程进行质量策划。质量策划是实施质量控制、质量保证和质量改进的前提和基础。质量策划在高品质、低碳化、低成本和短工期的条件下，作用十分重要。策划不仅是保证质量目标实现的基础，而且是实现持续创新的核心手段。因此，质量管理的可持续关键在于质量策划的水平。

5. 质量控制

质量控制活动主要是企业内部的生产管理，是指为达到和保持质量而进行控制的技术措施和管理措施方面的活动。质量检验从属于质量控制，是质量控制的重要活动。

6. 质量保证

质量保证多用于有合同的场合，是在企业质量管理体系内实施并根据需要进行证实的全部有计划、有系统的活动，其主要目的是使顾客确信产品或服务能满足规定的质量要求。

7. 质量改进

质量改进是在企业范围内所采取的提高活动和过程的效果与效率的措施，是对现有的质量水平在控制的基础上加以提高，使质量达到一个新水平、新高度。

（五）质量管理工作的常用方法——PDCA

PDCA 是质量管理最基本也最常用的方法。PDCA 循环（图 6-1）又叫质量环，是管理学中的一个通用模型，最早由休哈特于 1930 年构想，后来被美国质量管理专家戴明博士在 1950 年再度挖掘出来，并加以广泛宣传和运用于持续改善产品质量的过程中。PDCA 是计划（Plan）、执行（Do）、检查（Check）和处理（Action）的英文首字母缩写，PDCA 循环就是按照这样的顺序进行质量管理，并且循环不止地进行下去的科学程序。

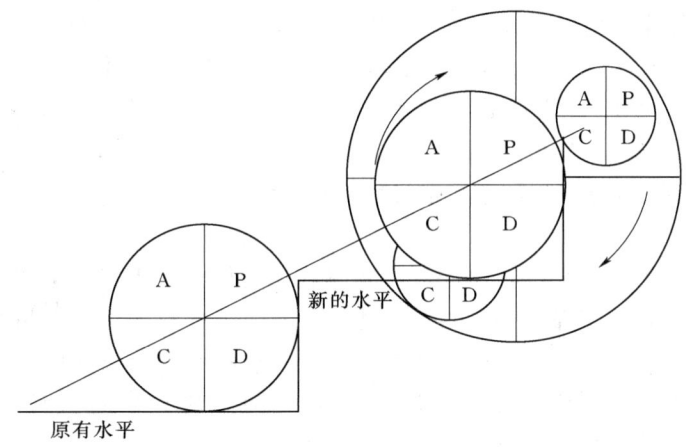

图 6-1　PDCA 循环

任务二　项目质量控制

任务描述：理解项目质量控制的原理，掌握项目质量控制方法。

一、项目质量控制的原理

控制是项目质量管理的重要活动。在管理学中，控制通常是指管理人员按计划标准来衡量所取得的成果，纠正所发生的偏差，使目标和计划得以实现的管理活动。管理首先开始于确定目标和制订计划，继而进行组织和人员配备，并进行有效的领导，一旦计划付诸实施或运行，就必须进行控制和协调，检查计划实施情况，找出偏离目标和计划的误差，确定应采取的纠正措施，以实现预定的目标和计划。

（一）控制流程

不同的控制系统都有区别于其他系统的特点，但同时又都存在许多共性。一般性的控制流程图，如图 6-2 所示。

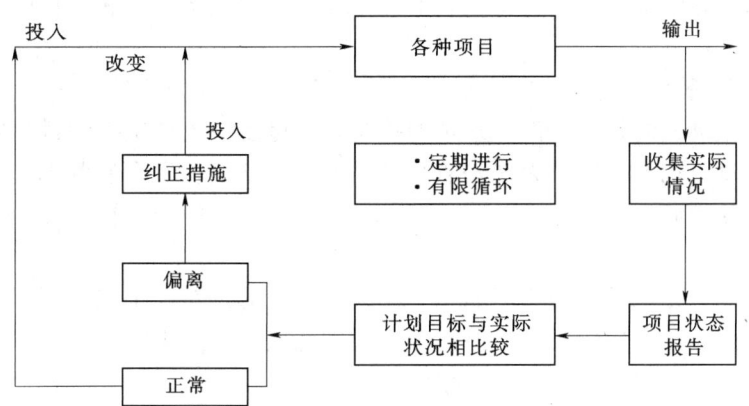

图 6-2　控制流程图

由于项目在实施过程中所受到很多因素的影响，因而实际质量状况偏离质量目标和质量计划的情况是经常发生的。这就需要在项目实施过程中，通过对目标、过程和活动的跟踪，

项目六 工程项目质量管理

全面、及时、准确地掌握有关信息，将项目实际质量状况与质量目标和质量计划进行比较。如果偏离了目标和计划，就需要采取纠正措施，或改变投入，或修改计划，使项目能在新的计划状态下进行。而任何控制措施都不可能一劳永逸，原有的矛盾和问题解决了，还会出现新的矛盾和问题，需要不断地进行控制，这就是项目质量的动态控制原理。上述控制流程是一个不断循环的过程，直至项目交付验收使用，因而项目的质量控制是一个有限循环过程。

对于项目质量控制系统来说，由于收集实际数据、偏差分析、制定纠偏措施都主要是由项目质量控制人员来完成，都需要时间，这些工作不可能同时进行并在瞬间内完成，因而其控制实际上表现为周期性的循环过程。通常，在项目质量管理的实践中，常规质量控制问题的控制周期按周或月计，而严重的项目质量问题和事故，则需要及时加以控制。

（二）主动控制和被动控制

根据划分依据的不同，可将控制分为不同的类型。例如，按照控制措施作用于控制对象的时间，可分为事前控制、事中控制和事后控制；按照控制信息的来源，可分为前馈控制和反馈控制；按照控制过程是否形成闭合回路，可分为开环控制和闭环控制，按照控制措施制定的出发点不同分为主动控制和被动控制。控制类型的划分是人为的（主观的），是根据不同的分析目的加以选择的，而控制措施本身是客观的。因此，同一控制措施可以表述为不同的控制类型，或者说，不同划分依据的不同控制类型之间存在内在的同一性。下面我们主要讨论主动控制和被动控制。

1. 主动控制

所谓主动控制，是在预先分析各种风险因素及导致目标偏离的可能性和程度的基础上，拟订和采取有针对性的预防措施，从而减少乃至避免目标偏离。

主动控制也可以表述为其他不同的控制类型：

（1）主动控制是一种事前控制。它必须在计划实施之前就采取控制措施，以降低目标偏离的可能性或其后果的严重程度，起到防患于未然的作用。

（2）主动控制是一种前馈控制。它主要是根据已建同类项目实施情况的综合分析结果，结合拟建项目的具体情况和特点，将教训上升为经验，用以指导拟建项目的实施，避免重蹈覆辙。

（3）主动控制通常是一种开环控制。

综上所述，主动控制是一种面对未来的控制，它可以解决传统控制过程中存在的时滞影响，尽最大可能避免偏差已经成为现实的被动局面，降低偏差发生的概率及其严重程度，从而使目标得到有效控制。

2. 被动控制

所谓被动控制，是从计划的实际输出中发现偏差，通过对产生偏差原因的分析，研究制定纠偏措施，以使偏差得以纠正，从而使项目的实施恢复到原来的计划状态；或虽然不能恢复到计划状态，但可以减少偏差的严重程度。

被动控制也可以表述为其他的控制类型：

（1）被动控制是一种事中控制和事后控制。它是在计划实施过程中对已经出现的偏差采取控制措施。它虽然不能降低目标偏离的可能性，但可以降低目标偏离的严重程度，并将偏差控制在尽可能小的范围内。

（2）被动控制是一种反馈控制。它是根据本项目的实施情况（即反馈信息）的综合分析结果进行的控制，其控制效果在很大程度上取决于反馈信息的全面性、及时性和可靠性。

（3）被动控制是一种闭环控制。闭环控制即循环控制，也就是说，被动控制表现为一个循环过程：发现偏差，分析产生偏差的原因，研究制定纠偏措施并预计纠偏措施的成效，落实并实施纠偏措施，产生实际成效，收集实际实施情况，对实施的实际效果进行评价，将实际效果与预期效果进行比较，发现偏差……直至整个项目完成。

综上所述，被动控制是一种面对现实的控制。虽然目标偏离已成为客观事实，但是，通过被动控制措施，仍然可能使工程实施恢复到计划状态，至少可以减少偏差的严重程度。不可否认，被动控制仍然是一种有效的控制，也是十分重要而且经常运用的控制方式。因此，对被动控制应当予以足够的重视，并努力提高其控制效果。

3. 主动控制与被动控制的关系

由以上分析可知，在项目开发过程中，如果仅仅采取被动控制措施，出现偏差是不可避免的，而且偏差可能有累积效应，即虽然采取了纠偏措施，但偏差可能越来越大，从而难以实现预定的目标。主动控制的效果虽然比被动控制好，但是，仅仅采取主动控制措施往往是不现实的，或者说是不可能的。因为，项目开发过程中有相当多的风险因素是不可预见甚至是无法防范的，如政治、社会、自然等因素。而且，采取主动控制措施往往要付出一定的代价，即耗费一定的资金和时间，对于那些发生概率小，且发生后损失也较小的风险因素，采取主动控制措施有时可能是不经济的。这表明，是否采取主动控制措施以及究竟采取什么主动控制措施，应在对风险因素进行定量分析的基础上，通过技术经济分析和比较来决定。在某些情况下，被动控制可能是较佳的选择。因此，对于项目质量控制来说，主动控制和被动控制两者缺一不可，都是实现项目质量目标所必须采取的控制方式，应将主动控制与被动控制紧密结合起来。

二、项目不同阶段的质量控制简述

项目的不同阶段对其质量起着不同的作用，有着不同的影响，所以其质量控制的重点也不相同。

（一）项目决策阶段的质量控制

项目决策阶段的核心工作包括项目的可行性研究和项目决策。项目的可行性研究直接影响项目的决策质量和设计质量。所以，在项目的可行性研究中，应进行方案比较，提出对项目质量的总体要求，使项目的质量要求和标准符合项目所有者的意图，并与项目的其他目标相协调，与项目环境相协调。

项目决策是影响项目质量的关键阶段，项目决策的结果应能充分反映项目所有者对质量的要求和意愿。在项目决策过程中，应充分考虑项目费用、时间、质量等目标之间的对立统一关系，确定项目应达到的质量目标和水平。

（二）项目规划设计阶段的质量控制

项目规划设计阶段是影响项目质量的决定性环节，没有高质量的规划设计就没有高质量的项目。在项目规划设计过程中，应针对项目特点，根据决策阶段已确定的质量目标和水平，使其具体化。设计质量是一种适合性质量，即通过设计，应使项目质量适应项目使用的要求，以实现项目的使用价值和功能，应使项目质量适应项目环境的要求，使项目在其生命周期内安全、可靠；应使项目质量适应用户的要求，使用户满意。实现设计阶段质量控制的主要方法是方案优选、价值工程等。

（三）项目实施阶段的质量控制

项目实施是项目实体形成的重要阶段，是项目质量控制的重点。项目实施阶段所实现的质量是一种符合性质量，即实施阶段所形成的项目质量应符合规划设计要求。

项目实施阶段是一个从输入转化到输出的系统过程。项目实施阶段的质量控制，也是一个从对投入品的质量控制开始，到对产出品的质量控制为止的系统控制过程。

项目实施阶段的不同环节，其质量控制的工作内容不同。根据项目实施的不同时间阶段可以将项目实施阶段的质量控制分为事前控制、事中控制和事后控制。

1. 事前质量控制

在项目实施前所进行的质量控制就称为事前质量控制，其控制的重点是做好项目实施的准备工作，且该项工作应贯穿于项目实施全过程。其主要工作内容主要有以下几个方面。

（1）技术准备。熟悉和审查项目的有关资料、图样；调查分析项目的自然条件、技术经济条件；确定项目实施方案及质量保证措施；确定计量方法和质量检测技术等。

（2）物质准备。对项目所需材料、所购配件的质量进行检查与控制，对永久性生产设备或装置进行检查与验收，对项目实施中所使用的设备或装置应检查其技术性能，不符合质量要求的不能使用，准备必备的质量检测设备、机器及质量控制所需的其他物质。

（3）组织准备。建立项目组织机构及质量保证体系，指派管理者代表，对项目参与人员分层次进行培训教育，提高其质量意识和素质，建立与保证质量有关的岗位责任制等。

（4）现场准备。不同的项目，现场准备的内容亦不相同。例如，建筑施工项目的现场准备包括控制网、水准点标校的测量，"五通一平"，生产、生活临时设施等的准备，组织机器、材料进场，拟定有关试验、试制和技术进步计划等；软件开发项目的现场准备包括清理机房、安装调试硬件设备、调试网络等。

2. 事中质量控制

在项目实施过程中所进行的质量控制就是事中控制。事中质量控制的策略是：全面控制实施过程，重点控制工序或工作质量。其具体措施是：工序交接有检查；质量预控有对策；项目实施有方案；质量保证措施有交底；动态控制有方法；配制材料有试验；隐蔽工程有验收；项目变更行手续；质量处理有复查；行使质控有否决；质量文件有档案。

3. 事后质量控制

一个项目、工序或工作完成后形成成品或半成品的质量控制称为事后质量控制。事后质量控制的重点是进行质量检查、验收及评定。

（四）项目最终结束验收阶段的质量控制

项目最终完成后，应进行全面的质量检查评定，判断项目是否达到其质量目标。对于工程类项目，还应组织竣工验收。

三、项目质量控制方法

质量管理作为一门科学，其发展过程大致经历了3个阶段，即质量检验阶段、统计质量控制阶段和全面质量管理阶段。就解决质量问题所使用的技术和方法而论，上述3个阶段的后一阶段是在前一阶段的基础上逐步发展起来的。因此，在进行全面质量管理时，还要继续使用统计质量控制方法和抽样检验方法（即"统计质量管理"）。统计质量管理是20世纪30年代发展起来的科学管理理论与方法，它把数理统计方法应用于产品生产过程的抽样检验，利用样本质量特性数据的分布规律，分析和推断生产过程总体质量的状况，改变了传统的事后把关的质量控制方式。质量管理中常用的统计方法有7种：排列图法、因果分析图法、频数分布直方图法（立方图法）、控制图法、相关图法、分层法和统计调查表法。这7种方法通常又称为质量管理的"7种工具"。

（一）排列图法

排列图法是用来寻找影响项目质量主要因素的一种常用的统计分析工具。排列图又称帕累托图或主次因素分析图，是根据意大利经济学家帕累托提出的"关键的少数和次要的多数"原理，由美国质量管理学家朱兰（J.M.Juran）发明的一种质量管理图形，它是由两个纵坐标、一个横坐标、几个连起来的直方形和一条曲线所组成，如图6-3所示。左纵坐标表示频数，即某种因素发生的次数；右纵坐标表示频率，即某种因素发生的累计频率；横坐标表示影响项目质量的各个因素或项目，按影响质量程度的大小，从左到右依次排列。该图由若干个按频数大小依次排列的直方柱和一条累计频率曲线所组成。

1. 排列图的作图步骤

（1）确定分析对象。它一般指不合格项目、废品件数、消耗工时等。

（2）收集与整理数据。它可按废品项目、缺陷项目、不同操作者等进行分类，列表汇总每个项目发生的数量即频数 f_i，按大小进行排列。

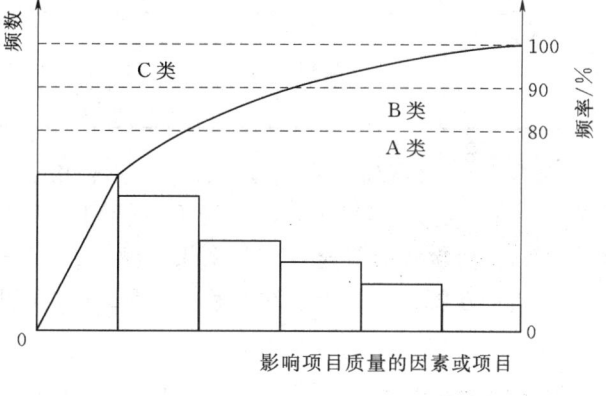

图6-3 排列图

（3）计算频数 f_i、频率 $p_i\%$、累计频率 F_i 等。

（4）画图。排列图有两个纵坐标，一个横坐标。左边的纵坐标表示频数 f_i，右边的纵坐标表示频率 p_i；横坐标表示质量项目，按其频数大小从左向右排列；各矩形的底边相等，其高度表示对应项目的频数。

（5）根据排列图，确定主要因素、有影响因素、次要因素。

主要因素指累计频率 F_i 在0～80%左右的若干因素。它们是影响产品质量的关键原因，又称为A类因素。其个数为1～2个，最多3个。

次要因素指累计频率 F_i 在80%～90%左右的若干因素。它们对产品质量有一定的影响，又称为B类因素。

一般因素指累计频率 F_i 在90%～100%左右的若干因素。它们对产品质量仅有轻微影响，又称为C类因素。

【例6-1】 表6-1表示对某项模板施工精度进行抽样检查，得到150个不合格点数的统计数据。然后按照质量特性不合格点数（频数）从大到小的顺序，重新整理为表6-2，并分别计算出累计频数和累计频率。

表 6-1　　　　　　　　　　　不合格点数统计表

序号	检查项目	不合格点数	序号	检查项目	不合格点数
1	轴线位置	1	5	平面水平度	15
2	垂直度	8	6	表面平整度	75
3	标高	4	7	预埋设施中心位置	1
4	见面尺寸	45	8	预留孔洞中心位置	1

表 6-2　　　　　　　　　　　不合格点项目频数统计表

序号	项目	频数	频率/%	累计频率/%
1	表面平整度	75	50.0	50.0
2	截面尺寸	45	30.0	80.0
3	平面水平度	15	10.0	90.0
4	垂直度	8	5.3	95.3
5	标高	4	2.7	98.0
6	其他	3	2.0	100.0
合计		150	100	

根据表 6-2 的统计数据画构建尺寸不合格点排列图，如图 6-4 所示，并将其中累计频率在 0~80% 定为 A 类问题，进行重点管理；将累计频率在 80%~90% 区间的问题定为 B 类问题，作为次重点管理；将其余累计频率在 90%~100% 区间的问题定为 C 类问题，按照常规适当加强管理。以上方法也称为 ABC 分类管理法。

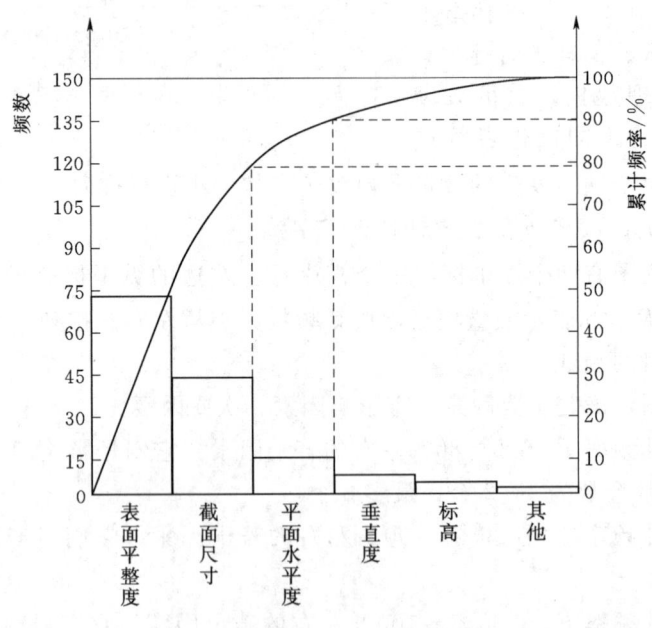

图 6-4　构件尺寸不合格点排列图

2. 排列图的应用

(1) 按不合格点的缺陷形式分类，可以分析出造成质量问题的薄弱环节。

(2) 按生产作业分类，可以找出生产不合格品最多的关键过程。

(3) 按生产班组或单位分类,可以分析比较各单位技术水平和质量管理水平。
(4) 将采取提高质量措施前后的排列图对比,可以分析采取的措施是否有效。
此外,排列图还可以用于成本费用分析、安全问题分析等。

(二) 因果分析图法

1. 因果分析图法的概念

因果分析图法是利用因果分析图来系统整理分析某个质量问题(结果)与其产生原因之间关系的有效工具。因果分析图也称特性要因图,因其形状又常被称为树枝图或鱼刺图。因果分析图的基本形式,如图 6-5 所示。

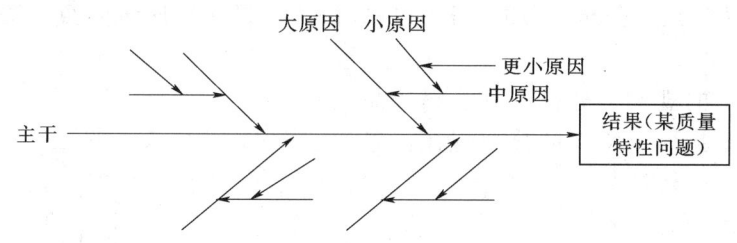

图 6-5 因果分析图的基本形式

2. 因果分析图的绘制步骤

(1) 明确质量问题——结果。画出质量特性的主干线,箭头指向右侧的一个矩形框,框内注明研究的问题,即结果。
(2) 分析确定影响质量特性的主要原因。它主要从人、机、料、工艺、环境方面分析。
(3) 将主要原因进一步分解为重要原因、次要原因,直至可以采取具体措施加以解决为止。
(4) 检查图中所列原因是否齐全,做必要的补充及修改。
(5) 选择出影响较大的因素做出标记,以便重点采取措施。

图 6-6 为混凝土强度不足的因果分析图。

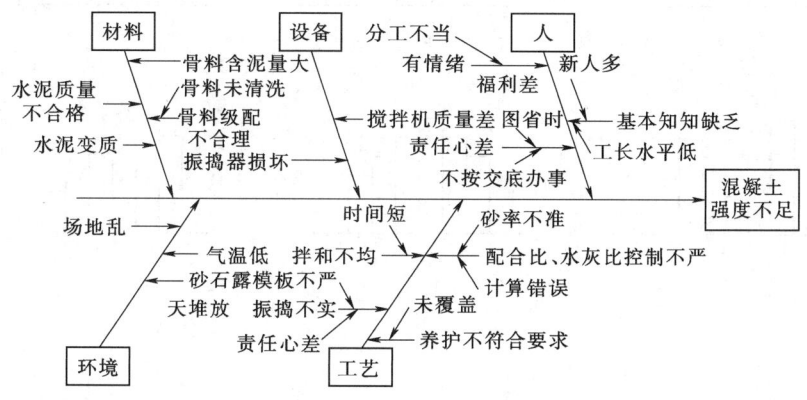

图 6-6 混凝土强度不足的因果分析图

3. 使用和绘制图果分析图的注意事项

(1) 要充分发扬民主,把各种意见都记录、整理入图。一定要请当事人、知情人到会并发言,介绍情况,发表意见。

(2) 主要原因、关键原因越具体，改进措施的针对性就越强。主要原因、关键原因初步确定后，应到现场去落实、验证主要原因，再制定出切实可行的措施去解决。

(3) 不要过分追究个人责任，而要注意从组织上、管理上找原因。实事求是地提供质量数据和信息，不互相推脱责任。

(4) 尽可能用数据反映问题、说明问题。

（三）直方图法

1. 直方图的用途

直方图法即频数分布直方图法，它是将收集到的质量数据进行分组整理，绘制成频数分布直方图，用以描述质量分布状态的一种分析方法，所以又称质量分布图法，图6-7为频率直方图。

通过对直方图的观察与分析，可了解产品质量的波动情况，掌握质量特性的分布规律，以便对质量状况进行分析判断。

2. 直方图的观察与分析

观察直方图的形状，可判断质量分布状态。作完直方图后，首先要认真观察直方图的整体形状，看其是否属于正常型直方图，如图6-8所示。正常型直方图就是中间高、两侧低、左右接

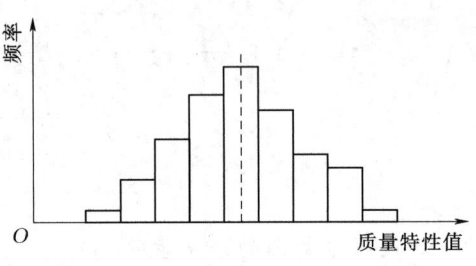

图6-7 频率直方图

近对称的图形。出现非正常型直方图时，表明生产过程或收集数据作图有问题。这就要求进一步分析判断，找出原因，从而采取措施加以纠正。凡属非正常型直方图，其图形分布有各种不同缺陷。以孔轴的机械加工为例，非正常型直方图归纳起来一般有以下7种类型。

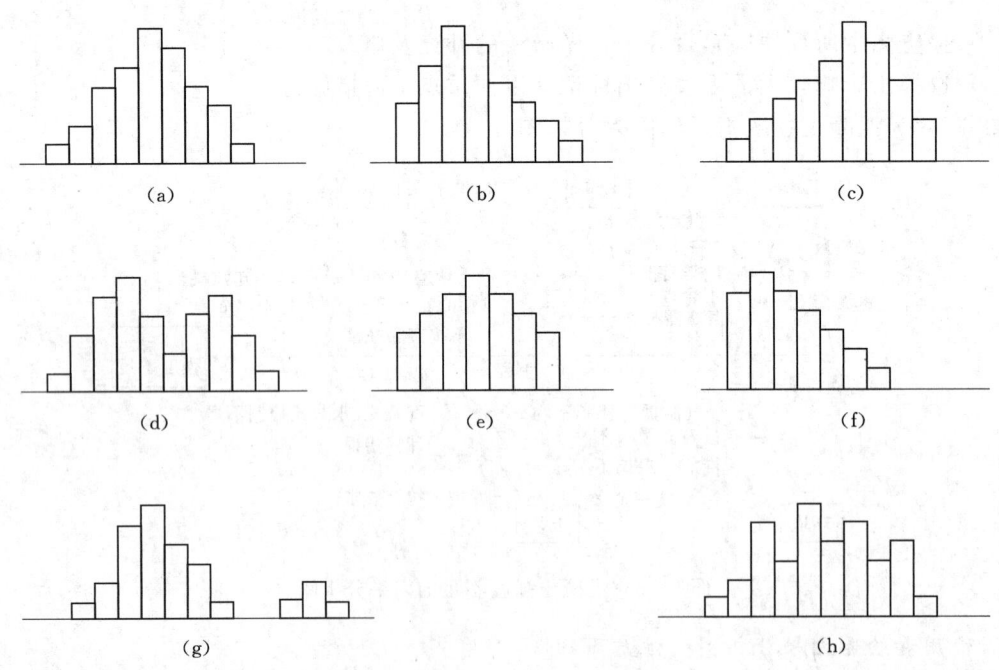

图6-8 各种形状的直方图

(a) 正常型；(b) 左偏峰型；(c) 右偏峰型；(d) 双峰型；(e) 平峰型；(f) 高端型；(g) 孤岛型；(h) 锯齿型

(1) 正常型。图6-8 (a) 图形中央有一顶峰,左右大致对称,这时工序处于稳定状态,属正常型。

(2) 偏向型。图6-8 (b)、(c) 图形有偏左、偏右两种情形,原因有以下几种。

1) 一些形位公差（包括形状公差和位置公差）要求的特性值是偏向分布。

2) 加工者担心出现不合格品,在加工孔时往往偏小,加工轴时往往偏大。

(3) 双峰型。图6-8 (d) 图形出现两个顶峰极可能是由于把不同加工者或不同材料、不同加工方法、不同设备生产的两批产品混在一起形成的。

(4) 平峰型。图6-8 (e) 图形无突出顶峰,通常由于生产过程中缓慢变化因素影响（如刀具磨损）而造成。

(5) 高端型。图6-8 (f) 由于数据收集不正常,可能有意识地去掉下限以下的数据,或是在检测过程中存在某种人为因素而造成。

(6) 孤岛型。图6-8 (g) 图形是由于测量有误或生产中出现异常（原材料变化、刀具严重磨损等）而造成。

(7) 锯齿型。图6-8 (h) 图形呈锯齿状参差不齐,多半是由于分组不当或检测数据不准而造成。

(四) 控制图法

1. 控制图的基本形式及用途

控制图又称管理图,它是在直角坐标系内画有控制界限,描述生产过程中产品质量波动状态的图形,利用控制图区分质量波动原因判明生产过程是否处于稳定状态,提醒人们不失时机地采取措施,使质量始终处于受控状态。

(1) 控制图的基本形式。控制图基本形式,如图6-9所示。横坐标为样本（子样）序号或抽样时间,纵坐标为被控制对象,即被控制的质量特性值。控制图上一般有两条线：在上面的一条虚线称为上控制界限,用符号UCL表示；在下面的一条虚线称下控制界限,用符号LCL表示；中间的一条实线称为中线,用符号CL表示。中心线标志着质量特性值分布的中心位置,上下控制界限标志着质量特性值允许的波动范围。

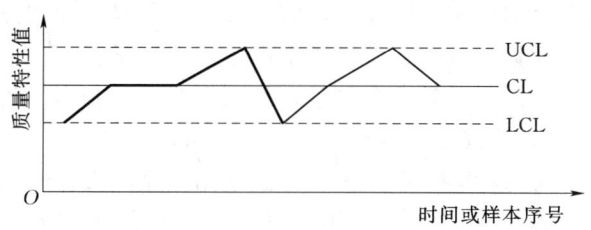

图6-9 控制图基本形式

在生产过程中通过抽样取得数据,把样本统计量描绘在图上来分析判断生产过程状态。如果点子随机地落在上、下控制界限内,则表明生产过程正常,处于稳定状态,不会产生不合格品；如果点子超出控制界限,或点子排列有缺陷,则表明生产条件发生了异常变化,生产过程处于失控状态。

(2) 控制图的用途。控制图是用样本数据来分析判断生产过程是否处于稳定状态的有效工具。它的用途主要有以下两个。

1) 过程分析,即分析生产过程是否稳定。为此,应随机连续收集数据,绘出控制图,观察数据点分布情况并判定生产过程状态。

2) 过程控制,即控制生产过程质量状态。为此,要定时抽样取得数据,将其变为点子描绘在图上,发现并及时消除生产过程中的失调现象,预防不合格品的产生。

2. 控制图的分类

(1) 按用途分类。

1) 分析用控制图,主要是用来调查分析生产过程是否处于控制状态。绘制分析用控制图时,一般需连续抽取20~25组样本数据,计算控制界限。

2) 管理(或控制)用控制图,主要用来控制生产过程,使之经常保持在稳定状态下。

当根据分析用控制图判明生产处于稳定状态时,一般都是把分析用控制图的控制界限延长作为管理用控制图的控制界限,并按一定的时间间隔取样、计算、打点,根据点子分布情况,判断生产过程是否有异常因素影响。

(2) 按质量数据特点分类。

1) 计量值控制图,主要适用于质量特性值属于计量值的控制,如时间、长度、质量、强度、成分等连续型变量。

2) 计数值控制图,通常用于控制质量数据中的计数值,如不合格品数、疵点数、不合格品率、单位面积上的疵点数等离散型变量。根据计数值的不同又可分为计件值控制图和计点值控制图。

3. 控制图的观察与分析

绘制控制图的目的是分析判断生产过程是否处于稳定状态。这主要是通过对控制图上点子的分布情况的观察与分析进行,因为控制图上点子作为随机抽样的样本,可以反映出生产过程(总体)的质量分布状态。

当控制图同时满足以下两个条件,就可以认为生产过程基本上处于稳定状态:一是点子几乎全部落在控制界限之内;二是控制界限内的点子排列没有缺陷。如果点子的分布不满足其中任何一条,都应判断生产过程为异常。

(1) 点子几乎全部落在控制界线内,是指应符合下述3个要求。

1) 连续25点以上处于控制界限内。

2) 连续35点中仅有1点超出控制界限。

3) 连续100点中不多于2点超出控制界限。

(2) 点子排列没有缺陷,是指点子的排列是随机的,而没有出现异常现象。这里的异常现象是指点子排列出现了链、多次同侧、趋势或倾向、周期性变动、接近控制界限等情况。

1) 链,指点子连续出现在中心线一侧的现象。出现5点链,应注意生产过程发展状况;出现6点链,应开始调查原因;出现7点链,应判定工序异常,需采取处理措施,如图6-10 (a) 所示。

2) 多次同侧,指点子在中心线一侧多次出现的现象,或称偏离。下列情况说明生产过程已出现异常:在连续11点中有10点在同侧,如图6-10 (b) 所示;在连续14点中有12点在同侧;在连续17点中有14点在同侧;在连续20点中有16点在同侧。

3) 趋势或倾向,指点子连续上升或连续下降的现象。连续7点或7点以上上升或下降排列,就应判定生产过程有异常因素影响,要立即采取措施,如图6-10 (c) 所示。

4) 周期性变动,即点子的排列显示周期性变化的现象。这样即使所有点子都在控制界限内,也应认为生产过程为异常,如图6-10 (d) 所示。

5) 点子排列接近控制界限,如属下列情况的判定为异常:连续3点至少有2点接近控制界限，连续 7 点至少有 3 点接近控制界限，连续 10 点至少有 4 点接近控制界限，如图 6-10（e）所示。

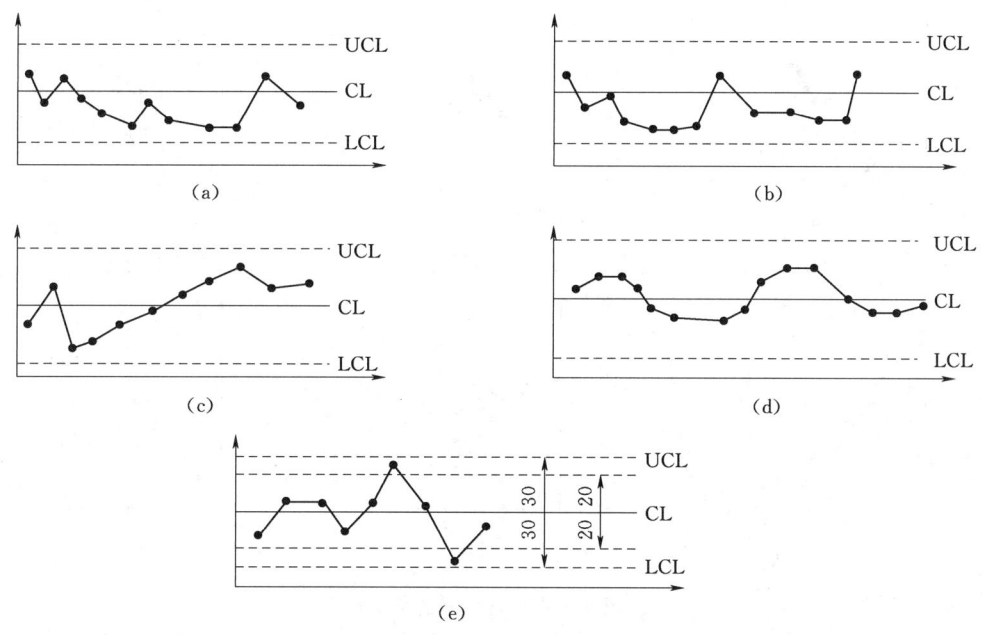

图 6-10 点子排列的异常现象
(a) 链；(b) 多次同侧；(c) 趋势或倾向；(d) 周期性变动；(e) 点子排列接近控制界限

以上是用控制图分析判断生产过程是否正常的准则。如果生产过程处于稳定状态，则把分析用控制图转为管理用控制图。分析用控制图是静态的，而管理用控制图是动态的。随着生产过程的进展，通过抽样取得质量数据，把点描在图上，随时观察点子的变化：一是点子落在控制界限外或界限上，即判断生产过程异常；二是点子即使在控制界限内，也应随时观察其有无缺陷，以对生产过程正常与否做出判断。

（五）相关图法

相关图又称散布图。在质量管理中它是用来显示两种质量数据之间关系的一种图形。质量数据之间的关系多属相关关系。一般有 3 种类型：一是质量特性和影响因素之间的关系；二是质量特性和质量特性之间的关系；三是影响因素和影响因素之间的关系。可以用 y 和 x 表示质量特性值和影响因素，通过绘制散布图、计算相关系数等，分析研究两个变量之间是否存在相关关系，以及这种关系密切程度如何，进而研究相关程度密切的两个变量，通过对其中一个变量的观察控制，去估计控制另一个变量的数值，以达到保证产品质量的目的。这种统计分析方法，称为相关图法。

相关图中的数据点的集合，反映了两种数据之间的散布状况，根据散布状况可以分析两个变量之间的关系。归纳起来，有以下 6 种类型，如图 6-11 所示。

(1) 正相关［图 6-11（a）］。散布点基本形成由左至右向上变化的一条直线带，即随 x 增加，y 值也相应增加，说明 x 与 y 有较强的制约关系，可通过对 x 控制而有效控制 y 的变化。

(2) 弱正相关［图 6-11（b）］。散布点形成向上较分散的直线带，随 x 值的增加，y 值也有增加趋势，但 x、y 的关系不像正相关那么明显，说明 y 除受 x 影响外，还受其他更重要的因素影响，需进一步利用因果分析图法分析其他的影响因素。

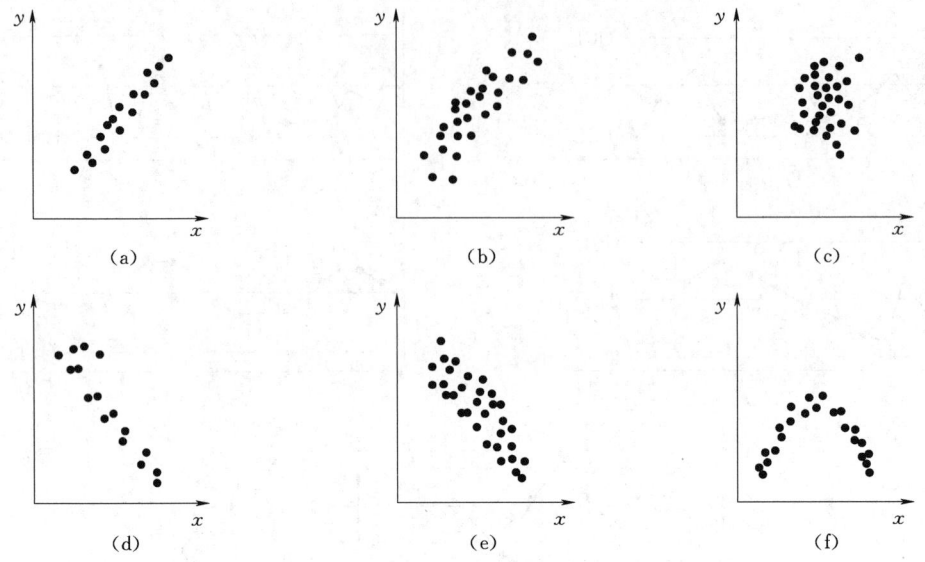

图 6-11 散布图的类型

(a) 正相关；(b) 弱正相关；(c) 不相关；(d) 负相关；(e) 弱负相关；(f) 非线性相关

（3）不相关 [图 6-11（c）]。散布点形成一团或平行于 x 轴的直线带，说明 x 变化不会引起 y 的变化或其变化无规律，分析质量原因时可排除 x 因素。

（4）负相关 [图 6-11（d）]。散布点形成由左至右向下的一条直线带，说明 x 对 y 的影响与正相关恰恰相反。

（5）弱负相关 [图 6-11（e）]。散布点形成由左至右向下分布的较分散的直线带，说明 x 与 y 的相关关系较弱，且变化趋势相反，应考虑寻找影响 y 的其他更重要的因素。

（6）非线性相关 [图 6-11（f）]。散布点呈一曲线带，即在一定范围内 x 增加，y 也增加；超过这个范围，x 增加 y 则有下降趋势。

（六）分层法

分层就是把所收集的数据进行合理分类，把性质相同、在同一生产条件下收集的数据归在一起，把划分的组叫做"层"，通过数据分层把错综复杂的影响质量因素分析清楚。分层法又称分类法，是将调查搜集的原始数据，根据不同的目的和要求，按某一性质进行分组、整理的分析方法。分层的结果使数据各层间的差异突出地显示出来，层内的数据差异减少。在此基础上再进行层间、层内的比较分析，可以更深刻地发现和认识质量问题的本质和规律。由于产品质量是多方面因素共同作用的结果，因而对同一批数据，可以按不同性质分层，从不同角度来考虑、分析产品存在的质量问题和影响因素。

常用的分层标志有：按操作班组或操作者分层，按机械设备型号、功能分层，按工艺、操作方法分层，按原材料产地或等级分层，按时间顺序分层。

（七）统计调查表法

统计调查表法是利用专门设计的统计调查表，进行数据收集、整理和分析质量状态的一种方法。在质量管理活动中，利用统计调查表收集数据，简便灵活，便于整理。它没有固定的格式，一般可根据调查的项目，设计不同的格式。为了能够获得良好的效果、可比性、全面性和准确性，调查表格设计应简单明了，突出重点；应填写方便，符号好记；调查、加工和检查的程序与调查表填写次序应基本一致，填写好的调查表要定时、准时更换并保存，数据要便于加工整理，分析整理后及时反馈。常用的调查表有以下几种。

（1）不良项目调查表。质量管理中"良"与"不良"，是相对于标准、规格、公差而言的。一个零件和产品不符合标准、规格、公差的质量项目叫不良项目，也称不合格项目。

（2）缺陷位置调查表。缺陷位置调查表宜与措施相联系，能充分反映缺陷发生的位置，便于研究缺陷为什么集中在那里，有助于进一步观察、探讨发生的原因。缺陷位置调查表可根据具体情况画出各种不同的缺陷位置调查表，图上可以划区，以便进行分层研究和对比分析。

（3）频数调查表。为了做立方图而需经过收集数据、分组、统计频数、计算、绘图等步骤。如果运用频数调查表，那就在收集数据的同时，直接进行分解和统计频数。

（4）检查确认调查表。检查确认调查表是对所做工作和加工的质量进行总的检查与确认。在有限的时间内检查太多的项目，稍有疏忽，同一项目可以检查两次，而有的项目可能漏检。因此，当检查项目较多（100项以上）时，为了不致弄错或遗漏，应预先把检查的项目统统列出来，然后按顺序，每检查一项在相应处作记号，防止遗漏。

（5）作业抽样调查表。作业抽样是分析作业时间的方法。它将全部时间分为加工、准备、空闲的时间，然后通过任意时刻，反复多次瞬间观测作业的内容，进而调查各段时间占全部时间的百分比。

任务三　施工质量事故的处理

任务描述：熟悉水利工程施工质量事故分类与事故报告相关规定，掌握施工质量事故处理的原则和程序。

一、施工质量事故分类与事故报告

为加强水利工程质量管理，规范水利工程质量事故处理行为，根据《中华人民共和国建筑法》（简称《建筑法》）和《中华人民共和国行政处罚法》，水利部于1999年3月4日发布实施《水利工程质量事故处理暂行规定》（水利部令第9号）。

根据《水利工程质量事故处理暂行规定》（水利部令第9号），工程质量事故是指在水利工程建设过程中，由于建设管理、监理、勘测、设计、咨询、施工、材料、设备等原因造成工程质量不符合规程规范和合同规定的质量标准，影响使用寿命和对工程安全运行造成隐患和危害的事件。因质量事故造成人身伤亡的，还应遵从国家和水利部伤亡事故处理的有关规定。

（一）质量事故分类

根据《水利工程质量事故处理暂行规定》（水利部令第9号），工程质量事故按直接经济损失的大小，检查、处理事故对工期的影响时间长短和对工程正常使用的影响，分为一般质量事故、较大质量事故、重大质量事故、特大质量事故。

（1）一般质量事故。它是指对工程造成一定经济损失，经处理后不影响正常使用且不影响使用寿命的事故。

(2) 较大质量事故。它是指对工程造成较大经济损失或延误较短工期，经处理后不影响正常使用但对工程寿命有一定影响的事故。

(3) 重大质量事故。它是指对工程造成重大经济损失或较长时间延误工期，经处理后不影响正常使用但对工程寿命有较大影响的事故。

(4) 特大质量事故。它是指对工程造成特大经济损失或长时间延误工期，经处理后仍对正常使用和工程寿命造成较大影响的事故。

(5) 小于一般质量事故的质量问题称为质量缺陷。

水利工程质量事故具体分类标准，见表6-3。

表6-3　　　　　　　　　水利工程质量事故具体分类标准

损失情况	事故类别	特大质量事故	重大质量事故	较大质量事故	一般质量事故
事故处理所需的物质、器材和设备、人工等直接损失费用/万元	大体积混凝土，金属制作和机电安装工程	>3000	>500 ≤3000	>100 ≤500	>20 ≤100
	土石方工程，混凝土薄壁工程	>1000	>100 ≤1000	>30 ≤100	>10 ≤30
事故处理所需合理工期/月		>6	>3 ≤6	>1 ≤3	≤1
事故处理后对工程功能和寿命影响		影响工程正常使用，需限制条件使用	不影响工程正常使用，但对工程寿命有较大影响	不影响工程正常使用，但对工程寿命有一定影响	不影响工程正常使用和工程寿命

注　1. 直接经济损失费用为必要条件，事故处理所需时间以及事故处理后对工程功能和寿命影响主要适用于大中型工程。
　　2. 在《水利工程建设重大质量与安全事故应急预案》（水建管〔2006〕202号）中，关于水利工程质量与安全事故的分级是针对事故应急响应行动进行的分级。

（二）事故报告内容

根据《水利工程质量事故处理暂行规定》（水利部令第9号），事故发生后，事故单位要严格保护现场，采取有效措施抢救人员和财产，防止事故扩大。因抢救人员、疏导交通等原因需移动现场物件时，应当作出标志、绘制现场简图并作出书面记录，妥善保管现场重要痕迹、物证，并进行拍照或录像。

发生质量事故后，项目法人必须将事故的简要情况向项目主管部门报告。项目主管部门接事故报告后，按照管理权限向上级水行政主管部门报告。一般质量事故向项目主管部门报告，较大质量事故逐级向省级水行政主管部门或流域机构报告，重大质量事故逐级向省级水行政主管部门或流域机构报告抄报水利部，特大质量事故逐级向水利部和有关部门报告。发生（发现）较大、重大和特大质量事故，事故单位要在48h内向规定单位写出书面报告；突发性事故，事故单位要在4h内电话向上述单位报告。事故报告应当包括以下内容。

(1) 工程名称、建设规模、建设地点、工期，项目法人、主管部门及负责人电话。

(2) 事故发生的时间、地点、工程部位以及相应的参建单位名称。

(3) 事故发生的简要经过、伤亡人数和直接经济损失的初步估计。

(4) 事故发生原因初步分析。
(5) 事故发生后采取的措施及事故控制情况。
(6) 事故报告单位、负责人及联系方式。

二、质量事故的处理

（一）质量事故处理的原则

质量事故发生后，应坚持"四不放过"的原则，即事故原因不查清不放过，事故主要责任者和职工未受到教育不放过，补救措施不落实不放过，主管领导责任不查清不放过。按事故严重程度，分别由承包商召集相关施工队长、班组长和施工人员，共同分析发生事故的原因，查明事故责任，研究防范措施，对责任者进行批评、教育或处罚，并以具体事例向相关人员进行宣传教育，防止事故重复发生。施工过程中发现质量事故，不分事故大小，施工人员应立即上报，并进行初步检查。若属一般事故，由班组写出事故报告，经专职质检员核实签字后，报送承包商的行政和技术负责人，以及监理工程师代表。若属重大事故或较大事故，承包商应立即向建设（监理）单位和质量监督部门提出书面报告，并通知设计单位，同时按相关规定向上级报告和及时填报重大事故报告单。

因质量事故而造成的损失费用，坚持该谁承担事故责任，由谁负责的原则。质量事故的责任者大致为：承包商、设计单位、项目法人。施工质量事故若是承包商的责任，则事故分析和处理中发生的费用完全由承包商自己负责；施工质量事故责任者若非承包商，则质量事故分析和处理中发生的费用不能由承包商承担，相反承包商可以向项目法人提出索赔。若是设计单位或监理单位的责任，应按照设计合同或监理委托合同的相关条款，对责任者按情况给予必要的处理。

（二）工程质量事故的处理程序

质量事故处理的目的是消除缺陷或隐患，以保证建筑物安全正常使用，满足各项建筑功能要求，保证施工正常进行。处现工程质量事故，是质量监理的重要内容之一。因此，从监理工程师角度，质量事故处理有以下程序。

1. 通知承包商

监理工程师一旦发现工程中出现质量事故，首先要以质量通知单的形式通知承包商，并要求承包商停止有质量缺陷的部位及与其有关联的部位的下一道工序的施工。

2. 承包商报告质量事故的情况

承包商接到质量通知单后，应详细报告质量事故的情况。报告的内容包括：质量事故的详细情况，质量事故的严重程度，造成质量事故的原因，提出修补缺陷的具体方案，避免出现类似质量事故的技术措施。

3. 进行调查和研究

监理工程师对承包商的质量事故报告，进行调查和研究。质量事故的处理，对工程质量、工期和工程费用方面，都有着直接的关系。因此，监理工程师在对质量事故做出处理决定时，应进行认真的调查和研究。特别是对一些复杂的工程质量事故，还应进行试验验证、定期观测或专门论证等工作。

4. 质量事故的处理

监理工程师对质量事故的处理，一般作出以下 3 种决定。

（1）不需进行处理。在下列情况下，监理工程师常做出不需要进行处理的决定：不影响结构安全、生产工艺和使用要求；某些轻微的质量缺陷，通过后续工序可以弥补的，可以不处理；检验中的质量问题，经论证后可以不作处理；对出现的事故，经复核验算，仍能满足设计要求者可以不作处理。

（2）修补处理。监理工程师对某些虽然未达到相关规范规定的标准，存在一定的缺陷，但经过修补后还可以达到相关规范要求的标准，同时又不影响使用功能和外观质量问题，可以做出进行修补处理的决定。

（3）返工处理。凡是工程质量未达到合同规定的标准，有明显而又严重的质量问题，又无法通过修补来纠正所产生的缺陷，监理工程师应对其做出返工处理的决定。

任务四　案　例　分　析

2007年4月，西北某中型水库加固工程，新建部分坝段因坝基渗流破坏而垮塌。调查表明，坝后排水沟黏土层破坏、坝前铺盖中的缺陷处理不当，是造成事故的直接原因，设计单位和项目法人对此负主要责任。水库运行管理巡查不到位，对大坝运行中出现的异常情况未能及时发现，错失了抢险时机，是事故发生的间接原因，水库管理单位对此负主要责任。水库高水位运行增加了水库溃坝的不利因素，县人民政府对此负主要责任。

此外，在工程建设过程中，有关水行政主管部门存在履行职责不到位、监管不力，有关参建单位存在质量控制不严等问题。这些问题尽管与水库溃坝没有直接关联，但在一定程度上也影响了工程的质量与安全。

（一）首先是设计存在缺陷

1. 前期地勘工作不满足规范要求

设计单位在全长10km的坝线上仅布设了7个钻孔，其中在近5km长的新坝线上仅布设了3个钻孔，地勘精度不够，不能全面掌握坝下黏土层的产状、厚度以及性状等地质情况；对沿坝轴线两侧一定范围内的沟、坑、井、民居等可能危及大坝铺盖安全的地质缺陷未能查明，不符合地勘规范要求。

2. 对坝后排水沟未提出处理措施

坝后沿坝线方向有一条排水沟，距坝脚10余米。初设时，该排水沟位于坝内。由于技设时将长约2km的坝线（包括溃坝段在内）向库区方向内移了50～80m，致使排水沟被置于库外。坝线改移后，设计单位未对新坝线进行补充勘探和进行必要的渗流稳定分析计算，也未按规范要求对坝后排水沟提出处理措施。溃坝事故渗漏通道的出水点就位于坝后排水沟中。

3. 坝前铺盖设计不当

坝前铺盖是保证大坝渗流稳定的重要部位。由于地勘深度不够，设计单位未能对大坝天然铺盖的缺陷提出处理措施。施工中发现冲沟、沙槽、阴沟等地质缺陷后，设计单位未根据水位、透水层厚度等因素进行铺盖设计，仅在施工中用设计变更通知单，要求在缺陷部位采取不小于大坝底宽1/3的黏土铺盖措施，但这一措施并不满足规范要求。

查阅设计及施工单位的有关资料发现，坝基开挖时，将部分开挖料堆放于坝前，形成约5m宽的施工平台，该施工平台以下未进行清基，天然黏土层的完整性情况不明，但设计单位在设计变更中要求"坝前施工平台不再清除"。

调查核算结果表明,当坝前铺盖被破坏时,坝基处于安全临界状态。

(二) 项目法人未正确履行管理职责

1. 工程施工中改动坝线,未履行报批程序

工程施工中,长约2km的坝线(包括溃坝段在内)向库区方向内移了50~80m,属于重大设计变更,但项目法人未履行相应报批程序,也未责成设计单位补充勘探设计,导致影响坝基稳定的坝后排水沟和坝前铺盖未得到有效处理。

2. 坝后排水沟处理不当

排水沟清淤处理由项目法人负责组织实施。排水沟处理设计报告中,未对排水沟清淤处理提出明确的质量控制和铺设反滤保护的要求;清淤工程由当地群众完成,无相应的施工资料。本次补充勘探资料表明,决口处坝后排水沟中的黏土层缺失,且无反滤保护。

排水沟底黏土层被破坏且无反滤保护,是导致坝基渗流破坏的直接原因。

3. 坝前铺盖处理指定无专业资质的队伍施工

决口处附近坝前自然铺盖中的沟槽处理,由项目法人指定个人和市政公司组织实施,也未组织监理单位进行监理,未进行有效的质量控制。个人组织实施的上述沟槽土料回填处理过程中,2m厚土料仅碾压了两次,每一碾压层平均厚度达1m,碾压质量不能满足设计要求。

上述行为直接影响坝前铺盖施工质量,为坝基渗流稳定留下安全隐患。

4. 未按设计布设水库监测设施

设计单位在技施设计报告中要求布设5处测压管,作为大坝主要监测设施,但项目法人仅安排布设了2处测压管,不能满足对大坝进行有效监测的需要。

(三) 水库管理单位大坝安全巡查不到位,未及时发现事故征兆

巡查记录表明,巡查人员坐车巡查,检查的部位仅为坝顶、坡面,对背水坡(有无散浸或集中渗漏现象)、坝趾(有无流土管涌迹象)等未进行检查。

据调查,自2005年首次蓄水以来,坝体就有渗水现象;决口前1个月,坝后排水沟的渗水变化较大,事故征兆明显,但巡查人员一直未发现,错失了消除险情的机会。

(四) 县人民政府越权确定水库蓄水位,水库超水位运行

县人民政府行文确定水库蓄水位,高于设计值1.5m。水库超设计正常蓄水位运行,增加了大坝安全的不利因素。

(五) 其他有关单位存在的问题

坝体土料填筑和坝基处理施工。资料显示工程质量合格,但调查发现,溃坝处断面的土料层间结合差,经水毁冲刷后,每一碾压层的下半层均被严重冲蚀,且每一碾压层的压实厚度均在50cm左右,超出了碾压厚度为30cm的设计要求;坝体迎水坡断面土料中,有明显的漏压空洞,还含有树根、杂物。在大坝决口处抽检6组土样,仅2组压实度指标符合设计要求。

现场监理人员资格不满足要求;制订的监理规划和实施细则缺乏针对性;对施工图设计疏漏未提出处理意见;对施工中存在的质量问题,未及时发现并责令改正,对不合格工程签字验收。

政府质量监督机构未制订质量监督计划,无任何相关工作资料,实质未开展工作。

市水务部门组织工程初步验收,在设计工作存在缺陷、工程质量存在问题的情况下,通

过了初步验收，致使新建坝体带病运行，留下了安全隐患。

主管部门在安全鉴定复核意见下达前，提前批复了初步设计报告；对初步设计报告审查把关不严，且批复的土方干密度指标低于设计和规范要求。

上述存在问题，直接涉及工程安全、资金安全和生产安全，涉及广大群众的切身利益和生命财产安全。在水利工程建设中，参建各方要严格执行基本建设3项制度，加强项目管理，采取有效措施，及时消除工程质量与安全隐患，保证发挥投资效益。

项目学习小结

本项目介绍了质量、质量管理、工程项目质量管理的概念，工程项目质量管理的特点、我国当前建设工程质量管理方式、建设工程质量管理的内容、质量管理工作的常用方法，质量控制原理、项目不同阶段的质量控制、项目质量控制方法、施工质量事故分类与事故报告、质量事故的处理，以及工程项目质量事故案例分析等知识。其中质量控制原理、项目不同阶段的质量控制、项目质量控制方法内容为教学重点。通过对本项目的学习，学生应当掌握项目质量控制方法等相关技能。

职业能力训练六

一、单选题

1. 质量控制中的 PDCA 循环是指（　　）。
   A. 计划—执行—对比—处理　　　　B. 计划—执行—检查—纠偏
   C. 计划—执行—对比—纠偏　　　　D. 计划—执行—检查—处理

2. （　　）是指为了达到质量所采取的作业技术和活动。
   A. 质量管理　　　　　　　　　　　B. 质量方针
   C. 质量控制　　　　　　　　　　　D. 质量体系

3. 水利工程质量事故分为（　　）类。
   A. 3　　　　B. 4　　　　C. 5　　　　D. 6

4. 按水利部有关规定，在阶段验收、单位工程验收和竣工验收中，工程质量必须满足（　　）要求。
   A. 监理人　　B. 设计　　　C. 项目法人　　D. 主管部门

5. 重大质量事故，是指造成特别重大经济损失或较长时间延误工期，经处理后（　　）正常使用但对工程使用寿命有（　　）的事故。
   A. 不影响，重大影响　　　　　　　B. 一般不影响，一定影响
   C. 不影响，较大影响　　　　　　　D. 不影响，一定影响

二、多选题

1. 我国工程项目质量管理按其实施者不同，包括以下（　　）3个方面。
   A. 政府方面的质量管理　　B. 承包商的质量管理　　C. 业主方面的质量管理
   D. 监理人的质量管理　　　E. 设计部门的质量管理

2. 工序质量一般是由操作者、原材料、测量、（　　）等六大因素决定。

A. 场地　　　B. 机器设备　　　C. 工艺方法　　　D. 环境　　　E. 规程

3. 混凝土结构工程质量的通病包括（　　）。

A. 断面尺寸偏差、轴线偏差、表面损伤

B. 由于模板表面不平而产生的结构裂缝

C. 在梁、板、墙、柱等结构的接缝和施工缝处产生烂根、烂脖、烂肚现象

D. 由于搅拌时间不够或提料顺序不对而造成的混凝土的碱骨料反应

E. 混凝土的强度偏低，或波动较大

4. 水利工程质量事故"四不放过"原则不包括（　　）。

A. 事故原因不查清楚不放过　　　　　　B. 主要事故责任者和职工未受教育不放过

C. 主要领导责任不查清不放过　　　　　D. 补救和防范措施不落实不放过

E. 处罚不到位不放过

三、判断题

1. 政府对建设工程的监督管理主要体现在两个方面：一是制定建设工程方面的法律、法规；二是依法进行监督管理。（　　）

2. 通常，在项目质量管理的实践中，常规质量控制问题的控制周期按月度或季度，而严重的项目质量问题和事故，则需要及时加以控制。（　　）

3. 控制图法也称为 ABC 分类管理法。（　　）

4. 控制图是用样本数据来分析判断生产过程是否处于稳定状态的有效工具。它的用途主要有过程分析和过程控制。（　　）

5. 质量事故处理的目的是消除缺陷或隐患，以保证建筑物安全正常使用，满足各项建筑功能要求，保证施工正常进行。（　　）

四、案例分析题

1. 背景

某水利枢纽工程，主要工程项目有大坝、泄洪闸、引水洞、发电站等，2003 年 2 月开工，2004 年 6 月申报文明建设工地，此时已完成全部建安工程量的 45％。

上级有关主管部门为加强质量管理，在工地现场成立了由省水利工程质量监督中心站以及工程项目法人、设计单位和监理单位人员组成的工程质量监督项目站。

2. 问题

（1）工地工程质量监督项目站的组成形式是否妥当？并说明理由。

（2）根据水利工程有关建设管理的规定，简述工程现场项目法人、设计、施工、监理、质量监督各单位之间在建设管理上的相互关系。

（3）根据水利系统文明建设工地的有关规定，工程建设管理水平考核的主要内容除了内部管理制度外，还包括什么？

（4）工地基坑开挖时曾塌方并造成工人轻伤，请根据水电工程安全事故分类有关规定判断属于什么等级的事故，并简述人身伤害事故等级分类以及水利工程质量事故等级分类。

项目七　项目施工组织设计

项目描述：本项目学习施工组织总设计、单位工程施工组织设计相关知识，并且通过相关案例的分析，加深学习者的感性认知。

项目学习目标：熟悉施工组织总设计和单位工程施工组织设计的内容及编制方法。

项目学习重点：施工组织总设计。

项目学习难点：施工导流方案设计与比选。

任务一　施工组织总设计

任务描述：了解施工组织总设计的内容与作用；熟悉施工组织总设计的组成、编制方法。

一、施工组织总设计概述

施工组织总设计是水利工程设计文件的重要组成部分，是编制工程投资估算、总概算和招标、投标文件的主要依据；是工程建设和施工管理的指导性文件。认真做好施工组织设计对正确选定坝址、坝型、枢纽布置、整体优化设计方案、合理组织工程施工、保证工程质量、缩短建设周期、降低工程造价都有十分重要的作用。

（一）施工组织总设计的内容

1. 施工条件分析

施工条件包括工程条件、自然条件、物质资源供应条件以及社会经济条件等。施工条件分析需在简要阐明上述条件的基础上，着重分析它们对工程施工可能带来的影响和后果。

2. 施工导流

确定导流标准和导流方案，划分导流时段，明确施工分期，选择导流方式和导流建筑物形式，拟定截流、拦洪、排水、通航、过水、供水、下闸蓄水和提前发电等措施。

3. 主体工程施工

挡水、泄水、引水、发电和通航等主要建筑物，应根据各自的施工条件，对施工程序、施工方法、施工强度、施工布置、施工进度和施工设备等问题，进行分析、比较和选择。必要时，对其中的关键技术问题，如特殊的基础处理、大体积混凝土温度控制、土石坝临时断面拦洪度汛等问题，做出专门的设计和论证。

4. 施工交通运输

施工交通运输包括对外交通和场内交通两部分：对外交通是联系工地与外部公路、铁路车站、水运港口之间的交通，担负施工期间外来物资的运输任务。场内交通是联系施工工地内部各工区、当地材料产地、弃渣场、各生产、办公生活区之间的交通。场内交通须与对外交通衔接。

5. 施工工厂设施和大型临建工程

施工工厂设施，如混凝土骨料开采加工系统、土石料场开采与加工系统、混凝土生产系统、机械修配系统、汽车修配厂、钢筋加工厂、预制构件厂、风、水、电、通信、照明系统等，均应根据施工的任务和要求，分别确定各自位置、规模、设备容量、生产工艺、工艺设备、平面布置、占地面积、建筑面积和土建安装工程量，并提出土建安装进度和分期投产的计划。

大型临建工程，如施工栈桥、过河桥梁、缆机平台等，要做出专门设计，确定其工程量和施工进度安排。

6. 施工总体布置

充分掌握和综合分析水工枢纽布置，主体建筑物规模、形式、特点、施工条件和工程所在地区社会、自然条件等因素；确定并统筹规划布置为工程施工服务的各种临时设施；妥善处理施工场地内外关系。

7. 施工总进度

编制施工总进度时，应根据国民经济发展需要，采取积极有效措施满足主管部门或业主对施工总工期提出的要求。如果确认要求工期过短或过长、施工难以实现或代价过大，应以合理工期报批。

8. 主要技术供应计划

根据施工总进度的安排和定额资料的分析，对主要建筑材料（如钢材、钢筋、木材、水泥、粉煤灰、油料和炸药等）和主要施工机械设备，列出总需要量和分年度需要量计划。

（二）施工组织总设计编制依据

在进行施工组织总设计编制时，应依据现状、相关文件和试验成果等，具体有以下编制依据。

（1）上一阶段设计报告及审批意见、设计任务书、上级单位对本工程建设的要求或批件。

（2）工程所在地区有关基本建设的法规或条例、地方政府对本工程建设的要求。

（3）各有关部门（铁道、交通、林业、灌溉、旅游、环保、城镇供水等）对本工程建设期间有关要求及协议。

（4）当前水利工程建设的施工装备、管理水平和技术特点。

（5）工程所在地区和河流的自然条件（地形、地质、水文、气象特征和当地建材情况等）、施工电源、水源及水质、交通、环保、旅游、防洪、灌溉、航运、过木和供水等现状和近期发展规划。

（6）当地城镇现有修配、加工能力，生活、生产物资和劳动力供应条件，居民生活、卫生习惯等。

（7）施工导流及通航过木等水工模型试验、各种原材料试验、混凝土配合比试验、重要结构模型试验、岩土物理力学试验等成果。

（8）工程有关工艺试验或生产性试验成果。

（9）勘测、设计各专业有关成果。

二、施工导流方案设计与比选

（一）施工导流概述

施工导流是指，在修筑水利工程时，为了创造必要的施工条件和尽量满足各部分用水要求，将原河流的各个时期的来水按预定的方式、时间、地点，部分或全部地安全导向下游或拦蓄起来。

1. 导流作用

在水域（大多数指活水河道）内修建水利工程的过程中，为创造干地施工条件，前期用围堰围护基坑，将河道水流通过预定方式绕过施工场地导向下游的工程措施。施工导流是水利工程施工，特别是修建闸坝工程所特有的一项十分重要的工程措施。导流方案的选定，关系到整个工程施工的工期、质量、造价和安全度汛，事先要做出周密的设计。

2. 设计内容

设计内容主要包括以下几点。

（1）掌握并分析河流的水文特性和工程区的气象、地形、地质等基本资料。

（2）选定导流时段、设计标准、导流流量、导流方式及导流建筑物类型。

（3）拟定导流建筑物的修建顺序、拆除围堰及封堵导流建筑物的施工方法。

（4）制定拦洪度汛和基坑排水措施。

（5）确定施工期通航、过水、供水等综合利用措施。施工导流措施受多方面因素的制约，一个完整的方案，需要通过技术经济比较，必要时要做模型实验，反复论证，然后定案。

3. 导流方式

（1）按河床位置分为河床外导流、河床内导流两类。

河床外导流：采用围堰一次拦断整个河床，让河水通过河床外的导流泄水建筑物导向下游。

河床内导流：采用围堰先后分段围护部分河床，河水被束窄的另一部分河床导走。

（2）按泄水建筑物类型分为：明渠导流、隧洞导流，以及涵洞、坝体底孔、梳齿和缺口过流、涵管导流等导流方式。

涵洞导流一般用于中小型水闸、土石坝等工程。坝体底孔导流用于混凝土坝施工，水流全部或部分通过坝体内设置的临时或永久泄水孔导向下游。梳齿导流则是在混凝土坝施工时，预留梳齿状缺口过水，随坝体升高，分级轮换封堵缺口。涵管导流是一种利用涵管进行导流的施工方法，适用于导流量较小的河流或只用来担负枯水期的导流。一般在修筑土坝、堆石坝等工程中采用。由于涵管过多对坝身不利，且使大坝施工受到干扰，故此坝下埋管不宜过多，单管尺寸不宜过大，涵管在干地施工，易布置在河滩上，滩地高程在枯水位以上。

导流方式的选择，一般需考虑以下几点：

（1）水文条件。河流流量大小、过程线特征、洪水和枯水情况、水位变幅、流冰等均直接影响方案选择。如水位变幅大的河流，有时宜采用过水围堰，围堰挡水高度及导流泄水建筑物只考虑枯水期流量。

（2）地形条件。如河床宽阔，施工期有通航要求，可采用分期导流；如河道较窄，宜根据地形地质条件采用明渠或隧洞导流。

（3）有条件时，要尽量利用永久水工建筑物的泄水建筑物，结合进行施工导流。如导流洞可与泄洪洞结合，围堰可与土石坝坝体结合。

（4）满足施工期间的通航、过木、给水、灌溉等综合利用要求。

4. 设计标准

根据工程施工进度及各个时期的泄水条件，施工导流可分为 3 个阶段：①初期导流，即围堰挡水阶段，从河床截流开始到坝体修建到围堰高程以上的时段。②中期导流，即坝体挡水阶段，此时导流泄水建筑物尚未封堵，汛期由坝体挡水。随着坝体升高，库容加大，防洪能力也逐步增大。③后期导流，即从导流泄水建筑物封堵到大坝全面修到设计高程的时段，永久泄水建筑物已投入运行。

施工导流设计中，要选定导流时段，即在挡水围堰工作延续时间内，是枯水期挡水还是全年挡水。应根据河流水文特性、主体工程施工特点及进度，合理划分与选择导流时段。导流设计应采用导流时段内设计频率的最大流量和洪量。小型工程应争取在一个枯水期建成，以简化导流设施；大中型工程一般难以在一个枯水期建成，可考虑全年导流，导流设计流量则以全年一定频率的洪水流量为准。当地材料坝坝体一般不允许过水，当坝体施工难以在汛期达到拦洪高程时，要按全年导流标准考虑围堰高程和导流建筑物规模。混凝土坝通常允许过水，可按全年导流标准考虑，也可按枯水期导流考虑。当采用分月设计频率的流量安排施工进度时，对河流水文特性需有充分论证，慎重对待。

导流设计标准，即是对导流设计中所采用的设计流量频率的规定。对不同的导流阶段和不同的建筑物，规定的频率也不相同。总的要求是：初期导流阶段的洪水标准可低一些，中期和后期导流阶段的洪水标准逐步提高。当要求工程提前发挥作用（如提前发电）时，相应的导流阶段的防洪标准应高一些。对混凝土、浆砌石建筑，洪水标准低一些，对土石坝则要求的洪水标准较高。另外，导流设计标准也随永久建筑物的级别不同而有所不同。

5. 全段围堰法

（1）定义。全段围堰法，又称一次拦断法或河床外导流。主河道被全段围堰一次拦断，水流被导向旁侧的泄水建筑物。

（2）适用。多用于河床狭窄，基坑工作面不大，水深流急、覆盖层较厚难于修建纵向围堰，难于实现分期导流的工程。

（3）类型。

1）隧洞导流。这种导流方式适用于两岸陡峻、山岩坚硬、风化层薄、河谷狭窄的山区河流或有永久性隧洞可供利用。

2）明渠导流。这种导流方式适用于岸坡平缓或有宽阔滩地的平原河道。在山区河道上如河槽形状明显不对称。

3）涵管导流。这种导流方式多用于中小型土石坝工程，导流流量不超过 $1000 m^3/s$。

4）渡槽导流。这种导流方式一般适用于小型工程的枯水期导流，导流流量不超过 $20\sim 30 m^3/s$，个别达 $100 m^3/s$。

6. 分段围堰

（1）定义。分段围堰法，又称分期围堰法或河床内导流，分段就是将河床围成若干个干地施工基坑，分段进行施工。分期就是从时间上将导流过程划分成阶段。分期是就时间而言，分段是就空间而言。工程实践中，两段两期导流采用最多。

（2）适用。河床较宽，流量大，工程工期较长的情况，易满足通航、过木、排冰等要求。

(3) 类型。

1) 束窄河床导流。

2) 底孔导流。

3) 缺口导流。

4) 梳齿导流。

5) 厂房导流。

(二) 导流设计

在分析与施工导流相联系的主客观条件的基础上，划分导流时段，选定导流标准和导流设计流量，设计导流、截流方案，确定导流建筑物形式、构造、尺寸及布置，拟定导流建筑物修建、拆除、封堵的顺序及施工方法，制订拦洪度汛和基坑排水方案、施工期河道综合利用措施，以及拟定施工控制性进度计划等。

1. 导流时段

导流时段，又称挡水时段，是指水利工程施工整个过程中，依靠围堰挡水进行导流的延续时间。河流按水文特性分为枯水期、中水期及洪水期。有些小型水利工程的围堰，只需挡一个枯水期流量，所以围堰低，工程量较小；大中型水利枢纽工程通常难以在一个枯水期修筑到拦洪高程，特别是土石坝一般不允许坝面溢流，导流时段就要按全年考虑，围堰要挡洪水期流量，所以围堰较高，工程量也较大。混凝土坝可以坝体溢流，洪水时允许淹没基坑，可以采用过水围堰或坝体挡水，导流时段可以选择非汛期。选定导流时段要仔细研究河道的水文特性，根据主体工程的特点和施工进度的要求，进行技术经济比较。一般不宜把导流时段划分过细，分月设计频率的流量，只作为安排施工进度计划时的参考，不宜作为导流设计的依据。

2. 导流标准

导流标准，即确定导流设计流量所依据的洪水标准。导流设计流量是选择导流方案、确定导流建筑物规模的主要依据。施工过程中河道流量经常变化，为使设计的导流流量尽可能符合施工期的实际流量，各国根据河流特性、建筑物特点、建设经验和安全、经济等因素，制定选择导流标准。不同国家的导流标准，有的相差很大。不少国家从经济与安全方面统一考虑，制定不同重要性导流建筑物应承担不同的风险度（即某一非期望事件所发生的概率），供确定导流设计流量时参考。

(三) 导流方案的选择

一个完整的导流方案受多方面因素的制约，这些因素主要有：

(1) 水文条件。河流流量大小，流量过程线特征，水位变化幅度，洪水及枯水延续时间长短，冬季流冰及冰冻情况等，均是直接影响导流方案选择的重要因素。例如，水位变幅很大的河流，有时需采用过水围堰，允许基坑短期淹没导流，冬季有流冰的河流，需充分考虑流冰宣泄问题。

(2) 地形条件。施工地区的河床及两岸地形，对导流方案有重大影响。例如，河道宽阔、施工期有通航要求，宜选用分期导流；河床狭窄、岸壁陡峻、河谷较深，宜选用隧洞导流。

(3) 工程地质及水文地质条件。选择施工导流方案时，对隧洞或明渠导流的经济合理性，河床的可能束窄程度，围堰的构造及修建方法，以及基坑排水的措施等，都要考虑工程地质和水文地质的条件。例如，深厚覆盖层、透水性大的河床，要妥善解决围堰地基的抗冲、防渗等问题，在满足通航条件下，岩基河床分期导流时的束窄度允许大一些。

（4）水利枢纽布置及建筑物形式。施工导流需与枢纽布置结合考虑，并充分利用建筑物构造的特点。例如，泄洪、发电、放空孔等与临时导流孔洞的结合，围堰与度汛的结合。就坝体结构形式而言，混凝土重力坝采用分期导流的可能性较大。

（5）河流综合利用。施工期间，为满足通航、过木、给水、排水、排冰、灌溉等要求，使施工导流问题复杂化。例如，分期导流时，被束窄的河道要满足通航的流速、坡降（纵坡、横坡、局部坡降）、流态和水流衔接等的要求，有时还需设置临时船闸；当封孔蓄水时，要注意下游通航水位以及灌溉、给水、水电站等正常用水的需要；为了渔业生产与保护，要考虑过鱼设施等。

（6）施工进度、施工方法及场地布置。选择导流方案时，要全面考虑社会影响、施工设备及建筑材料供应和施工经验等因素，在保证安全的前提下，力求简化施工导流工程，降低费用，缩短工期。

导流方案要进行技术经济比较后确定，重要的施工导流工程，要进行必要的模型试验或计算机模拟计算，并做充分的比较论证。

三、施工方案

施工组织总设计中拟定的施工方案，是指拟定那些工程量大、技术复杂、施工难度大、工期长，对整个建设项目的完成起着关键作用的主要工程项目的施工方案。

拟定主要项目施工方案的重点内容，是对施工方法的选择，施工工艺流程的确定，施工机械的选择，施工段的划分，以及施工技术措施等，并以此作为编制施工总进度计划的依据。其深度只需原则性提出施工方案并必选。

（一）施工方案选择原则

（1）施工期短、辅助工程量及施工附加量小，施工成本低。

（2）先后作业之间、土建工程与机电安装之间、各道工序之间协调均衡，干扰较小。

（3）技术先进、可靠。

（4）施工强度和施工设备、材料、劳动力等资源需求均衡。

（二）施工设备选择及劳动力组合原则

（1）适应工地条件，符合设计和施工要求；保证工程质量；生产能力满足施工强度要求。

（2）设备性能机动、灵活、高效、能耗低、运行安全可靠。

（3）通过市场调查，应按各单项工程工作面、施工强度、施工方法进行设备配套选择，使各类设备均能充分发挥效率。

（4）通用性强，能在先后施工的工程项目中重复使用。

（5）设备购置及运行费用较低，易于获得零、配件，便于维修、保养、管理、调度。

（6）在设备选择配套的基础上，应按工作面、工作班制、施工方法以混合工种结合国内平均先进水平进行劳动力优化组合设计。

（三）主体工程施工

水利工程施工涉及工种很多，其中主体工程施工包括土石方明挖、地基处理、混凝土施工、碾压式土石坝施工、地下工程施工等。下面介绍其中两项工程量较大、工期较长的主体工程施工。

1. 混凝土施工

(1) 混凝土施工方案选择原则。

1) 混凝土生产、运输、浇筑、温控防裂等各施工环节衔接合理。

2) 施工机械化程度符合工程实际,保证工程质量,加快工程进度和节约工程投资。

3) 施工工艺先进,设备配套合理,综合生产效率高。

4) 能连续生产混凝土,运输过程的中转环节少、运距短,温控措施简易、可靠。

5) 初期、中期、后期浇筑强度协调平衡。

6) 混凝土施工与机电安装之间干扰少。

(2) 混凝土浇筑程序、各期浇筑部位和高程应与供料线路、起吊设备布置和机电安装进度相协调,并符合相邻块高差及温控防裂等有关规定。各期工程形象进度应能适应截流、拦洪度汛、封孔蓄水等要求。

(3) 混凝土浇筑设备选择原则。

1) 起吊设备能控制整个平面和高程上的浇筑部位。

2) 主要设备型号单一,性能良好,生产率高,配套设备能发挥主要设备的生产能力。

3) 在固定的工作范围内能连续工作,设备利用率高。

4) 浇筑间歇能承担模板、金属构件及仓面小型设备吊运等辅助工作。

5) 不压浇筑块,或不因压块而延长浇筑工期。

6) 生产能力在能保证工程质量前提下能满足高峰时段浇筑强度要求。

7) 混凝土宜直接起吊入仓,若用带式输送机或自卸汽车入仓卸料时,应有保证混凝土质量的可靠措施。

8) 当混凝土运距较远,可用混凝土搅拌运输车,防止混凝土出现离析或初凝,保证混凝土质量。

(4) 模板选择原则。

1) 模板类型应适合结构物外型轮廓,有利于机械化操作和提高周转次数。

2) 有条件部位宜优先用混凝土或钢筋混凝土模板,并尽量多用钢模、少用木模。

3) 结构形式应力求标准化、系列化,便于制作、安装、拆卸和提升,条件适合时应优先选用滑模和悬臂式钢模。

(5) 坝体分缝应结合水工要求确定。最大浇筑仓面尺寸在分析混凝土性能、浇筑设备能力、温控防裂措施和工期要求等因素后确定。

(6) 坝体接缝灌浆应考虑以下几个方面。

1) 接缝灌浆应待灌浆区及以上冷却层混凝土达到坝体稳定温度或设计规定值后进行,在采取有效措施情况下,混凝土龄期不宜短于4个月。

2) 同一坝缝内灌浆分区高度为10~15m。

3) 应根据拱坝施工期应力确定封拱灌浆高程和浇筑层顶面间的允许高差。

4) 对空腹坝封顶灌浆,或受气温年变化影响较大的坝体接缝灌浆,宜采用较坝体稳定温度更低的超冷温度。

(7) 用平浇法浇筑混凝土时,设备生产能力应能确保混凝土初凝前将仓面覆盖完毕。当仓面面积过大,设备生产能力不能满足时,可用台阶法或斜层法浇筑。

(8) 大体积混凝土施工必须进行温控防裂设计,采用有效地温控防裂措施以满足温控要求。有条件时宜用系统分析方法确定各种措施的最优组合。

(9) 在多雨地区雨季施工时,应掌握分析当地历年降雨资料,包括降雨强度、频度和一次降雨延续时间,并分析雨日停工对施工进度的影响和采取防雨措施的可能性与经济性。

(10) 低温季节混凝土施工必要性应根据总进度及技术经济比较论证后确定。在低温季节进行混凝土施工时,应作好保温防冻措施。

2. 碾压式土石坝施工

(1) 认真分析工程所在地区气象台(站)的长期观测资料。统计降水、气温、蒸发等各种气象要素不同量级出现的天数,确定对各种坝料施工影响程度。

(2) 料场规划原则。

1) 筑坝土石料应就近或就地取材,充分利用建筑物的开挖料,减少弃渣对环境的影响。

2) 主要筑坝材料应有两个或两个以上满足要求的料场。

3) 宜选用距坝址较近、采运条件较好、施工干扰小、覆盖层剥离量少、岩性均一、开采获得率高,开采料级配易于控制、储量集中的大料场作为填筑强度较高的土石坝的主料场,其他料场配合使用。

4) 料场可开采量应考虑料场开采、加工、运输等各种损失量,留有足够的储备。若料场分散,上游料场宜用于前期施工,近距离料场作为调剂高峰用。

5) 采集工作面开阔、料物运距较短,附近有足够的废料堆场。

6) 料场应与大坝和其他建筑物保持必要的距离,不应影响居民点和工程设施的安全,避免与工程施工相互干扰;料场开采后不应影响山体稳定和地基渗流稳定。

7) 料场应不占或少占耕地、林地,不拆迁或少拆迁居民点和工程设施,满足水土保持和环境保护的要求,宜选择在库区内布置。

(3) 料场供应原则。

1) 料场质量和数量应满足设计要求,供料强度满足各部位施工强度的要求。

2) 就近取料,高料高用,低料低用,避免上下游料物交叉使用。

3) 按坝体不同部位合理使用不同的料场,减少坝料加工。垫层料、过渡层和反滤料一般宜用天然砂石料,工程附近缺乏天然砂石料或使用天然砂石料不经济时,方可采用人工料。

4) 减少料物堆存、倒运,必须堆存时,堆料场宜靠近坝区上坝道路,并应有防洪、排水、防料物污染、防分离和散失的措施。

5) 减少二次转运,必须堆存时,堆料场宜靠近坝区上坝道路,并应有防洪、排水、防料物污染、防分离和散失的措施。

(4) 土料开采和加工处理。

1) 根据土层厚度、土料物理力学特性、施工特性和天然含水率的分布规律等条件研究确定主次料场、分区开采规划和开采方式。

2) 开采范围应根据需要量、料场储量、分布和开采条件等因素确定,可开采储量满足要求,开采加工能力应能满足坝体填筑强度要求。

3）若料场天然含水量偏高或偏低，应通过技术经济比较选择具体措施进行调整，增减土料含水量宜在料场进行。

4）若土料物理力学特性不能满足设计和施工要求时，应研究使用人工砾质土的可能性。

5）统筹规划施工场地、出料线路，做好表土的存放与保护，必要时应做还耕规划。

（5）砂石料开采。

1）天然砂砾料场宜根据各种坝料的要求统一进行开采规划，提高料场开采利用率。

2）开采范围应根据需要量、砂砾料场有用层的储量、分布和开采条件等因素确定，可开采储量应满足需要。

3）根据料场的水位特性、地形条件、天然级配分布状况、料场级配平衡要求等因素，确定料场开采时段、开采分层、开采程序，选择开采、运输、加工设备。

4）开采强度应根据施工时段和上坝强度、开采获得率、折方系数、工艺损耗和储存条件确定。

（6）石料开采。

1）开采范围应根据需要量、料场储量、分布、无用层影响和开采条件等因素确定，可开采储量应满足需要。

2）石料的开采规划应结合填筑部位对材料的要求进行分区规划，爆破设计应满足材料最大粒径及级配的要求。

3）石料场应按坝料设计的要求，根据岩性、风化程度、粒径和级配要求的不同分区开采。

4）石料可采用梯段爆破法开采，必要时可用洞挖法取料，采用洞室爆破法开采应进行专门论证。

5）石料场永久边坡应采用光面爆破或预裂爆破，不安全边坡应采取工程措施加固。

（7）坝料上坝运输方式应根据运输量、开采、运输设备型号、运距和运费、地形条件以及临建工程量等资料，通过技术经济比较后选定，并考虑以下原则。

1）满足填筑强度要求。

2）在运输过程中不得搀混、污染和降低料物理力学性能。

3）各种坝料尽量采用相同的上坝方式和通用设备。

4）临时设施简易，准备工程量小。

5）运输的中转环节少。

6）运输费用较低。

（8）施工上坝道路布置原则。

1）各路段标准原则满足坝料运输强度要求，在认真分析各路段运输总量、使用期限、运输车型和当地气象条件等因素后确定。

2）能兼顾地形条件，各期上坝道路能衔接使用，运输不致中断。

3）能兼顾其他施工运输，两岸交通和施工期过坝运输，尽可能与永久公路结合。

4）在限制坡长条件下，道路最大纵坡不大于15%。

（9）垫层料填筑。

1）垫层料铺筑上游边线水平超宽宜为20～30cm。振动平板压实时垫层料水平超宽可适当减少；采用自行式振动碾压实时，振动碾与上游边缘的距离不宜大于40cm。

2）垫层料宜采用后退法铺料。

3）垫层料每填筑升高10~20m，宜进行垫层坡面削坡、修整和碾压。采用反铲削坡时，宜每填高3~4.5m进行一次削坡。

4）斜坡碾压可采用振动碾或振动平板压实。

5）垫层料上游坡面保护可采用挤压式边墙、碾压水泥砂浆、喷混凝土或喷乳化沥青等。

（10）反滤料填筑。

1）反滤料宜采用自卸汽车卸料，小型反铲铺料，当反滤层宽度大于3m时，可采用推土机摊铺平整。反滤料铺筑应严格控制铺料厚度。

2）反滤料碾压应优先选用自行振动碾，当防渗土体与反滤料、反滤料与过渡料或坝壳料填筑起平时，应采用平碾骑缝碾压，反滤料填筑不应侵占防渗土料有效断面。

3）与反滤料接触的过渡料的级配应符合设计要求，两者交界处超径石应清除。

4）反滤料宜在挖装前洒水，保持湿润，在挖装和铺筑过程中应避免反滤料颗粒分离，防止其他杂物混入。

5）对已碾压合格的反滤层应做好防护，一旦发生土料混杂，应即时清除。

6）反滤层横向接坡必须清至合格面，使接坡反滤料层次清楚，不应发生层间错位、中断和混杂。

（11）过渡料填筑。

1）过渡料宜采用后退法铺料，宜采用与坝壳料相同的压实机械压实，且与同层垫层料或反滤料一并碾压。

2）碾压式沥青心墙堆石坝，每层心墙沥青混合料与两侧过渡料宜采用专用摊铺机同时铺筑、碾压。

3）浇筑式沥青心墙堆石坝，宜先安装、固定沥青混凝土心墙模板，然后铺筑碾压两侧过渡料，再进行同层的沥青混凝土心墙浇筑。

（12）坝壳料填筑。

1）堆石料宜采用进占法铺料；级配较好的石料、砂砾石料等，宜选用后退法铺料；铺料层厚大于1m的堆石料，应选用混合法铺料。

2）堆石与含有漂石的砂卵石、砂砾石和砾质土应优先用振动碾压实，砂、砂砾料、砾质土可选用气胎碾压实。

3）坝壳料与岸坡结合处2m宽度范围内可采用垂直坝轴线方向碾压，不易压实的边角部位应减薄铺料厚度，用轻型振动碾压实或平板振动器等小型压实机具压实。坝壳料与岸坡及刚性建筑物的结合部位，宜先回填1~2m宽的过渡料，再填堆石料。

4）坝壳料接缝部位压实宜采用留台阶法和削坡法。

5）除坝面特殊部位外，碾压方向应沿坝轴线方向进行，坝面碾压宜采用进退错距法作业，碾压前宜适当加水。

（13）防渗土料填筑。

1）黏性土料应采用进占法卸料，上料汽车不应在已压实土料面上行驶。应沿坝轴线方向铺筑防渗土料，铺土应及时，宜采用定点测量方式控制铺料厚度，防渗土料的铺筑宜增加平地机平整工序。铺土厚度根据土料性质和压实设备性能通过现场试验或工程类比法确定。

2) 当气候干燥、土层表面水分蒸发较快时，铺料前应洒水湿润压实土表面，严禁在其干燥状态下铺填新土。

3) 防渗体土料宜采用凸块振动碾压实，碾压应沿坝轴线方向进行。如特殊部位只能沿垂直坝轴线方向碾压时，铺料和碾压应现场监控，不得超厚、漏压或欠压。

4) 防渗体分段碾压时，相邻连段交接带碾迹应彼此搭接，垂直碾压方向搭接带宽度应为 0.3~0.5m，平行碾压方向搭接带宽度应为 1~1.5m。

5) 防渗体填筑过程中出现"弹簧土"现象、层间光面、松土层、干土层、粗粒富集层或剪切破坏等，应处理合格后铺填新土。

6) 防渗体的铺筑作业应连续作业，如因故需短时间停工，其表面土层应洒水湿润，保持含水率在控制范围之内。如因长时间停工，则应铺设保护层，复工时予以清除。

7) 防渗体及反滤料填筑面上散落的松土、杂物应于铺料前清除。

8) 穿越防渗体部位道路应经常更换位置，不同填筑层道路应错开布置，对超压土体应予以处理。

9) 心墙应同上下游反滤料及部分坝壳料平起填筑，骑缝碾压，宜采用先填反滤料后填土料的平起填筑法施工。斜墙宜与上下游反滤料及部分坝壳料平起填筑，也可滞后于坝壳料填筑，但需预留斜墙、反滤料和部分坝壳料的施工场地，且已填筑坝壳料必须削坡至合格面。

(14) 混凝土面板防渗体浇筑。

1) 防渗面板浇筑宜采用滑模自下而上分条进行，起始三角块应与主面板一起浇筑，条与条之间宜采用跳仓浇筑方式。滑模施工时的滑升速度，应与浇筑强度、脱模时间相适应，滑行速度宜为 1.5~2.5m/h。

2) 混凝土面板垂直缝间距应有利滑模操作、适应混凝土供料能力和便于组织仓面作业的原则确定。面板的浇筑顺序宜先浇筑中部面板，再向两侧浇筑。

3) 坝高不大于 70m 时，面板混凝土宜一次浇筑完成；坝高大于 70m 时，根据施工安排或度汛提前蓄水需要，面板可分期施工，宜分为二期或三期。二期或三期面板施工宜在相应高程坝高沉降 90d 后进行，且面板顶部应低于相应坝体填筑断面顶部 5m；最后一期面板施工时，防浪墙部位宜超填至防浪墙底部设计高程以上，待防浪墙施工时，回挖至设计高程。

4) 趾板混凝土浇筑施工，应在相邻区的垫层、过渡料和主堆石区填筑前完成。

5) 在高温、低温及干燥季节进行混凝土施工时，应有防开裂、保温、防冻剂保湿措施。

(15) 沥青混凝土防渗体施工。

1) 应根据沥青混凝土防渗体工程特点、施工强度，选择沥青混合料制备工艺流程、拌和设备。沥青混合料拌制宜采用强制式搅拌机。

2) 沥青混凝土施工应根据工程布置、防渗体结构形式、工程区的气候条件及施工设备等因素，确定铺筑方式、铺筑方法和施工设备。

3) 沥青混合料运输设备、摊铺设备及碾压设备的能力应相互匹配，满足沥青混凝土铺筑强度要求。

4) 沥青混合料运输宜采用汽车配专用立式保温罐。

5）沥青混凝土面板施工宜采用斜坡摊铺机，碾压式沥青混凝土心墙铺筑宜选用专用摊铺机，浇筑式沥青混凝土心墙施工可利用热态混合料流动性，在仓内自身流平、沉实，人工插捣。

6）铺筑的斜坡长度应根据施工条件、施工设备、施工运行等情况确定。当斜坡长度小于120m时，面板宜一次铺筑完成。当坝体有拦洪度汛需要时，可分两期铺筑，但两期间的水平缝应加热处理。面板的纵向铺筑宽度以3~4m为宜。

7）沥青混凝土心墙施工不宜设置横缝。心墙铺筑层厚宜通过碾压试验确定，一般可采用20~30cm。碾压式沥青混凝土心墙铺筑与两侧过渡层填筑，应交错式平起平压；浇筑式沥青混凝土心墙宜采用可拆卸组装的钢模施工。

8）沥青混凝土在冬雨季施工应做好混合料拌和、运输、碾压全过程的保温、防雨措施。

（16）土工膜防渗体施工。

1）土工膜的分缝分块长度应根据工程施工条件确定，宜减少分缝长度及数量。

2）土工膜连接应采用膜焊布缝的方式，使其搭接对齐、平整。

3）土工膜连接面要求张弛适度，自然平顺，确保膜与织物联合受力，土工膜与垫层料结合面之间应吻合平整。

4）土工膜在完成铺设后，应及时喷洒水泥浆或回填防护层。

5）土工膜心墙宜采用之字形布置。土工膜铺筑进度应与坝体填筑进度相适应。

6）施工机械不宜跨越土工膜。

（17）石料在负温条件下填筑不应加水，应减小铺料厚度和增加碾压遍数。

（18）土料施工尽可能安排在少雨季节，若在雨季或多雨地区施工，应选用适合的土料和施工方法，并采取可靠的防雨措施。寒冷地区当日平均气温低于0℃时，黏性土按低温季节施工；当日平均气温低于－10℃时，一般不宜填筑土料，否则应进行技术经济论证。

（19）寒冷地区沥青混凝土施工不宜裸露越冬，越冬前已浇筑的沥青混凝土应采取保护措施。

（20）坝面作业规划应遵循以下原则。

1）土质防渗体应与其上游、下游反滤料及坝壳部分平起填筑。

2）垫层料、过渡料与部分坝壳料应平起填筑，跨缝碾压，均衡上升。当反滤料或垫层料施工滞后于坝壳料时，应预留施工场地。

3）面板堆石坝面板宜安排在少雨季节施工，坝面上应有足够施工场地。

4）运输车辆不宜穿越心墙、斜墙和趾板，若需穿越应提前提出专门的施工措施。

5）坝体填筑时，宜平起填筑、均衡上升。采用临时断面度汛时，临时拦洪断面应满足临时挡水的整体稳定、边坡稳定和渗流稳定要求，顶宽应满足施工及防洪抢险要求，斜墙坝、窄心墙坝不宜划分临时断面。

6）各种坝料铺料方法及设备宜尽量一致，并重视结合部位填筑措施，力求减少施工辅助设施。

（21）碾压式土石坝施工机械选型配套原则。

1）提高施工机械化水平。

2）各种坝料坝面作业的机械化水平应协调一致。

3) 各种设备数量按施工高峰时段的平均强度计算，适当留有余地。

4) 振动碾的碾型和碾重根据料场性质、分层厚度、压实要求等条件确定。

四、施工总进度计划

编制施工总进度时，应根据国民经济发展需要，采取积极有效措施满足主管部门或业主对施工总工期提出的要求。如果确认要求工期过短或过长、施工难以实现或代价过大，应以合理工期报批。

（一）工程建设一般划分为 4 个施工阶段

（1）工程筹建期。工程正式开工前由业主单位负责为承包单位进场开工创造条件所需的时间。筹建工作有对外交通、施工用电、通信、征地、移民以及招标、评标、签约等。

（2）工程准备期。准备工程开工起至河床基坑开挖（河床式）或主体工程开工（引水式）前的工期。所做的必要准备工程一般包括：场地平整、场内交通、导流工程、临时建房和施工工厂等。

（3）主体工程施工。一般从河床基坑开挖或从引水道或厂房开工起，至第一台机组发电或工程开始受益为止的期限。

（4）工程完建期。自水电站第一台机组投入运行或工程开始受益起，至工程竣工止的工期。

工程施工总工期为后三项工期之和。并非所有工程的 4 个建设阶段均能截然分开，某些工程的相邻两个阶段工作也可交错进行。

（二）施工总进度的表示形式

根据工程不同情况分别采用以下 3 种形式。

（1）横道图。这种图具有简单、直观等优点。

（2）网络图。这种图可从大量工程项目中表示控制总工期的关键路线，便于反馈、优化。

（3）斜线图。这种图易于体现流水作业。

（三）准备工程施工进度编制

（1）场内交通主干线应先行安排施工，并确定施工道路投入使用时间。

（2）宜创造条件提前建设砂石系统、混凝土生产系统，根据主体工程施工进度要求确定系统投入正常运行的建设时间。

（3）其他准备工程，如场地平整、供电系统、供水系统、供风系统、场内通信系统、施工工厂设施、生活和生产房屋等的建设，应与所服务的主体工程施工进度协调安排。

（四）导流工程施工进度编制

（1）一次拦断和分期导流的一期导流工程，宜安排在施工准备期内进行，若为关键工程则应根据工程需要提前安排施工。

（2）河道截流宜安排在枯水期或汛后期进行，但不宜安排在封冻期和流冰期，截流时间应根据围堰施工所需施工时段和安全度汛要求，结合所选时段各月或旬的平均流量大小，合理分析确定。

（3）围堰闭气和堰基防渗完成后，即可进行基坑抽水作业。对土石围堰与软质地基的基坑，应控制排水下降速度。

（4）采用过水围堰导流方案时，应分析围堰过水期限及过水前后对工期带来的影响，在多泥沙河流上应考虑围堰过水后清淤所需工期。

（5）应根据挡水建筑物施工进度安排，确定施工期临时度汛时段，并应在度汛时段前论证挡水建筑物的施工满足设计度汛洪水标准的面貌要求。

（6）导流泄水建筑物完成导流任务后，封堵时段宜选在汛后，使封堵工程能在一个枯水期内完成。如汛前封堵，应有充分论证和确保工程安全度汛措施。

（五）主体工程施工进度编制

1. 坝基开挖与地基处理工程施工进度

（1）坝基岸坡开挖一般与导流工程平行施工，并在河流截流前基本完成。平原地区的水利工程和河床式水电站如施工条件特殊，也可两岸坝基与河床坝基交叉进行开挖，但以不延长总工期为原则。

（2）不良地质地基处理宜安排在建筑物覆盖前完成。固结灌浆宜在混凝土浇筑1~2层后进行，经过论证，也可在混凝土浇筑前进行。帷幕灌浆宜在坝基混凝土浇筑面或廊道内进行，不占直线工期。

（3）两岸岸坡有地质缺陷的坝基，应根据地基处理方案安排施工工期，当处理部位在坝基范围以外或地下时，可考虑与坝体浇筑（填筑）同时进行，在水库蓄水前按设计要求处理完毕。

（4）地基处理工程进度应根据地质条件、处理方案、工程量、施工程序、施工水平、设备生产能力和总进度要求等因素研究确定。对处理复杂、技术要求高、对总工期起控制作用的深覆盖层的地基处理，应作深入分析，合理安排工期。

（5）根据基坑开挖面积、岩土等级、开挖方法、出渣道路及按工作面分配的施工设备性能和数量等，分析计算坝基开挖强度及相应的工期。

2. 混凝土工程施工进度

（1）在安排混凝土工程施工进度时，应分析有效工作天数，大型工程经论证后若需加快浇筑进度，可分别在冬、雨、夏季采取确保施工质量的措施后施工。一般情况下，混凝土浇筑的月工作日数可按25d计。对控制直线工期工程的工作日数，宜将气象因素影响的停工天数从设计日历天数中扣除。

（2）常态混凝土的平均升高速度与坝型、浇筑块数量、浇筑块高、浇筑设备能力以及温控要求等因素有关，一般通过浇筑排块或工程类比确定。

大型工程宜尽可能应用计算机模拟技术，分析坝体浇筑强度、升高速度和浇筑工期。

（3）混凝土坝施工期历年度汛高程与工程面貌按施工导流要求确定，如施工进度难于满足导流要求，则可相互调整，确保工程度汛安全。

（4）混凝土的接缝灌浆进度（包括厂坝间接缝灌浆）应满足施工期度汛与水库蓄水安全要求，并结合温控措施与二期冷却进度要求确定。

（5）混凝土坝浇筑期的月不均衡系数：大型工程宜小于2.0；中型工程宜小于2.3。

3. 碾压式土石坝施工进度

（1）碾压式土石坝施工进度应根据导流与安全度汛要求，研究坝体的拦洪方案，论证上坝强度，确保大坝按期达到设计拦洪高程。

（2）坝体填筑强度拟定原则。

1）满足总工期以及各高峰期的工程形象要求，且各强度较为均衡。

2) 月高峰填筑量与填筑总量比例协调。

3) 坝面填筑强度应与料场出料能力、运输能力协调。

4) 水文、气象条件对土石坝各种坝料的施工进度有不同程度的影响，须分析相应的有效施工工日。一般应按照有关规范要求，结合本地区水文、气象条件，参考附近已建工程，综合分析确定。

5) 土石坝上升速度主要受塑性心墙（或斜墙）的上升速度控制，而心墙或斜墙的上升速度又和土料性能、有效工作日、工作面、运输与碾压设备性能以及压实参数有关，一般宜通过现场试验确定。

6) 碾压式土石坝填筑期的月不均衡系数宜小于 2.0。

4. 地下工程施工进度

地下工程施工进度受工程地质和水文地质影响较大，各单项工程施工程序互相制约，安排时应统筹兼顾开挖、支护、浇筑、灌浆、金属结构、机电安装等各个工序。

(1) 地下工程一般可全年施工，具体安排施工进度时，应根据各工程项目规模、地质条件、施工方法及设备配套情况，用关键线路法确定施工程序和各洞室、各工序间的相互衔接和最优工期。

(2) 地下工程月进度指标根据地质条件、施工方法、设备性能及工作面情况分析确定。

5. 金属结构及机电安装进度

(1) 施工总进度中应考虑预埋件、闸门、启闭设备、引水钢管、水轮发电机组及电气设备的安装工期，妥善协调安装工程与土建工程施工的交叉衔接，并适当留有余地。

(2) 对控制安装进度的土建工程，（如斜井开挖、支墩浇筑、厂房吊车梁及厂房顶板、副厂房、开关站基础等）交付安装的条件与时间均应在施工进度文件中逐项研究确定。

6. 施工劳动力及主要资源供应

单位工程施工进度计划编制确定以后，根据施工图纸、工程量计算资料、施工方案、施工进度计划等有关技术资料，着手编制劳动力需要量计划，各种主要材料、构件和半成品需要量计划及各种施工机械的需要量计划。它们不仅是为了明确各种技术工人和各种技术物资的需要量，而且还是做好劳动力与物资的供应、平衡、调度、落实的依据，也是施工单位编制月、季生产作业计划的主要依据之一。它们是保证施工进度计划顺利执行的关键。

(1) 劳动力需要量计划。劳动力需要量计划，主要是作为安排劳动力的平衡、调配和衡量劳动力耗用指标、安排生活福利设施的依据，其编制方法是将施工进度计划表内所列各施工过程每天（或旬月）所需工人人数，按工种汇总而得。劳动力需要量计划表，见表 7-1。

表 7-1　　　　　　　　　　劳动力需要量计划表

序号	工种名称	需要人数	××月			××月			备注
			上旬	中旬	下旬	上旬	中旬	下旬	

（2）主要材料需要量计划。主要材料需要量计划，是备料、供料和确定仓库、堆场面积及组织运输的依据，其编制方法是将施工进度计划表中各施工过程的工程量，按材料名称、规格、数量、使用时间计算汇总而得。主要材料需要量计划表，见表 7-2。

表 7-2　　　　　　　　　　　　　　主要材料需要量计划表

序号	材料名称	规格	需要量		需要时间						备注
					××月			××月			
			单位	数量	上旬	中旬	下旬	上旬	中旬	下旬	

对于某分部分项工程是由多种材料组成时，应按各种材料分类计算，如混凝土工程应换算成水泥、砂、石、外加剂和水的数量列入表格。

（3）构件和半成品需要量计划。建筑结构构件、配件和其他加工半成品的需要量计划主要用于落实加工订货单位，并按照所需规格、数量、时间，组织加工、运输和确定仓库或堆场，可根据施工图和施工进度计划编制。构件和半成品需要量计划表，见表 7-3。

表 7-3　　　　　　　　　　　　　　构件和半成品需要量计划表

序号	构件、半成品名称	规格	图号、型号	需要量		使用部位	制作单位	供应日期	备注
				单位	数量				

（4）施工机械需要量计划。施工机械需要量计划主要用于确定施工机械的类型、数量、进场时间，可据此落实施工机械来源，组织进场。其编制方法为将单位工程施工进度计划表中的每一个施工过程每天所需的机械类型、数量和施工日期进行汇总，即得施工机械需要量计划。施工机械需要量计划表，见表 7-4。

表 7-4　　　　　　　　　　　　　　施工机械需要量计划表

序号	机械名称	型号	需要量		现场使用起止时间	机械进场或安装时间	机械退场或拆卸时间	供应单位
			单位	数量				

（六）实例介绍——横道图

某堤防施工总进度计划表，见表 7-5。

五、施工总体布置

施工总体布置方案应遵循因地制宜、因时制宜、有利生产、方便生活、易于管理、安全

表 7-5　　　　　　　　　　某堤防施工总进度计划表

序号	主要工程项目	2006年 2月	3月	4月	5月	6月
1	准备工度	─				
2	清基及削坡		────			
3	堤身填筑及整形		───	───		
4	浆砌石脚槽		──			
5	干砌石护坡			────	──	
6	抛石		──			
7	碎石垫层			───		
8	草皮护坡				────	
9	锥探灌浆		────────			
10	竣工资料整理及工程验收					──

可靠、经济合理的原则，经全面系统比较论证后选定。

（一）施工总体布置方案比较应有以下指标

（1）交通道路的主要技术指标包括工程质量、造价、运输费及运输设备需用量。

（2）各方案土石方平衡计算成果，场地平整的土石方工程量和形成时间。

（3）风、水、电系统管线的主要工程量、材料和设备等。

（4）生产、生活福利设施的建筑物面积和占地面积。

（5）有关施工征地移民的各项指标。

（6）施工工厂的土建、安装工程量。

（7）站场、码头和仓库装卸设备需要量。

（8）其他临建工程量。

（二）施工总体布置及场地选择

施工总体布置应该根据施工需要分阶段逐步形成，满足各阶段施工需要，做好前后衔接，尽量避免后阶段拆迁。初期场地平整范围按施工总体布置最终要求确定。施工总体布置应着重研究以下几个方面。

（1）施工临时设施项目的划分、组成、规模和布置。

（2）对外交通衔接方式、站场位置、主要交通干线及跨河设施的布置情况。

（3）可资利用场地的相对位置、高程、面积和占地赔偿。

（4）供生产、生活设施布置的场地。

（5）临建工程和永久设施的结合。

（6）前后期结合和重复利用场地的可能性。

若枢纽附近场地狭窄、施工布置困难时，可采取适当利用或重复利用库区场地，布置前期施工临建工程，充分利用山坡进行小台阶式布置。提高临时房屋建筑层数和适当缩小间距。利用弃渣填平河滩或冲沟作为施工场地。

(三) 施工分区规划

1. 施工总体布置分区

(1) 主体工程施工区。

(2) 施工工厂区。

(3) 当地建材开采区。

(4) 仓库、站、场、厂、码头等储运系统。

(5) 机电、金属结构和大型施工机械设备安装场地。

(6) 工程弃料堆放区。

(7) 施工管理及生活营区。

要求各分区间交通道路布置合理、运输方便可靠，能适应整个工程施工进度和工艺流程要求，尽量避免或减少反向运输和二次倒运。

2. 施工分区规划布置原则

(1) 以混凝土建筑物为主的枢纽工程，施工区布置宜以砂、石料的开采，加工、混凝土的拌和，以及浇筑系统为主；以当地材料坝为主的枢纽工程，施工区布置宜以土石料采挖与加工、堆料场和上坝运输线路为主。

(2) 机电设备、金属结构安装场地，宜靠近主要安装地点。

(3) 施工管理中心设在主体工程、施工工厂和仓库区的适中地段；各施工区应靠近各施工对象。

(4) 生活福利设施应考虑风向、日照、噪声、绿化、水源水质等因素，其生产、生活设施应有明显界限。

(5) 生活福利设施应考虑风向、日照、噪声、绿化、水源水质等因素，与生产设施应有明显界限。

(6) 特种材料仓库（炸药、雷管库、油库等）应根据有关安全规程的要求布置。

(7) 主要施工物资仓库、站场、转运站等储运系统一般布置在场内外交通衔接处。外来物资的转运站远离工区时，应在工区按独立系统设置仓库、道路、管理及生活福利设施。

(8) 施工分区规划布置应考虑施工活动对周围环境的环境影响，避免噪声、粉尘等污染对敏感区（如学校、住宅区）的危害。

六、施工辅助企业

为施工服务的施工工厂设施（简称施工工厂）主要有：砂石加工、混凝土生产、预冷、预热、压缩空气、供水、供电和通信、机械修配及加工系统等。其任务是制备施工所需的建筑材料，供应风、水和电，建立工地与外界通信联系，维修和保养施工设备，加工制作少量非标准件和金属结构。

(一) 一般规定

(1) 施工工厂的规划布置。施工工厂设施规模的确定，应研究利用当地工矿企业进行生产和技术协作，并结合本工程及梯级电站施工的需要。厂址宜靠近服务对象和用户中心，设于交通运输和水电供应方便处。生活区与生产区分开，协作关系密切的施工工厂宜集中布置。

（2）施工工厂的设计应积极、慎重地推广和采用新技术、新工艺、新设备、新材料；提高机械化、自动化水平，逐步推广装配式结构，力求设计系列化、定型化。

（3）尽量选用通用和多功能设备，提高设备利用率，降低生产成本。

（4）应计算各种施工工厂生产规模、占地面积、建筑面积、用电负荷、生产人员等指标。生产人员指标应根据工厂生产规模、工作班制进行定岗定员计算。

（二）砂石加工系统

砂石加工系统（简称砂石系统）主要由采石场和砂石厂组成。

砂石原料需用量根据混凝土和其他砂石用料计及开采加工运输损耗和弃料量确定。砂石系统规模可按砂石厂的处理能力和年开采量，划分为大型、中型、小型，划分标准见表7-6。

表7-6 砂石系统规模划分标准

规模类型	砂石厂处理能力		采料场
	小时/h	月/万t	年开采/万t
大型	>500	>15	>120
中型	120~500	4~15	30~120
小型	<120	<4	<30

（1）根据优质、经济、就近取材的原则，选用天然、人工砂石料，或两者结合的料源。

1）工程附近天然砂石储量丰富，质量符合要求，级配及开采、运输条件较好时，应优先作为比较料源。

2）在主体工程附近无足够合格天然砂石料时，应研究就近开采加工人工骨料的可能性和合理性。

3）尽量不占或少占耕地。

4）开挖渣料数量较多，且质量符合要求，应尽量利用。

5）当料物较多或情况较复杂时，宜采用系统分析法优选料源。

（2）对选定的主要料场开挖渣料应作开采规划。料场开采规划有以下几项原则。

1）尽可能机械化集中开采，合理选择采、挖、运设备。

2）若料场比较分散，上游料场用于浇筑前期，近距离料场宜作为生产高峰用。

3）力求天然级配与混凝土需用级配接近，并能连续均衡开采。

4）受洪水或冰冻影响的料场应要有备料、防洪或冬季开采等措施。

（3）砂石厂厂址选择有以下几项原则。

1）设在料场附近；多料场供应时，设在主料场附近；砂石利用率高、运距近、场地许可时，亦可设在混凝土工厂附近。

2）砂石厂人工骨料加工的粗碎车间宜设在离采场1~2km范围内，且尽可能靠近混凝土系统，以便共用成品堆料场。

3）主要设施的地基稳定，有足够的承受能力。

（4）成品堆料场容量应满足砂石自然脱水要求。当堆料场总容量较大时，宜多堆毛料或半成品；毛料或半成品可采用较大的堆料高度。成品骨料堆存和运输应符合以下要求。

1）有良好的排水系统。

2）必须设置隔墙避免各级骨料混杂。隔墙高度可按骨料动摩擦角34°～37°加0.5m超高确定。

3）尽量减少转运次数，粒度大于40mm的骨料抛料落差大于3m时，应设缓降设备。碎石与砾石、人工砂与天然砂混合使用时，碎砾石混合比例波动范围应小于10%，人工、天然砂料的波动范围应小于15%。

（5）大中型砂石系统堆料场一般宜采用地弄取料。设计时应注意以下几个方面。

1）地弄进口高出堆料地面。

2）地弄底板一般宜设大于5‰的纵坡。

3）各种成品骨料取料口不宜小于3个。

4）不宜采用事故停电时不能自动关闭的弧门。

5）较长的独头地弄应设有安全出口。

石料加工以湿法除尘为主，工艺设计应注意减少生产环节，降低转运落差，密闭尘源；应采取措施降低或减少噪声影响。

（三）混凝土生产系统

混凝土生产必须满足质量、品种、出机口温度和浇筑强度的要求，小时生产能力可按月高峰强度计算，月有效生产时间可按500h计，不均匀系数按1.5考虑，并按充分发挥浇筑设备的能力进行校核。

拌和加冰和掺合料以及生产干硬性或低坍落度混凝土时，均应核算拌和楼的生产能力。

混凝土生产系统（简称"混凝土系统"）规模按生产能力分大型、中型、小型，划分标准见表7-7。

表7-7　混凝土系统规模划分标准

规模定型	小时生产能力/m³	月生产能力/m³
大型	>200	>6000
中型	50～200	1500～6000
小型	<50	<1500

独立大型混凝土系统拌和楼总数以1～2座以下为宜，一般不超过3座，且规格、型号应尽可能相同。

混凝土系统布置原则：

（1）拌和楼尽可能靠近浇筑地点，并应满足爆破安全距离要求。

（2）妥善利用地形减少工程量，主要建筑物应设在稳定、坚实、承载能力满足要求的地基上。

（3）统筹兼顾前、后期施工需要，避免中途搬迁，不与永久性建筑物干扰；高层建筑物应与输电设备保持足够的安全距离。

混凝土系统尽可能集中布置，下列情况可考虑分散设厂：

（1）水工建筑物分散或高差悬殊、浇筑强度过大，集中布置使混凝土运距过远、供应有困难。

（2）两岸混凝土运输线不能沟通。

（3）砂石料场分散，集中布置骨料运输不便或不经济。

混凝土系统内部布置原则：

（1）利用地形高差。

（2）各个建筑物布置紧凑，制冷、供热、水泥、粉煤灰等设施均宜靠近拌和楼。

(3) 原材料进料方向与混凝土出料方向错开。

(4) 系统分期建成投产或先后拆迁，能满足不同施工期混凝土浇筑要求。

拌和楼出料线布置原则：

(1) 出料能力能满足多品种、多标号混凝土的发运，保证拌和楼不间断地生产。

(2) 出料线路平直、畅通。如采用尽头线布置，应核算其发料能力。

(3) 每座拌和楼有独立发料线，使车辆进出互不干扰。

(4) 出料线高程应和运输线路相适应。

轮换上料时，骨料供料点至拌和楼的输送距离宜在300m以内。输送距离过长，一条带式输送机向两座拌和楼供料或采用风冷、水冷骨料时，均应核算储仓容量和供料能力。

混凝土系统成品堆料场总储量一般不超过混凝土浇筑月高峰日平均3~5d的需用量。特别困难时，可减少到1d的需用量。

砂石与混凝土系统相距较近并选用带式输送机运输时，成品堆料场可以共用，或混凝土系统仅设活容积为1~2班用料量的调节料仓。

水泥应力求固定厂家计划供应，品种在2~3种以内为宜。应积极创造条件，多用散装水泥。

仓库储水泥量应根据混凝土系统的生产规模、水泥供应及运输条件、施工特点及仓库布置条件等综合分析确定，既要保证混凝土连续生产，又要避免储存过多、过久，影响水泥质量，水泥和粉煤灰在工地的储备量一般按可供工程使用日数而定。

材料由陆路运输：4~7d。

材料由水路运输：5~15d。

当中转仓库距工地较远时，可增加2~3d。

袋装水泥仓库容量以满足初期临建工程需要为原则。仓库宜设在干燥地点，有良好的排水及通风设施。水泥量大时，宜用机械化装卸、拆包和运输。

运输散装水泥优先选用气力卸载车辆；站台卸载能力、输送管道气压与输送高度应与所用的车辆技术特性相适应；受料仓和站台长度按同时卸载车辆的长度确定；尽可能从卸载点直接送至水泥仓库，避免中断站转送。

（四）混凝土预冷、预热系统

(1) 混凝土的拌和出机口温度较高、不能满足温控要求时，拌和料应进行预冷。

拌和料预冷方式应根据预冷要求经经济比较确定，可采用骨料堆场降温、加冷水、粗骨料预冷等单项或多项综合措施。加冷水或加冰拌和不能满足出机温度时，结合风冷或冷水喷淋冷却粗骨料，水冷骨料须用冷风保温。骨料进一步冷却，需风冷、淋冷水并用。粗骨料预冷可用水淋法、风冷法、水浸法、真空汽化法等措施。直接水冷法应有脱水措施，使骨料含水率保持稳定；风冷法在骨料进入冷却仓前宜冲洗脱水，5~20mm骨料的表面水含量不得超过1%。

制冷设计应符合有关规定，制冷容量应根据混凝土浇筑高峰年的最大热负荷确定，制备冷水和冷风所需的热负荷应根据不同温度的低温混凝土的小时浇筑量计算，制冰可考虑冰库的调节作用。

(2) 低温季节混凝土施工，须有预热设施。

优先用热水拌和以提高混凝土拌和料温度，若尚不能满足浇筑温度要求时，再进行骨料预热，水泥不得直接加热。

混凝土材料加热温度应根据室外气温和浇筑温度通过热平衡计算确定，拌和水温一般不宜超过60℃。骨料预热设施根据工地气温情况选择，当地最低月平均气温在－10℃以上时，可在露天料场预热；在－10℃以下时，宜在隔热料仓内预热；预热骨料宜用蒸汽排管间接加热法。

供热容量除满足低温季节混凝土浇筑高峰时期加热骨料和拌和水外，尚应满足料仓、骨料输送廊道、地弄、拌和楼、暖棚等设施预热时耗热量。

供热设施宜集中布置，尽量缩短供热管道减少热耗，并应满足防火、防冻要求。

混凝土组成材料在冷却、加热生产、运输过程中，必须采取有效的隔热、降温或采暖措施，预冷、预热系统均需围护隔热材料。

有预热要求的混凝土在日平均气温低于－5℃时，对输送骨料的带式输送机廊道、地弄、装卸料仓等均需采暖，骨料卸料口要采取措施防止冻结。

（五）压缩空气、供水、供电和通信系统

（1）压气系统主要供石方开挖、混凝土施工、水泥输送、灌浆、机电及金属结构安装所需压缩空气。

根据用气对象的分布、负荷特点、施工进度安排、管网压力损失和管网设置的经济性等综合分析，确定集中或分散供气方式，大型风动凿岩机及长隧洞开挖应尽可能采用随机移动式空压机供气，以减少管网和能耗。

压气站位置应尽量靠近耗气负荷中心、接近供电和供水点，处于空气洁净、通风良好、交通方便、远离需要安静和防振的场所。

同一压气站内的机型不宜超过两种规格，空压机一般为2~3台，备用1台。

（2）施工供水量应满足不同时期日高峰生产用水和生活用水需要，并按消防用水量进行校核。水源选择有以下几个原则。

1）水量充沛可靠，靠近用户。

2）满足水质要求，或经过适当处理后能满足要求。

3）符合卫生标准的自流或地下水应优先作为生活饮用水源。

4）冷却水或其他施工废水应根据环保要求与经济论证，确定回收净化作为施工循环用水水源。

5）生活和生产用水宜根据水质要求、用水量、用户分布、水源、管道、和取水建筑物设置等情况，通过技术经济比较后确定集中或分散供水。

6）水量有限而与其他部门共用水源，应签订协议，防止用水矛盾。

7）供水水泵型号及数量根据设计供水量的变化、水压要求、调节水池的大小、水泵效率、设备来源等因素确定。同一泵站的水泵型号应尽可能统一。泵站内应设备用水泵，当供水保证率要求不高时，可根据具体情况少设或不设。

（3）供电系统应保证生产、生活高峰负荷需要。电源选择应结合工程所在地区能源供应和工程具体条件，经过技术经济比较确定。一般优先考虑电网供电，并尽可能提前架设电站永久性输电线路；施工准备期间，若无其他电源，可建临时发电厂供电；电网供电后，电厂作为备用电源。

各施工阶段用电最高负荷按需要系数法计算；当资料缺乏时，用电高峰负荷可按全工程用电设备总容量的25%～40%估算。

对工地因停电可能造成人身伤亡或设备事故，引起国家财产严重损失的一类负荷必须保证连续供电，设两个以上电源；若单电源供电，须另设发电厂作备用电源。

自备电源容量的确定有以下几个原则。

1) 用电负荷全由自备电源供给时，其容量应能满足施工用电最高负荷要求。

2) 作为系统补充电源时，其容量为施工用电最高负荷与系统供电容量的差值。

3) 事故备用电源，其容量必须满足系统供电中断时工地一类负荷用电要求。

4) 自备电源除满足施工供电负荷和大型电动机启动电压要求外，尚应考虑适当的备用容量或备用机组。

供电系统中的输、配电电压等级采用符合标准电压等级，根据输送半径及容量确定。

(4) 施工通信系统应符合迅速、准确、安全、方便的原则。

通信系统组成与规模应根据工程规模大小、机械程度高低、施工设施布置，以及用户分布情况确定。一般以有线通信为主，机械化程度较高的大型工程，需增设无线通信系统。有线调度电话总机和施工管理通信的交换机容量可按用户数加20%～30%的备用量确定；当资料缺乏时，可按每百人5～10门确定。

水情预报、远距离通信以及调度施工现场流动人员，设备可采用无线电通信。其工作频率应避免与该地区无线电设备干扰。

供电部门的通信主要采用电力载波。载波机型号和工作频率应按"电力系统通信规划"选择。当变电站距供电部门较近且架设通信线经济时，可架设通信线。

与工地外部通信一般应通过邮电部门挂长途电话方式解决，其中继线数量一般可按每百门设双向中继线2～3对；有条件时，可采用电力载波、电缆载波、微波中继、卫星通信或租用邮电系统的通道等方式通信，并与电力调度通信及对外永久通信的通道并作。

(六) 机械修配厂、加工厂

(1) 机械修配厂（站）主要进行设备维修和更换零部件。尽量减少在工地的设备加工、修理工作量，使机械修配厂向小型化、轻装化发展。厂址应靠近施工现场，便于施工机械和原材料运输，附近有足够场地存放设备、材料、并靠近汽车修配厂。

机械修配厂各车间的设备数量应按承担的年工作量（总工时或实物工作量）和设备年工作时数（或生产率）计算，最大规模设备应与生产规模相适应。尽可能采用通用设备，以提高设备利用率。

汽车大修尽可能不在工地进行，当汽车数量较多且使用期多超过大修周期、工地又远离城市或基地，方可在工地设置汽车修理厂，大型或利用率较低的加工设备尽可能与修配厂合用。当汽车大修量较小时，汽车修理厂可与机械修配厂合并。

(2) 压力钢管加工制作地点主要根据钢管直径、管壁厚度、加工运输条件等因素确定。大型钢管一般宜在工地制作；直径较小且管壁较厚的钢管可在专业工厂内加工成节或瓦状，运至工地组装。

(3) 木材加工厂承担工程锯材、制作细木构件、木模板和房屋建筑构件等加工任务。根据工程所需原木总量、木材来源及其运输方式，锯材、构件、木模板的需要量和供应计划，及场内运输条件等确定加工厂的规模。

当工程布置比较集中时，木材加工厂宜和钢筋加工、混凝土构件预制共同组成综合加工厂，厂址应设在公路附近装、卸料方便处，并应远离火源和生活办公区。

（4）钢筋加工厂承担主体及临时工程和混凝土预制厂所用钢筋的冷处理、加工及预制钢筋骨架等任务。规模一般按高峰月的日平均需用量确定。

（5）混凝土构件预制厂供应临建和永久工程所需的混凝土预制构件，混凝土构件预制厂规模根据构件的种类、规格、数量、最大重量、供应计划、原材料来源及供应运输方式等计算确定。

当预制件量小于 3000m³/a 时，一般只设简易预制场。预制构件应优先采用自然保护，大批量生产或寒冷地区低温季节才采取蒸汽保护。

（6）当混凝土预制与钢筋加工、木材加工组成综合加工厂时，可不设钢筋、木模加工车间；当由附近混凝土系统供应混凝土时，可不设或少设拌和设备。木材、钢筋、混凝土预制厂在南方以工棚为主，少雨地区尚可露天作业。

任务二　单位工程施工组织设计

任务描述：了解单位工程施工组织设计的基本知识，掌握单位工程施工组织设计的编制内容和编制方法。

单位工程施工组织设计是以单位工程为编制对象，用以指导其施工全过程各项活动的技术、经济的综合性文件。它是施工组织总设计的具体化设计文件，其内容更详细。这里所述单位工程施工组织设计，主要指招标投标阶段的施工组织设计。

一、单位工程施工组织设计概述

（一）单位工程施工组织设计的编制原则

1. 全面响应原则

全面响应原则是对招标文件全面内容的全面响应，而不是有的响应，有的不响应，也不能单方面修改。

2. 技术可行原则

技术上可行是指施工组织设计中选定的施工方案、施工方法必须是可行的，符合当时施工水平、设备水平，所采用的施工平面布置是合理的资源供给达到相对平衡合理，经过努力可以达到的。

3. 环境保护的原则

工程施工从某种程度上说就是对自然环境的破坏与改造，环境保护是我们可持续发展的前提。因此，在施工组织设计中应体现出对环境保护的具体措施。

（二）单位工程施工组织设计的编制依据

（1）施工组织总设计。单位工程施工组织设计，一般是一个项目的一个组成部分，必须按照设计阶段的施工组织总设计的各项指标和任务要求来编制，如进度计划的安排应符合总设计的要求。

（2）招标文件。招投标阶段的单位工程施工组织设计，其主要目的是投标中标，就必须响应招标文件，所以招标文件是单位工程施工组织设计编制的依据。

（3）设计文件、预算文件。设计文件中的勘察资料、设计图纸、图纸审查意见及答复等资料,预算文件提供的工程量和预算成本数据,是编制单位工程施工组织设计重要的技术经济参数来源。

(4) 国家相关技术规范、标准、技术规程、建筑法规及规章制度,行业规程及企业的技术资料;施工所在地的行业主管部门文件及政府文件;建设单位对该工程项目的有关要求。

(5) 施工现场水、电、道路、原材料渠道等调查资料;图纸会审资料;企业质量、环境、职业健康安全管理体系标准文件;企业工艺标准、企业管理制度及公司发文等。

(三) 单位工程施工组织设计的编制程序

单位工程施工组织设计的编制程序,如图 7-1 所示。

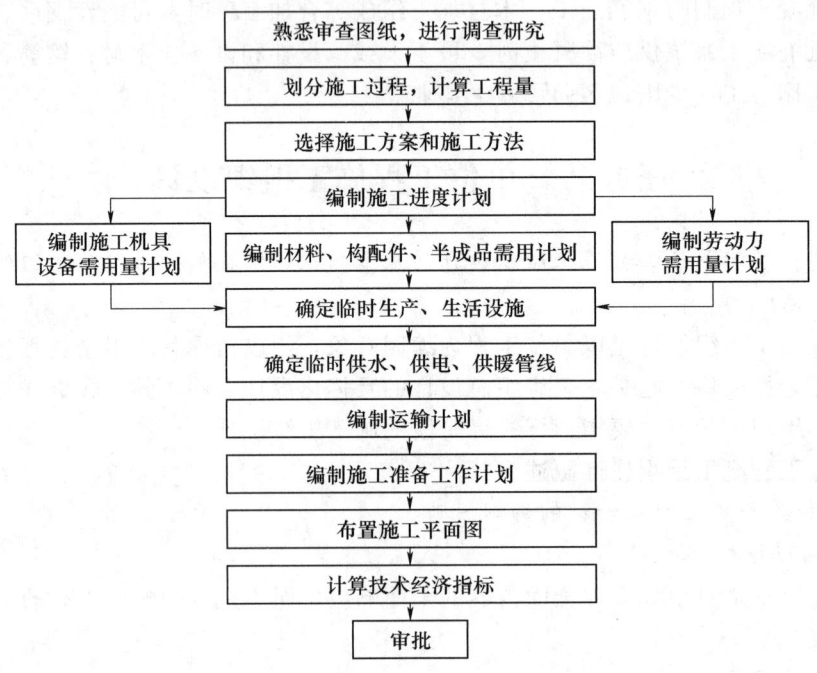

图 7-1 单位工程施工组织设计的编制程序

(四) 单位工程施工组织设计的编制内容

1. 一般内容

单位工程施工组织设计,是以单个建筑物为对象编制的,通常单位工程施工组织设计也是施工组织总设计的具体化。根据单位工程的规模和技术复杂程度,其施工组织设计和深度也不尽一致。较完整的内容应包括以下几个方面。

(1) 工程概况及施工特点分析。
(2) 施工方案设计。
(3) 单位工程施工进度计划。
(4) 单位工程施工准备工作计划。
(5) 劳动力、材料、构件、加工品、施工机械和机具等需要量计划。
(6) 施工现场平面布置图。
(7) 保证质量、安全、文明施工及降低成本等技术措施。

(8) 冬、雨期施工的技术措施。

(9) 各项技术经济指标。

2. 各内容间的相关关系

单位工程施工组织设计各项内容中，劳动力、材料、构件和机械设备等需要量计划、施工准备工作计划、施工现场平面布置图，是指导施工准备工作的进行，为施工创造物质基础的技术条件。施工方案和进度计划则主要是指导施工过程的进行，规划整个施工活动的文件。工程能否按期完成或提前交工主要取决于施工进度计划的安排，而施工进度计划的制订又必须以施工准备、场地条件以及劳动力、机械设备、材料的供应能力和施工技术水平等因素为基础。反之，各项施工准备工作的规模和进度、施工平面图的分期布置、各种资源的供应计划等，又必须以施工进度计划为依据。因此，在编制时需抓住关键环节，同时处理好各方面的相互关系，重点编好施工方案、施工进度计划和施工平面布置图，即常称的"一图、一案、一表"。抓住3个重点，突出"技术""时间""空间"三大要素，其他问题就会迎刃而解。

二、工程概况及施工特点分析

1. 工程概况

单位工程施工组织设计是根据招标文件提供的工程概况进行编制和分析的。一般情况下，招标文件提供的工程概况都不详细，还需通过相关的建设单位进行深入细致的调查，包括自然情况、社会经济情况和工程情况等。

根据调查所得到的工程项目技术经济资料，简要阐述工程概况，可采用表格化的形式说明工程的主要情况。内容通常应包括以下几个方面。

(1) 工程概况。主要说明工程的规模、位置、内容、功能等。

(2) 建设地点特征。概述建设工程的位置、区域地形、工程地质条件、水文条件、气候条件（包括气温、冬、雨季时间、风速、风向等）、地震烈度等。

(3) 施工条件。了解说明水、电、道路、场地等情况，建筑场地四周环境、材料、构件、加工品的供应来源和加工能力。

(4) 工程项目和工作内容。

2. 工程特点

通过上述分析，应指出单位工程的施工特点、难点，施工中的关键问题和主要矛盾，以及施工中危险性较大的工程，并提出解决方案。分析并掌握工程特点、难点，施工中的关键问题和主要矛盾，以及施工中危险性较大的工程，是编制一份有价值、有意义，能指导实际施工的单位工程施工组织设计的基础。

三、单位工程施工组织设计主要内容的编制办法

编制单位工程施工组织设计，重点在施工方案、施工进度计划、资源（劳动力、材料、机械）需求计划、施工现场平面布置图四大部分。针对这4个部分，下面介绍其编制办法。

（一）施工方案的编写

施工方案是对施工部署的安排进行细化，施工方案可分为技术方案和组织方案两个重点进行设计。技术方案解决施工工艺、施工方法、机具的配置问题；组织方案解决划分施工区（段）、确定流向及劳动力的平衡等问题。

1. 施工流向的确定

施工流向是指单位工程在平面上或竖向上施工开始的部位和进展的方向。对单位工程施

工流向的确定一般遵循"四先四后"的原则，即先准备后施工、先地下后地上、先主体后围护、先结构后装饰的次序。

同时，针对具体的单位工程，在确定施工流向时应考虑以下因素：生产使用的先后，施工区段的划分，材料、构件、土方的运输方向不发生矛盾，适应主导工程。

确定施工顺序具体应注意以下几点。

（1）主导工程（工程量大、技术复杂、占用时间长的施工过程）的施工顺序是确定施工流向的关键因素，故影响主导工程进度的应先施工。

（2）对生产和使用有要求在先的部位先施工。

（3）技术复杂、工期长的区段或部位应先施工。

（4）基础深浅不一的应先深后浅。

（5）土方开挖运输时，施工起点一般由远而近流向进行，土方填筑应分层填筑、分层碾压。

2. 流水段划分

划分流水段，目的是适应流水施工的要求，将单一而庞大的建筑物（或建筑群）划分成多个部分以形成"假定产品批量"。划分流水段应考虑以下几个主要问题。

（1）施工段的数目要适宜。施工段数过多势必要减少人数，工作面不能充分利用，拖长工期；施工段数过少，则会引起劳动力、机械和材料供应集中，有时会造成资源"断流"现象。

（2）以主导施工过程为依据。划分施工段时，以主导施工过程的需要来划分。主导施工过程是指对总工期起控制作用的施工过程，如钢筋混凝土坝体的钢筋混凝土工程等。

（3）施工段的分界与施工对象的结构界限（如温度缝、沉降缝等）一致，以便保证施工质量。

（4）各施工段的劳动量尽可能大致相等，以保证各班组连续、均衡地施工。

3. 施工机械选择

施工机械选择应遵循切实需要、实际可能、经济合理的原则，具体要考虑以下几点。

（1）技术条件。它包括技术性能、工作效率、工作质量、能源耗费、劳动力的节约，使用安全性和灵活性、通用性和专用性、维修的难易程度、耐用程度等。

（2）经济条件。它包括原始价值、使用寿命、使用费用、维修费用等。如果是租赁机械应考虑其租赁费。

（3）要进行定量的技术经济分析比较，以使机械选择最优。

4. 施工测量方案

（1）准备工作。它包括图纸审核，建立测量班组，仪器、设备的配备及鉴定，接桩复测等。

（2）施工测量放线。它包括放线方法、平面控制点和控制方法。

（3）高程控制。它包括控制点的设置、控制方法、立体形状控制等。

5. 主要项目施工方法

主要项目施工方法是施工方案的核心，编制时首先要根据工程特点、难点、施工中的关键问题和主要矛盾，以及施工中危险性较大的工程，找出哪些项目是主要项目，以便选择施工方法有针对性，能解决关键问题。主要项目随工程的不同而异，不能千篇一律。同一类工程的基础、结构、装修，又各有不同的主要项目，应分别对待。

(1) 在选择施工方法时应当遵循的原则。

1) 方法可行，条件允许，可以满足施工工艺要求。

2) 符合国家颁发的现行施工验收规范和质量检验评定标准的有关规定。

3) 尽量选择那些经过试验鉴定的科学、先进、节约的方法，尽可能进行技术经济分析。

4) 要与选择的施工机械及划分的流水段相协调。

(2) 选择主要项目施工方法时需要考虑的因素。

1) 土石方工程，主要考虑以下因素：采用机械、开挖方法、放坡要求、排水方法及所需设备、土石方的平衡调配。

2) 基础工程，主要考虑以下因素：基础需设施工缝时，应明确留设位置和技术要求；确定浅基础的垫层、混凝土和钢筋混凝土基础施工的技术要求；当地下水位埋深不能满足施工要求，而需要进行降水施工时，应确定降水方法和技术要求；确定桩基础的施工方法和施工机械。

3) 砌筑工程，主要考虑以下因素：砖墙的砌筑方法和质量要求，砌筑施工中的流水段和劳动力组合形式，脚手架搭设方法和技术要求。

4) 现场垂直、水平运输，主要考虑以下因素：垂直运输量（有标准层的要确定标准层的运输量），垂直运输方式，脚手架的选择及搭设方式，水平运输方式及设备的型号、数量，配套使用的专用工具设备（如砖车、砖笼、混凝土车、灰浆车和料斗等），地面上水平运输的行驶路线，合理地布置垂直运输设施的位置，综合安排各种垂直运输设施的任务和服务范围，混凝土后台上料方式。

5) 混凝土及钢筋混凝土工程，主要考虑以下因素：模板类型和支模方法，隔离剂的选用，钢筋加工、运输和安装方法，混凝土搅拌和运输方法，混凝土的浇筑顺序，施工缝位置，分层高度，工作班次，振捣方法和养护制度等。在选择施工方法时，应特别注意大体积混凝土的施工，模板工程的工具化和钢筋、混凝土施工的机械化。

对于危险性较大的工程需要在施工前编制安全专项施工方案，并且对于其中结构较为复杂、特殊性较多的工程，安全专项施工方案还应经专家组进行论证和审查。

(二) 施工进度计划

编制施工进度计划及资源需求量计划是在选定的施工方案基础上，确定单位工程的各个施工过程的施工顺序、施工持续时间、相互配合的衔接关系及反映各种资源的需求状况。控制单位工程进度，保证在规定工期内完成质量要求的工程任务，能尽可能缩短工期，降低成本，取得较高的经济效益。

1. 编制的依据

(1) 业主提供的总平面图，单位工程施工图及地质、地形图、工艺设计图基础、采用的各种标准图等图纸及技术资料。

(2) 施工工期要求及开工、竣工日期。

(3) 施工条件、劳动力、材料、构件及机械的供应条件、分包单位的情况。

(4) 确定的重要分部分项工程的施工方案，包括施工顺序、施工段划分、施工起点流向、施工方法及质量安全措施。

(5) 劳动定额及机械台班定额等。

2. 施工进度计划的形式

施工进度计划一般采用横道图、网络图和时标网络图等形式，它们各有特点，通常是综合使用两种或两种以上来描述进度计划。

3. 编制施工进度计划的一般步骤

(1) 划分施工过程。编制施工进度计划时,首先应按照施工图的施工顺序将单位工程的各个施工过程列出,项目包括从准备工作直到交付使用的所有土建、设备安装工程,将其逐项填入表中工程名称栏内。

划分施工过程的粗细程度,要根据进度计划的需要进行。对控制性进度计划,其划分可较粗,列出分部工程即可;对实施性进度计划,其划分较细,特别是对主导工程和主要分部工程,要详细具体。除此之外,施工过程的划分还要结合施工条件、施工方法和劳动组织等因素。凡在同一时期可由同一施工队完成的若干施工过程可合并,否则应单列。对次要零星工程,可合并为其他工程。水、电和设备安装工程通常由专业队负责施工,在施工进度计划中可只反映这些工程与土建工程的配合关系,即只列出项目名称并标明起止时间。

(2) 计算工程量、查出相应定额。计算工程量应根据施工图和工程量计算规定进行,计算时应注意以下问题。

1) 计算工程量的单位与定额手册所规定单位相一致。

2) 结合选定的施工方法和安全技术要求计算工程量。

3) 结合施工组织要求,分区、分段、分层计算工程量。

根据所计算工程量的项目,在定额手册中查出相应的定额。

(3) 确定劳动量和机械台班数量。根据计算出的各分部分项的工程量和查出的相应时间定额或产量定额,计算出各施工过程的劳动量或机械台班数。

(4) 计算各分项工程施工天数。计算各分项工程施工天数的方法有两种。

1) 反算法,根据合同规定的总工期和本企业的施工经验,确定各分部分项工程的施工时间。然后按各分部分项工程需要的劳动量或机械台班数量,确定每一分部分项工程每个工作班所需要的工人数或机械数量。

2) 正算法,按计划配备在各分部分项工程上的施工机械数量和各专业工人数确定工期。

在安排每班工人数和机械台数时,应综合考虑各分项工程各班组的每个工人都应有足够的工作面(每个工种所需的工作面各不相同,具体数据可查有关施工手册),以发挥高效率并保证施工安全;在安排班次时宜采用一班制;如工期要求紧时,可采用二班制或三班制,以加快施工速度,充分利用施工机械。

(5) 编制施工进度计划的初步方案。各分部分项工程的施工顺序和施工天数确定后,应按照流水施工的原则,力求主导工程连续施工;在满足工艺和工期要求的前提下,尽可能使绝大多数工作能平行地进行,使各个施工队的工人尽可能地搭接起来,具体有以下两个步骤。

1) 首先划分主要施工阶段,组织流水施工。要安排其中主导施工过程的施工进度,使其尽可能连续施工,然后安排其余分部工程,并使其与主导分部工程最大可能平行进行或最大限度搭接施工。

2) 按照工艺的合理性,工序间尽量穿插、搭接或平行。

(6) 施工进度计划的检查与调整。对于初步编制的施工进度计划要进行全面检查,看各个施工过程的施工顺序、平行搭接及技术间歇是否合理;编制的工期能否满足合同规定的工期要求;劳动力及物资资源方面是否能连续、均衡施工等方面进行检查并初步调整,使不满足变为满足,使一般满足变成优化满足。调整的方法一般有:增加或缩短某些分项工程的施工时间；在施工顺序允许的条件下将某些分项工程的施工时间向前或向后移动；必要时可以改变施工方法或施工组织。总之，通过调整，在工期能满足要求的条件下，使劳动力、材料、设备需要趋于均衡，主要施工机械利用率比较合理。

（三）资源需求计划编制

在单位工程施工进度计划编定以后，可根据各工序每天及持续期间所需资源量编制出材料、劳动力、构件、加工品、施工机具等资源需要量计划，以确定工地临时设施并作为有关职能部门按计划调配供应资源的依据。

（1）劳动力需要量计划。它是将单位工程施工进度表内所列各施工过程每天所安排的工人人数，按工种进行汇总而成，主要用于劳动力调配和工地生活设施的安排。

（2）主要材料需要量计划。它是单位工程进度计划表中各个施工过程的工程量按组成材料的名称、规格、使用时间和消耗、贮备分别进行汇总而成，主要用于掌握材料的使用、贮备动态、确定仓库堆场面积和组织材料运输。

（3）构件、加工品需要量计算。它是根据施工图和进度计划进行编制，主要是为了构件制作单位签订供货合同，确定堆场和组织运输等。

（4）施工机械需要量计划。它是根据施工方案和进度计划所确定施工机具类型、数量、进场时间，将其汇总而成，以供设备部门调配和现场道路场地布置之用。

（四）单位工程施工平面布置图的设计

单位工程施工平面布置图，是施工组织设计的主要组成部分，是布置施工现场的依据。如果施工平面图设计不好或贯彻不力，将会导致施工现场混乱的局面，直接影响到施工进度、生产效率和经济效果。

单位工程施工组织设计平面布置图是对拟建工程施工现场所作的平面设计和空间布置图。它是根据拟建工程的规模、施工方案、施工进度计划及施工现场的条件等，按照一定的设计原则，正确地解决施工期间所需的各种临时工程同永久性工程和拟建工程之间的合理位置关系。一般单位工程施工平面图采用的比例是 1∶500 至 1∶2000。

1. 单位工程施工平面图设计的依据和内容

（1）设计的依据。

1) 建筑总平面图及施工场地的地形、地质、水文气候等自然条件。

2) 工地及周围生活设施、道路交通、电力电源、水源等条件。

3) 单位工程施工进度计划及主要施工过程的施工方法。

4) 各种建筑材料、预制构件、半成品、建筑机械的现场存贮量及进场时间。

5) 现有可用的房屋及生活设施，包括临时建筑物、仓库、水电设施、浴室等。

6) 一切已建及拟建的房屋和地下管道，以便考虑在施工中利用，影响施工的则提前拆除。

7) 建筑区域的竖向设计和土方调配图。

（2）单位工程施工平面图布置的内容。

1) 已建及拟建的永久性房屋、构筑物及地下管道。

2) 材料仓库、堆场；预制构件堆场、现场预制构件制作场地布置；钢筋加工厂、木工房、工具房、混凝土搅拌站、砂浆搅拌站、化灰池、沥青存储罐、沉砂池、生活区及行政办公用房。

3) 临时围堰、临时道路、可利用的永久性或原有道路；临时水电气管网布置，水源、电源、变压站位置、加压泵房、消防设施、临时排水沟管及排水方向；围墙、传达室、现场出入口等。

4）移动式起重机开行路线及轨道铺设、固定垂直运输工具或井架位置、起重机或塔吊回转半径及相应幅度的起重量。

5）测量轴线及定位线标志，永久性水准点位置。

6）必要的图例、比例尺、方向及风向标记。

2．设计的基本原则

（1）在满足现场施工条件下，布置紧凑，便于管理，尽可能减少施工用地。

（2）在满足施工顺利进行的条件下，尽可能减少临时设施，减少施工用的管线，尽可能利用施工现场附近的原有建筑物作为施工临时用房，并利用永久性道路供施工使用。

（3）最大限度地减少场内运输，减少场内材料、构件的二次搬运；各种材料按计划分期分批进场，充分利用场地；根据使用时间的要求，各种材料堆放的位置，尽量靠近使用地点，节约转运劳动力和减少材料多次转运中的损耗。

（4）临时设施的布置，应利于施工管理及工人的生产和生活；办公用房应靠近施工现场；福利设施应在生活区范围之内。

（5）遵循水利建设法律法规对施工现场管理提出的要求，符合劳动保护、保安、防火和环境保护的要求。

根据以上基本原则并结合现场实际情况，施工平面图可布置几个方案，选其技术上最合理、费用上最经济的方案。可以从以下几个方面进行定量的比较：施工用地面积、施工用临时道路、管线长度、场内材料搬运量、临时用房面积等。

3．施工平面图的设计步骤

详细研究施工图、施工进度计划、施工方法以及原始资料，具体设计步骤是：收集原始资料→布置起重机位置及开行路线→布置材料、预制构件、加工厂、仓库和搅拌站的位置→布置运输道路→布置行政管理及生活用临时房屋→布置水电管网→布置安全消防设施→计算技术经济指标→调整优化。

（1）布置起重机位置及开行路线。起重机的位置影响仓库、材料堆场、砂浆搅拌站、混凝土搅拌站等的位置及场内道路和水电管网的布置，因此要先布置。

布置起重机的位置要根据现场建筑物四周的施工场地的条件及吊装工艺，如在起重机起重幅度范围内，能将材料和构件运至任何施工地点，避免出现死角。

当高空有高压电线通过时，高压线必须高出起重机，并且安全距离符合规范要求，如果不符合上述条件，则高压线应搬迁。当搬迁高压线有困难时，则要采取安全措施（如搭设隔离防护竹、木排架等），或调整垂直运输方式。

当塔式起重机轨道路基在排水坡下边时，应在其上游设置挡水堤或截水沟将水排走，以免雨水冲坏轨道及路基。

布置固定垂直运输设备时，要考虑到材料运输的方便、运距最短。井架位置布置在高低分界线处及窗口处为宜，运输方便。

（2）布置材料、预制构件、加工厂、仓库和搅拌站的位置。

1）起重机布置位置确定后，布置材料、预制构件堆场及搅拌站位置，材料堆放尽量靠近使用地点，减少或避免二次搬运，并考虑到运输及卸料方便。

基础施工用的材料可堆放在基础四周，但不宜离基坑（槽）边缘太近，以防压塌土壁。

2）如用固定式垂直运输设备，则材料、构件堆场应尽量靠近垂直运输设备，以减少二次搬运。采用塔式起重机为垂直运输时，材料、构件堆场、砂浆搅拌站、混凝土搅拌站出料口等应布置在塔式起重机有效起吊范围内。

3）预制构件的堆放位置要考虑到吊装顺序。先吊的放在上面，后吊的放在下面，吊装构件进场时间应密切与吊装进度配合，力求构件进场直接到就位位置，避免二次搬运。

4）砂浆、混凝土搅拌站的位置尽量靠近使用地点或靠近垂直运输设备。有时浇筑大型混凝土基础时，为减少混凝土运输工作量，可将混凝土搅拌站直接设在基础边缘，待基础混凝土浇好后再转移。砂、石堆场及水泥仓库应紧靠搅拌站布置，因砂、石及水泥的用量较大，搅拌站的位置也应考虑到使这些大宗材料的运输和卸料方便。

（3）布置运输道路。尽可能利用提前施工的永久性道路，或先造好永久性道路的路基，在交工前再铺路面。现场的道路最好是环形布置，以保证运输工具回转、调头方便。单位工程施工平面图的道路布置，应与施工总平面图的道路相配合。

（4）布置行政管理及生活用临时房屋。它主要指工地出入口要设门岗，办公室布置在靠近现场，工人生活用房尽可能利用建设单位永久性设施。若系新建工程，则生活区应与现场分隔开。一般新建工程的行政管理及生活用临时房屋由施工总平面图来考虑。

（5）布置水电管网。

1）根据实践经验，一般面积在 $5000\sim10000m^2$ 的单位工程施工用水的总管用 Φ100 管，支管用 Φ40 或 Φ25 管。Φ100 管可供给一个消防龙头的水量。

2）施工现场应设消防水池、水桶、灭火器等消防设施。单位工程施工中的防火，尽量利用建设单位永久性消防设备；若系新建工程，则根据施工总平面图来考虑。

3）当水压不够则可加设加压泵或设蓄水池解决。

4）单位工程施工用电应在施工总平面图中一并规划，若属于扩建的单位工程，一般计算出在施工期间的用电总数，提请建设单位解决，往往不另设变压器；只有独立的单位工程施工时，计算出现场用电量后，才选用变压器。工地变压站的位置应布置在现场边缘高压线接入处，四周用钢丝网围住，变压站不宜布置在交通要道口。

5）工地排水沟管最好与永久性排水系统结合，特别注意暴雨季节其他地区的地面水涌入现场的可能性；为避免出现这种情况，工地四周要设置排水沟。

6）平面图的布置要充分考虑对周围环境的保护，尽量保持原有的环境地貌，减少对周边环境的影响，同时生活垃圾、工地废料等都应该采取环保的方法处理。

此外，对比较复杂的单位工程施工平面图，应按不同施工阶段分别布置施工平面图。在整个施工期间，施工平面图中的管线、道路及临时建筑不要轻易变动。

任务三　案　例　分　析

施工总体布置实例

安徽省白莲崖水库工程位于安徽省六安市霍山县境内，坝址位于淮河南岸主要支流淠河的主源漫水河上，工程由拦河大坝、泄洪中孔、泄洪隧洞、发电引水隧洞、电站厂房和变电站等组成，是一座以防洪为主，兼顾灌溉、供水和发电等综合利用的大（2）型工程，大坝坝顶高程234.6m，水库总库容4.60亿 m^3，电站总装机容量2×25MW。

白莲崖水库大坝为碾压混凝土双曲拱坝，最大坝高104.6m，坝体左右岸分别布置1孔和2孔泄洪中孔，大坝左侧结合导流隧洞布置一孔泄洪隧洞，发电引水系统布置在坝址右岸。主体建筑物土石开挖28万 m^3，碾压混凝土57.4万 m^3，混凝土7.2万 m^3，固结灌浆0.96万 m，帷幕灌浆1.59万 m，接缝灌浆1.39 m^2。

根据国务院关于治淮骨干工程应在2007年年底全部完成的精神，结合本工程的特点，初步设计推荐的工程总施工期3.5a。工程准备期共10个月，2004年12月施工队伍进场，至2005年10月，主要完成导流隧洞施工、河道截流及围堰填筑，砂石加工系统、混凝土生产及运输系统以及施工备料等工作；主体工程施工自2005年2月开始坝基、引水隧洞及厂房土石方开挖，2006年10月第一台机组发电，2007年6月工程全部完工。

枢纽工程属二等工程，大坝为2级建筑物，相应导流建筑物为4级。2004年10月至2005年3月，采用上下游围堰一次截断河流、隧洞导流方式导流，导流隧洞部分结合利用大坝左岸永久泄洪隧洞；2005年4~9月由坝体临时挡水度汛，洪水通过导流隧洞及坝上预留的度汛缺口共同下泄；2005年10月年7月~2006年7月通过坝体挡水，隧洞导流；2006年7月下旬水库开始下闸蓄水，上游来水通过水库调蓄和泄洪中孔下泄。

发电厂房为3级建筑物，相应导流建筑物为5级，施工时段选择枯水期（10月至翌年3月），下游水位以佛子岭水库汛后蓄水位120m控制，采用围堰圈围挡水方式形成基坑；汛期由厂房四周墙体（封堵与度汛有关的所有孔洞并下放2扇尾水检修闸门）挡水度汛。

1. 场地布置条件

大坝地处高山峡谷地区，河谷呈U形，河床宽70~90m，左岸、右岸山峰峰顶高程为280~420m，岸坡一般45°~50°，近河床处岸坡一般约35°，坝址附近可供施工布置的场地主要有：坝址左岸下游长约1.5 km地段为一级台地梯田，宽约40m，地表坡度约20°；另有部分山冲沟槽内的梯田可利用，坝址右岸下游2.5 km处吴家呼后山坡地表坡度约15°，大部分为茶园、菜地，面积约70亩，必要时亦可利用。厂房位于坝址下游约6km的右岸，岸坡一般约45°，左岸叶家河一带地势较平缓，125m高程以下为河滩地，125m高程以上有坡度约20°的梯田，可供施工布置的地段长度约400m。

坝区、厂区可利用场地30万 m^2，可满足施工场地布置要求。

2. 场地布置原则

（1）主要施工场地和交通道路布置在10a一遇洪水位以上。

（2）根据"利于施工、安全可靠、方便生活、便于管理"的原则，统筹安排主体工程施工区、施工工厂区、生活区及施工道路的整体布局及分区布置规划。

（3）节省用地、少占耕地，力求布置紧凑，尽量利用荒山、冲沟及坡地，利用基坑开挖弃渣填滩造地。

（4）充分利用工程周边现有设施和加工修配企业能力，结合利用部分工程永久建筑设施。

（5）生产与生活区相对分开。

3. 分区布置

根据工程规模及主体工程所处位置不同，工程划分成坝区和厂区分别进行布置，其中坝区范围包括大坝、泄洪中孔、泄洪隧洞和发电引水隧洞进口等区域,厂区范围包括发电厂房和引水隧洞1号、2号施工支洞覆盖区域。

(1) 坝区布置。主要布置于大坝左岸下游约1.5km进场公路沿线地带,以进场公路及上坝公路为主要交通干线,衔接场内交通运输线,形成坝区交通网。由坝下起,依次布置混凝土系统、混凝土骨料加工系统、其他施工工厂设施及施工仓库区、生活福利房屋区。

大坝人工骨料加工系统的粗碎铭牌生产能力确定为550t/h。粗碎选用两台GZT1560型棒条式振动给料机和两台PE-900×1200型颚式破碎机;中碎机和细碎机分别采用PYH-5C型和PYH-3Z型圆锥破碎机;制砂机的型号是B-9100型立轴式冲击破碎机。

大坝混凝土拌和系统设1座HL240-2S4500型混凝土搅拌楼及一座200m³/h连续式混凝土搅拌站,满足高峰期生产能力4.8万m³/月的要求。搅拌系统骨料通过皮带机运输;水泥、粉煤灰均为散装,采用压缩空气吹卸入储存罐,射流泵输灰至搅拌楼。

另外,在发电洞进口和泄洪洞进口分别就近布置小型人工骨料加工系统和混凝土拌和站,满足自身混凝土浇筑要求。

(2) 厂区。布置于左岸叶家河村及右岸厂房上游背阴山山坡上,主要交通干线有新建的3号(左岸)、4号(右岸)进场公路及霍山县至大化坪的营运公路,利用白莲崖厂房大桥沟通左右岸交通。叶家河布置区由上游向下游依次布置施工工厂设施及施工仓库区、生活福利房屋,右岸布置风、水、电供应系统等。

厂区人工骨料加工系统布置在引水隧洞1号、2号施工支洞洞口,利用隧洞开挖石碴加工,混凝土拌和系统设2台0.5m³强制式拌和机,拌和材料通过自动计量系统配料后进入拌和机拌制。

4. 场内外交通

工程施工期外来物资运输总量约61.61万t,昼夜运输强度约500t,均采用公路运输。

对外交通公路由迎驾酒厂至坝下白莲崖大桥路段有两条路径,路径一:自迎驾酒厂经黑石渡大桥、落儿岭镇、鹿吐石铺、王家畈至白莲崖大桥的路线全长30km;路径二:自迎驾酒厂经佛子岭坝上、沿佛子岭水库库边经王家畈至白莲崖大桥头的路线,本路线全长38km。路径一鹿吐石铺至王家畈约14km路段山高坡陡,路面标准较低,且大多处于背阴坡,冬季路面冰雪难以消融,满足不了工程连续施工的要求,路径二路线高差起伏较小,均处于向阳坡,冬季受冰雪影响较小,因此对外交通道路以路径二为主,路径一为辅。

场内运输主要包括外来物资的转运、土石方弃渣、砂石毛料及混凝土运输等,总运输量约380万t高峰强度出现在施工初期砂砾料运输及混凝土浇筑高峰期的混凝土运输,运输高峰强度约为0.75万t/d,主要发生在坝区1号、2号路段。场内交通采用公路,主要干线公路有:大坝左右岸出渣施工道路7条,施工工厂公路6条、至附近砂石料场及采石场的公路8条、厂房至施工支洞及调压井公路各1条,新建场内公路合计长度约12.83km,路面宽3.5~7.0m,泥结碎石路面,跨河漫水路2条,长度120m。

5. 生活办公布置

初步设计文件估算本工程需用劳动总量71.8万工日,平均施工人数855人,高峰施工人数1070人。共需修建生活办公房屋建筑面积7000m²,其中生活用房建筑面积6400m²,办公用房建筑面积600m²。

生活办公用房分坝区、厂区布置，坝区布置在施工工厂区下游，占地面积约 1.9 万 m^2，厂区布置在厂房对岸，占地面积约 0.45 万 m^2。

6. 施工供电

初步设计文件估算本工程施工高峰用电负荷功率 4000kVA，其中坝区 3000kVA、厂区 1000kVA。施工供电系统由烂泥坳变电站至大化坪 35kV 输电线路"T"接至坝区主变电站，线路全长 2.9km。坝区主变电站布置于上坝公路左侧，设型号为 S9-3150kVA/35/10 变压器一台，设 5 回出线，至各用电点配电所采用 10kV 电压输电；在 35kV 输电线路中部"T"接至厂区变电站，厂区变电站布置于厂房后山坡、白大公路的下方，设型号为 S9-1000kVA/35/0.4 变压器一台，设 5 回出线，至各用电点采用 0.4kV 电压输电。坝区及厂区均在变电站附近设备用发电机房一处，分别设置 200kW、120kW 柴油发电机一台。

实施过程中因坝区砂石料加工系统、混凝土拌和系统的布置调整，以及坝区施工方案、施工进度的变化，坝区高峰用电负荷增加，主变容量增加至 6000kVA。

7. 弃渣场规划

本工程开挖弃渣总量 45.48 万 m^3，折合松方约 66 万 m^3，其中坝区开挖弃渣量约 50 万 m^3，主要弃渣场布置于大坝下游左岸进场公路沿线约 1.5km 地带及坝下至下游围堰范围的河床内，均结合施工布置场地平整弃置石渣；厂区开挖弃渣总量约 16 万 m^3，主要弃渣场布置于左岸叶家河一带的一级台地上，亦结合施工布置场地平整弃置石渣。

8. 施工布置的特点与经验教训

白莲崖水库工程规模较大，项目分散，施工总体布置的核心内容是如何适应这些项目建设对施工场地、道路等方面的要求。白莲崖水库工程的施工总体布置在充分研究当地水文、气象、地形地质以及施工进度要求等诸多因素，为工程的顺利实施创造了有利的条件。工程施工总体布置有以下几个特点。

(1) 厂房与大坝相距较远，施工总体布置采取坝区与厂区分开布置，施工临时设施自成体系，为实施阶段的分标段建设创造了有利的场地条件和交通条件，减少了施工干扰。

(2) 对工程所在区域的地形、气象等条件进行了深入的研究，对外交通形成以沿佛子岭水库库区道路为主的公路交通体系，施工建设过程中虽然在冬季，仍有大雪封路的情况发生，但时间短，对工程建设影响很小。

(3) 坝区的生活办公区与生产区同处于坝下河道左岸，但在布置上充分利用山丘地形对生活办公区与生产区进行分隔，降低了施工工厂的粉尘、噪声对生活办公区的影响，同时对生活区办公的场地进行硬化、绿化，施工道路定期洒水，创造了较好的生活办公环境。

(4) 施工临建设施充分利用山坡进行小台阶式布置，施工生活办公用房大部分采用二层可拆卸拼装式或砖混结构楼房，部分施工工厂布置在弃渣场顶部，充分利用了现场场地条件，减少了施工占地面积。

另外，根据工程施工实践，白莲崖水库工程施工总体布置中，部分运输强度大的路段路面标准和临时设施与永久设施结合等方面还有待改进。

项目学习小结

本项目介绍了施工组织总设计：施工组织总设计的内容，施工组织总设计编制依据，施工导流方案设计，施工导流方案比选，施工方案，施工总进度计划，施工总体布置，施工辅助企业；单位工程施工组织设计：单位工程施工组织设计的编制原则、编制依据、编制程序、编制内容，工程概况及施工特点分析，单位工程施工组织设计主要内容的编制办法，以及施工总体布置实例等知识。其中施工组织总设计部分内容为教学重点。通过对本项目的学习，学生应当熟悉施工组织总设计的知识内容，掌握施工方案编制的相关技能。

职业能力训练七

一、单选题

1. 下列选项中，属于施工组织总设计编制依据的是（　　）。
   A. 建设工程监理合同　　　　　B. 批复的可行性研究报告
   C. 各项资源需求量计划　　　　D. 单位工程施工组织设计

2. 某公司计划编制施工组织设计，已收集和熟悉了相关资料，调查了项目特点和施工条件，计算了主要工种的工程量，接下来应该进行的工作是（　　）。
   A. 拟订施工方案　　　　　　　B. 编制施工进度计划
   C. 编制资源需求量计划　　　　D. 编制施工准备工作计划

3. 项目资源需求计划应当包括在施工组织设计的（　　）内容中。
   A. 施工部署　　　　　　　　　B. 施工方案
   C. 施工进度计划　　　　　　　D. 施工平面布置

4. 编制单位工程施工平面图时，首先确定（　　）位置。
   A. 仓库　　　B. 起重设备　　　C. 办公楼　　　D. 道路

5、工程项目施工组织设计的三大主要内容中不包括（　　）。
   A. 网络计划　　　　　　　　　B. 施工方案和施工部署
   C. 进度计划和资源需要量计划表　D. 施工现场平面布置图

二、多选题

1. 在编制施工组织设计文件时，施工部署及施工方案的内容应当包括（　　）。
   A. 合理安排施工顺序　　　　　B. 对可能的施工方案进行评价并决策
   C. 确定主要施工方法　　　　　D. 绘制施工平面图
   E. 编制资源需求计划

2. 单位工程施工组织设计的编制依据有（　　）。
   A. 施工组织总设计　　　　B. 招标文件　　　　C. 设计文件、预算文件
   D. 勘测、设计各专业有关成果　　E. 工程有关工艺试验或生产性试验成果

3. 施工组织总设计的主要内容包括（　　）。
   A. 施工条件分析　　　　　B. 主体工程施工　　　C. 施工导流
   D. 施工总体布置　　　　　E. 冬、雨期施工的技术组织措施

4. 编制施工进度计划的一般步骤有（　　）。
   A. 划分施工过程　　　　　　　B. 计算工程量、查出相应定额
   C. 确定劳动量和机械台班数量　D. 计算各分项工程施工天数
   E. 编制施工总进度计划

5. 导流方式按泄水建筑物类型分为（　　）。
A. 河床内导流　　　　　　B. 隧洞导流　　　　　　C. 涵管导流
D. 涵洞过流　　　　　　　E. 坝体底孔过流

三、判断题

1. 导流方式的选择，一般须考虑水文条件、地形条件。（　　）
2. 施工组织总设计是以一个单位工程项目为编制对象的指导施工全过程的文件。（　　）
3. 施工平面布置图设计的原则之一，应尽量降低临设的费用，充分利用已有的房屋、道路、管线。（　　）
4. 施工组织设计是用来指导拟建工程施工全过程的技术文件，它的核心是施工方案。（　　）
5. 资源需要量计划和施工准备工作计划编制依据是施工进度计划和施工方案。（　　）

四、案例分析题

1. 背景

某混凝土重力坝工程包括左岸非溢流坝段、溢流坝段、右岸非溢流坝段、右岸坝肩混凝土刺墙段。最大坝高43m，坝顶全长322m，共17个坝段。该工程采用明渠导流施工。坝址以上流域面积610.5km^2，属于亚热带暖湿气候区，雨量充沛，湿润温和。平均气温比较高，需要采取温控措施。其施工组织设计主要内容包括以下几点。

（1）大坝混凝土施工方案的选择。

（2）坝体的分缝分块。根据混凝土坝型、地质情况、结构布置、施工方法、浇筑能力、温控水平等因素进行综合考虑。

（3）坝体混凝土浇筑强度的确定。应满足该坝体在施工期的历年度汛高程与工程面貌。在安排坝体混凝土浇筑工程进度时，应估算施工有效工作日，分析气象因素造成的停工或影响天数，扣除法定节假日，然后再根据阶段混凝土浇筑方量拟定混凝土的月浇筑强度和日平均浇筑强度。

（4）混凝土拌和系统的位置与容量选择。

（5）混凝土运输方式与运输机械选择。

（6）运输线路与起重机轨道布置。门机、塔机栈桥高程必须在导流规划确定的洪水位以上，宜稍高于坝体重心，并与供料线布置高程相协调，栈桥一般平行于坝轴线布置，栈桥墩宜部分埋入坝内。

（7）混凝土温控要求及主要温控措施。

2. 问题

（1）混凝土浇筑的施工过程包括哪些？
（2）大坝水工混凝土浇筑的水平运输包括哪两类？垂直运输设备主要有哪些？
（3）大坝水工混凝土浇筑的运输方案有哪些？本工程采用哪种运输方案？
（4）混凝土拌和设备生产能力主要取决于哪些因素？

项目八　建设项目合同与风险管理

项目描述：本项目通过 5 个学习任务，介绍了建设工程合同与风险管理的相关概念，建设工程合同体系及合同状态分析，建设工程合同的生效、变更、索赔及争议解决，建设工程风险管理等知识，并通过具体案例分析，加深了对上述知识的理解和运用。

项目学习目标：通过本项目学习，熟悉建设工程合同变更的条件和程序、建设工程项目风险管理的工作流程，掌握水利工程索赔的基本程序和合同的生效条件及争议解决方法。

项目学习重点：建设工程合同变更的条件和程序，建设工程索赔的基本程序和主要内容。

项目学习难点：建设工程索赔的基本程序和主要内容。

任务一　建设工程合同体系

任务描述：围绕建设工程合同体系，通过学习相关知识，使学生理解建设工程合同及合同管理的相关概念，熟悉建设工程合同的体系及工程承建设单位的主要合同关系。

一、建设工程合同管理的概述

（一）建设工程合同管理的基本概念

1. 合同

所谓合同，又称契约，是指具有平等民事主体资格的当事人（包括自然人和法人）双方依照法律的规定，为了达到一定目的，经过自愿、平等协商一致设立、变更或终止民事权利义务关系而达成的协议。合同一旦成立，即具有法律约束力，在合同双方当事人之间产生权利和义务的法律关系，也正是通过这种权利和义务的约束，促使签订合同的双方当事人认真全面地履行合同。

2. 建设工程项目合同

建设工程项目合同是指建设工程项目建设单位与承包商为完成一定的工程建设任务而明确双方权利义务的协议，是承包商进行工程建设、建设单位支付价款的合同。建设工程项目合同是一种诺成合同，合同订立生效后双方应当严格履行。建设工程项目合同也是一种双务、有偿合同，当事人双方在合同中都有各自的权利和义务，在享有权利的同时必须履行义务。

3. 建设工程项目合同管理

建设工程项目合同管理是指对建设工程项目建设有关的各类合同，从合同条件的拟定、协商，合同的订立、履行和合同纠纷处理情况的检查和分析等环节的科学管理工作，以期通过合同管理实现建设工程项目的"三控制"目标（成本控制、质量控制、进度控制），维护合同当事人双方的合法权益。建设工程项目合同管理的过程是一个动态过程，是随着建设工程项目合同管理的实施而实施的，因此建设工程项目合同管理是一个全过程的动态管理。

（二）建设工程项目合同的作用

（1）计划作用。通过工程项目合同条文的周密规定，可保证建设项目按实施计划，在规定的计划工期内顺利建成。

（2）组织作用。通过工程项目合同，明确规定建设项目有关各个环节的协作配合，实现投资、勘测设计、施工、安装和竣工验收诸环节的严密组织和协调实施。

（3）监督作用。通过工程项目合同条文的制约，实现合同有关各方面的监督，对建设项目的建设工期、施工质量和建设费用起到有力的保证和监督作用。

（4）管理作用。为了严格执行工程项目合同，项目有关各方都要加强管理工作，提高工作效率，进行科学管理，以达到顺利建成工程并获得计划利润和扩大再生产的目的。

（5）解决纠纷的依据。工程项目合同是解决合同各方在合同执行过程中发生的各种纠纷的最基本的依据。

二、建设工程合同体系

（一）建设工程合同的类型划分

1. 按工程合同的标的内容划分

按工程合同的标的内容，建设工程合同可分为：勘察设计合同、建设监理合同、工程施工承包合同、材料及设备供应合同、加工订货合同、工程咨询合同。

（1）勘察设计合同。勘察设计合同是发包方与承包方为完成勘察设计任务，明确双方权利和义务关系的协议。发包方可以是建设单位也可以是全过程承包的总承包商，承包方是持有勘察设计证书的勘察设计单位。

（2）建设监理合同。建设监理合同是工程项目的建设单位委托监理单位对工程项目实施阶段的建设行为实行监督管理的协议。委托方必须委托与实施合同内工程等级相适应的资质等级的监理单位进行工程监理。

（3）工程施工承包合同。工程施工承包合同是建设单位与承包商为完成商定的土建工程施工、机电设备和金属结构安装工作内容，明确双方权利、义务关系的协议。它的主要内容包括工程名称和地点，工程范围和内容，开工、竣工日期及中间交工工程的开工、竣工日期，工程质量保修期及保修条件，工程造价、工程价款的支付、结算及交工验收办法，设计文件和其他技术资料提供日期，材料和设备的供应情况与进场期限，双方相互协作事项，违约责任及争议的解决方式等。

（4）材料及设备供应合同。材料及设备供应合同是工程材料及机械设备供方与需方，为明确双方权利与义务关系的协议。合同的供方一般为材料物资供应商或机械设备生产厂家，需方应按土建安装施工合同中对供应物资及设备责任方的规定，可能是建设单位，也可能是总承包商。

（5）加工订货合同。加工订货合同是加工合同的委托方与受托方，为明确双方权利与义务关系的协议。加工合同的标的通常称为定做物，定做物可以是构件、机组设备或施工用品。加工合同的委托方称为定做方，该方需要定做物；另一方称为承揽方，完成定做物的加工。

（6）工程咨询合同。工程咨询合同是就特定的技术项目提供可行性论证、技术预测、专项技术调查、分析评价报告等所订立的合同。合同当事人一方可以是建设单位或承包商，他们提出咨询要求，称为委托方；另一方是提供服务的咨询单位或个人，称为顾问方。为建设单位进行咨询服务的工作内容有机会研究、可行性研究、评价设计方案等工作。为承包商提供咨询服务的内容有投标前机会研究、施工计划编制、施工方案咨询等工作。

2. 按合同的承包关系划分

（1）总包合同。总包合同是指建设单位与总承包商之间就某一工程项目的承包内容签订的合同。总包合同的当事人是建设单位和总承包商。工程项目中所涉及的权利和义务关系只能在建设单位和总承包商之间发生。

（2）分包合同。分包合同是指总承包商将工程项目的某部分工程或单项工程分包给某一分包商，完成所签订的合同，分包合同的当事人是总承包商和分包商。工程项目所涉及的权利和义务关系只能在总承包商与分包商之间发生。

3. 按承包合同的计价方法划分

（1）总价合同。

1）固定总价合同。合同双方以图纸和工程说明为依据，按照商定的总价进行承包，并一笔包死。在合同执行过程中，除非建设单位要求变更原定的承包内容，否则承包商不得要求变更总价。

这种合同方式一般适用于工程规模较小，技术不太复杂，工期较短，且签订合同时已具备详细设计文件的情况。

2）调值总价合同。在报价及签订合同时，以设计图纸、工程量清单及当时价格计算签订总价合同。在合同条款中双方商定，如果在合同执行过程中由于通货膨胀引起工料成本增加时，合同价应相应调整。这种合同建设单位承担了物价上涨这一不可预测费用因素的风险，承包商承担其他风险。这种计价方式通常适用于工期较长，通货膨胀难以预测，现场条件较为简单的工程项目。

3）固定工程量总价合同。它是指建设单位要求承包商在投标时按单价合同办法分别填报分项工程单价，从而计算出工程总价，据之签订合同。这种合同方式要求工程量清单中的工作量比较准确，不宜采用估算的数值，因此应达到施工图设计或扩大的初步设计条件。固定工程量总价合同的单价中并不包括所有的费用，故此不是成品单价。因此，除单价提出的费用外，还需确定一些有关的费率，如施工管理费、不可预见费和利润等。

（2）单价合同。

1）估计工程量单价合同。承包商投标时按工程量表中的估计工程量为基础，填入相应的单价作为报价。合同总价是根据结算单中每项的工程数量和相应的单价计算得出，但合同的总价并不是工程项目费用的最终金额，因为单价合同中的工程数量是一个估算值，这种合同形式适用于招标时还难以确定比较准确的工程量的工程项目。

估计工程量单价合同与固定工程量总价合同，虽然都是按工程量表中的数量与单价计算合同总价，但它们是两种截然不同的合同方式。单价合同的特点是：合同中的单价属于成品单价，即包括了产品全部费用的单价；合同中的单价一般是不能变的；合同中的工程数量是可以变化的。

估计工程量单价合同又可划分为固定单价合同和可调价单价合同。可调价单价合同的调价方法和调值总价合同相同。

2）纯单价合同。招标文件只向投标人给出各分项工程内的工作项目一览表和工程范围及必要的说明，而不提供工程量。承包商只要给出各项目的单价即可，将来实施时按实际工程量计算。但对于工程费分摊在许多分工程中的复杂工程，或有一些不易计算工程量的项目，采用纯单价合同就会引起一些麻烦和争执。

（3）成本加酬金合同。成本加酬金合同承包方式的基本特点是按工程实际发生的实际成本（人工、材料和施工机械费），加上固定的管理费和利润来确定工程总造价。这种承包方式主要用于开工前对工程内容尚不十分清楚的防汛抢险、震灾修复等紧急工程。在实践中可有以下 4 种不同的具体做法。

1）成本加固定百分比酬金。它指除直接成本外，管理费和利润按成本的一定比例支付。

2）成本加固定酬金。直接成本实报实销，但酬金是事先商定的一个固定数目。

3）成本加浮动酬金。这种类型的合同要求双方事先商定工程成本和酬金的预期水平。

如果实际成本恰好等于预期水平，工程造价就是成本加固定酬金；如果实际成本低于预期水平，则增加酬金；如果实际水平高于预期水平，则减少酬金。

4）目标成本加奖励。在仅有初步设计和工程说明书即迫切要求开工情况下，可根据粗略估算的工程量和适当的单价表编制概算作为目标成本。随着详细设计逐步具体化，工程量和目标成本可加以调整，另外规定一个百分数作为酬金。最后结算时，如果实际成本高于目标成本并超过事先商定的界限，则减少酬金；如果实际成本低于目标成本（界限），则增加酬金。

（二）建设工程的主要合同关系

建设工程项目是一个极为复杂的社会生产过程，涉及多方面的合同关系。其中，最主要的是建设单位、承包商的合同关系。

1. 建设单位的主要合同关系

建设单位作为工程（或服务）的买方，是工程的所有者，他可能是政府、企业、其他投资者，或几个企业的组合，或政府与企业的组合。建设单位根据工程项目需要确定了项目整体目标，是所有相关合同的核心。要实现工程总目标，建设单位需将建设工程的勘察设计、工程施工、设备和材料供应、工程监理与咨询服务等工作委托出去，必须与有关单位签订相关合同，主要包括施工承包合同、咨询（监理）合同、勘察设计合同、设备和材料供应合同等。建设工程中建设单位的主要合同关系，如图 8-1 所示。

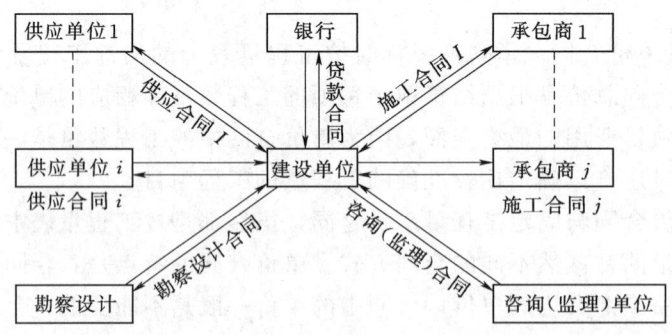

图 8-1 建设单位的主要合同关系

2. 承包商的主要合同关系

承包商是建设工程的具体实施者，是工程承包合同的执行者。承包商通过投标接受建设单位的委托，签订工程承包合同。工程承包合同和承包商是任何建设工程中都不可缺少的，但是，任何承包商都不能、也不必具备所有专业工程的施工能力、材料和设备的生产和供货能力，他同样必须将许多自身不能承担的专业工作委托出去。所以，承包商常常又有自己复杂的合同关系，主要包括分包合同、供货合同、运输合同、加工合同、租赁合同、劳务合同、保险合同。承包商的主要合同关系，如图8-2所示。

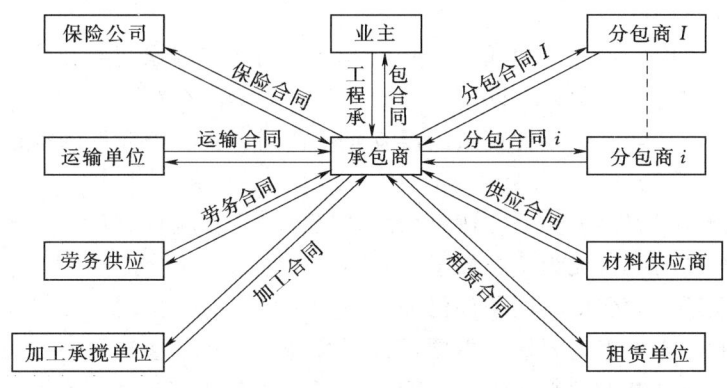

图8-2 承包商的主要合同关系

任务二 建设工程合同变更与索赔

任务描述：围绕建设工程合同变更与索赔，通过对相关知识的学习，使学生理解建设工程合同变更与索赔的相关概念，熟悉建设工程合同变更的基本条件和一般程序，掌握建设工程索赔的基本程序和主要内容。

一、建设工程合同变更

1．建设工程合同变更的涵义

由于一定的法律事实，可能会导致建设工程项目合同发生变更。合同变更是指当事人对已经发生法律效力，但尚未履行或者尚未完全履行的合同，进行修改或补充所达成的协议。《中华人民共和国合同法》（简称《合同法》）规定，当事人协商一致可以变更合同（在这里合同变更是狭义的，仅指合同内容的变更，不包括合同主体的变更）。

合同变更必须针对有效的合同，协商一致是合同变更的必要条件，任何一方都不得擅自变更合同。有效的合同变更必须要有明确的合同内容的变更。如果当事人对合同的变更约定不明确，视为没有变更。当事人双方协商一致变更合同时，将使合同项目内容发生变更，将产生新的权利和义务关系。合同变更后原合同债消灭，产生新的合同债。因此，合同变更后，当事人不得再按原合同履行，而须按变更后的合同履行。合同的变更一般不涉及已履行的内容。对于有些合同，签订时需要有关部门批准或登记的，那么合同的变更需要重新登记或审批。

2．建设工程合同变更的特征

项目合同的变更通常是指由于一定的法律事实而改变合同的内容和标的的法律行为，即经项目合同双方当事人协商一致，改变原合同的法律关系，建立了新法律关系。它的特征有以下几点。

（1）项目合同的双方当事人必须协商一致。

(2) 改变合同的内容和标的。
(3) 合同变更的法律后果是将产生新的债权和债务关系。

3. 建设工程合同变更的条件

根据我国现行的法律，有关的合同法规以及经济生活与司法实践来看，一般必须具备以下条件才能变更项目合同。

(1) 双方当事人确实自愿协商同意，并且不会因此损害国家利益和社会公共利益。
(2) 由于不可抗力致使项目合同的全部或部分义务不能履行。
(3) 由于另一方在合同约定的期限内没有履行合同，且在被允许的推迟履行的合理期限内仍未履行。
(4) 由于项目合同当事人的一方违反合同，以致严重影响订立项目合同时所期望实现的目的或致使项目合同的履行成为不必要。
(5) 项目合同约定的变更合同条件已经出现。

当项目合同的一方当事人要求变更项目合同时，应当及时通知另一方当事人。因变更或解除项目合同使一方当事人遭受损失的，除依法可以免除责任之外，应由责任方负责赔偿。当事人一方发生合并、分立时，由变更后的当事人承担或者分别承担项目合同的义务，并享受相应的权利。

4. 建设工程合同变更的程序

项目合同的变更需要一定的程序。根据我国目前的有关法规和司法实践，其程序一般为以下两步。

(1) 当事人一方要求变更项目合同时，应当事先向另一方以书面的形式提出。
(2) 另一方当事人在接到有关变更项目合同的建议后应及时作出书面答复，如同意，则项目合同的变更发生法律效力。

实际上，以上两点与合同订立的程序基本相同，即一方提出要约；另一方作出承诺或接受，其区别在于项目合同的变更是在原合同的基础上进行的，需注意以下几点。

1) 变更项目合同的建议与答复，必须在双方协议的期限之内或者在法律或法令规定的期限之内。

2) 项目合同的变更如涉及国家指令性产品或工程项目时，必须在变更项目合同之前报请下达该计划的有关主管部门批准。

3) 因变更项目合同发生的纠纷，依双方约定的解决方式或法定的解决方式处理。

除由于不可抗力致使项目合同的全部义务不能履行或者由于项目合同的另一方当事人违反合同，以致严重影响订立合同所期望实现目的的情况之外，在协议尚未达成之前，原项目合同仍应有效。任何一方不得以变更为借口逃避责任和义务，否则仍要承担法律上的后果。

5. 可变更或可撤销的合同

可变更或可撤销的合同，是指欠缺生效条件，但一方当事人可依照自己的意思使合同的内容变更或者使合同的效力归于消灭的合同。如果合同当事人对合同的变更或撤销发生争议，则只有人民法院或者仲裁机构有权变更或者撤销合同，可变更或可撤销的机构不得主动变更或者撤销合同。当事人如果只要求变更，人民法院或者仲裁机构不得撤销其合同。有下列情形之一的，当事人受损害的一方有权请求人民法院或者仲裁机构变更或者撤销其合同。

（1）因重大误解而订立的合同。重大误解是指由于合同当事人一方本身的原因，对合同主要内容发生误解，产生错误认识。这里的重大误解必须是当事人在订立合同时已经发生的误解，如果是合同订立后发生的事实，且一方当事人订立时由于自己的原因而没有预见到，则不属于重大误解。

（2）在订立合同时显失公平的合同。一方当事人利用优势或者利用对方没有经验，致使对方的权利与义务明显违反公平原则的，可认定为显失公平。

（3）一方以欺诈、胁迫等手段或者乘人之危，在违背对方真实意思的情况下订立的合同。

6. 狭义的合同变更对合同效力的影响

（1）当事人名称或者法定代表人变更不对合同效力产生影响。因此，合同生效后，当事人不得因姓名、名称的变更或者法定代表人、负责人、承办人的变动而不履行合同义务。

（2）当事人合并或分立后不应该对合同效力产生影响。在现实的市场经济活动中，经常由于资产的优化或重组而产生法人的合并或分立，但不应该影响合同效力。按照《合同法》的规定，订立合同后当事人与其他法人或组织合并，合同的权利和义务由合并后的新法人或组织继承，合同仍然有效。订立合同后分立的，分立的当事人应及时通知对方，并告知合同权利和义务的继承人，双方可以重新协商合同的履行方式。如果分立方没有告知或分立方的该合同责任归属通过协商对方当事人不同意，则合同的权利义务由分立后的法人或组织连带负责，即享有连带债权，承担连带债务。

二、建设工程合同索赔

（一）工程索赔的概念

工程索赔是施工单位在工程合同实施过程中，因非自身过错原因（即建设单位或其他方面原因）造成己方的实际工作损失（如工程延期、费用增加等），根据法律规定及经济惯例，出于合同责任以及道义的要求，应向对方责任建设单位提出补偿损失的一种权利要求。索赔事件的发生，可以是一定行为造成的，也可以由不可抗力引起；可以是合同当事人一方引起，也可以由任何第三方行为引起。索赔的性质属于经济补偿行为，而不是惩罚。在工程建设各个阶段，都有发生索赔的可能性，工程施工阶段索赔发生最多。

工程索赔具有双面性，即承包商可以向建设单位提出，建设单位也可以向承包商提出。承包商向建设单位提出索赔称为索赔，建设单位向承包商提出索赔称为反索赔。我们平时所说的工程索赔主要是指承包商向建设单位提出的索赔。

（二）工程索赔的分类

1. 按索赔当事人分类

（1）承包商与建设单位（或建设监理）之间的索赔。

（2）承包商与分包商之间的索赔。

（3）承包商与供应商之间的索赔。

2. 按索赔原因分类

（1）地质条件变化引起的索赔。

（2）施工中人为障碍引起的索赔。

（3）工程变更命令引起的索赔。

(4) 合同条款的模糊和错误引起的索赔。

(5) 工期延长引起的索赔。

(6) 设计图纸错误引起的索赔。

(7) 工期提前引起的索赔。

(8) 施工图纸拖延引起的索赔。

(9) 增减工程量引起的索赔。

(10) 建设单位（或建设监理）拖延付款引起的索赔。

(11) 货币贬值引起的索赔。

(12) 价格调整引起的索赔。

(13) 建设单位（或建设监理）的风险引起的索赔。

(14) 不可抗拒的自然灾害引起的索赔。

(15) 暂停施工引起的索赔。

(16) 终止合同引起的索赔。

3. 按索赔的依据分类

(1) 合同中明示的索赔。凡是在合同条文中有明文规定的索赔项目，如设计图纸错误、变更工程的计量和价格、因建设单位原因造成承包商的开支亏损等，都属于这一类。

(2) 合同中默示的索赔。这类索赔项目一般在合同条文中没有明文规定，但从合同含义中可以找出索赔的依据，如建设单位或监理工程师违反合同时，承包商有权提出经济赔偿。

(3) 道义索赔。它又称为额外支付，是指承包商对标价估计不足，遇到了巨大困难而蒙受重大损失时，建设单位会超越合同条款，给承包商以相应的经济补偿。

4. 按索赔的目的分类

(1) 工期索赔。承包商要求建设单位延长施工工期，拖后竣工日期。

(2) 经济索赔。承包商要求建设单位给付增加的开支或亏损，弥补承包商经济损失。

（三）工程索赔的内容

1. 承包商索赔的一般内容

(1) 工程地质条件变化索赔。

(2) 工程变更索赔。

(3) 因建设单位原因引起的工期延长和延误索赔。

(4) 施工费用索赔。

(5) 建设单位终止工程施工索赔。

(6) 物价上涨引起的索赔。

(7) 法规、货币及汇率变化引起的索赔。

(8) 拖延支付工程款的索赔。

(9) 特殊风险索赔。

2. 建设单位（即业主）索赔的一般内容

(1) 工程建设失误索赔。

(2) 因承包商拖延施工工期引起的索赔。

(3) 承包商未履行的保险费用索赔。

(4) 对超额利润的索赔。

(5) 对指定分包商的付款索赔。

(6) 建设单位合理终止合同或承包商无正当理由放弃工程的索赔。

(四) 工程索赔的程序（承包商要求的索赔）

从承包商提出索赔要求开始到索赔事件的最终处理整个过程，大致可分为以下4个阶段。

(1) 承包商提出索赔要求。按照合同规定，凡不属于承包商责任导致工程拖期和工程成本增加时，承包商一方面进行施工；另一方面用正式函件通知建设单位或其代表，声明对此事项要求索赔。这个索赔通知书函件应在索赔事项发生后的28日内正式提出，逾期不报，建设单位有权拒绝索赔要求。

(2) 建设单位审核承包商的索赔申请。在接到承包商正式索赔函件后，建设单位或其代表应立即研究承包商索赔资料，在不确认责任属于谁的情况下，客观分析事件发生原因，审读有关合同条款，研究承包商提出的索赔证据，必要时还可要求承包商进一步提交补充材料。建设单位经过对事件的充分分析研究，依据合同条款、划清责任归属，剔除承包商不合理要求部分，拟订出自己计算的合理索赔款额和工期延展天数。

(3) 建设单位审批索赔报告。建设单位首先根据事件发生原因、责任范围及合同条款审核承包商的索赔申请，再根据工程的建设目的、投资控制、投产要求，以及承包商方面在实施合同过程中的缺陷或不符合合同要求之处，提出反索赔等方面的通盘考虑，决定是否批准承包商的报告。如果建设单位不同意索赔请求，则分歧只能通过仲裁手段加以解决。

(4) 承包商是否接受最终的索赔决定。承包商接受了最终的索赔处理决定，该索赔事件可结束。若承包商不接受建设单位单方面决定或建设单位删减的索赔款额和延期天数，就会导致合同纠纷。

通过谈判和协商双方达成互谅互让的争端解决方案是处理纠纷的最理想方式。如果双方不能达成谅解，则只能诉诸法律程序，即通过仲裁和诉讼裁决。

三、合同状态分析

(一) 合同状态的概念

合同状态就是某一时段工程量、施工条件、施工方案、工程价款和合同工期等全部要素的总和。其中，工程量、施工条件、施工方案构成合同状态的基础条件参数，是输入变量；而工程价款、合同工期是合同状态的目标参数，是输出变量。

(二) 合同状态的分类

(1) 合同原始状态。它是指合同签订时合同目标、合同条件等方面要素的总和。

(2) 合同理想状态。它是一种假设合同文件被严格遵守时的假想状态，故又称为合同假想状态。

(3) 合同现实状态。它是指由于现实各种因素干扰使合同状态偏离理想状态的某种具体状态。

(4) 合同目标状态。它是当按既定计划执行并完成合同目标时应该达到的合同状态。

(三) 合同状态的演变过程

合同一经签订，合同文件、合同环境、实施方案、合同价格和工期、合同质量即构成一个有机整体，形成合同原始状态。

签订合同实质上是合同双方对原始合同条件状态和目标状态的一种承诺，也是双方对工程项目实施阶段的一致的愿望期待和一致的控制目标。在合同执行过程中，由于工程项目本身固有的特征，其系统内部状态不稳定性和系统外部环境的不确定性，合同原始状态的基础条件可能随某一因素的失稳而发生变化，从而打破合同的原始状态，不再严格按照既定规则执行，合同状态也将不再按照双方意愿向理想状态发展，而发生偏离演变，达到工程现实状态。这是一种合同的不平衡状态。这时合同双方将人为调整合同状态，达到新的平衡，在此过程中必定有索赔因素存在，一般会发生索赔事件。

（四）合同状态分析在索赔管理中的应用

1. 利用合同状态分析识别索赔机会

工程索赔管理工作细分为索赔机会识别、提交索赔意向通知书、索赔值计算、提交详细索赔报告、索赔协商以及索赔争端处理等六步。索赔机会识别是索赔管理的起始工作，进行事件调查、划清各方责任是索赔工作能否顺利进行、索赔能否成功的前提和关键，收集给力证据、索赔值计算是后续工作的核心。

2. 利用合同状态分析计算索赔值

现实状态和原始状态结果之差，即为工期的实际延长和成本的实际增加量；假想状态和原始状态结果之差，即为按合同规定承包商真正有理由提出工期和费用索赔的部分；现实状态和假想状态结果之差，为承包商自身责任造成的损失和合同规定的承包商应承担的风险，还包括承包商投标报价失误造成的经济损失。

上述 3 种合同状态用于索赔值的计算，关键在于合同假想状态的确定。合同假想状态是在合同原始状态基础上，人为地假设合同状态的偏差都是由于建设单位责任引起的，在这个前提下通过对合同原始状态的合理分析与计算，推测出合同最有可能达到的一种想象状态。合同假想状态的前提是干扰事件必须是非承包商责任引起的，而且不在合同规定的承包商应承担的风险范围内，符合合同规定的赔偿条件。

3. 利用合同状态分析建立索赔管理体系

承包商在特定的环境中，用特定的实施方案，完成特定的合同义务进行合同报价，是最初的合同状态。由于建设项目工程环境的不确定性和市场因素、社会因素的变化，加之隐含着的地质条件风险、建材市场变化、货币的贬值等，形成了工程实施过程中的内部和外部干扰源，这些干扰源造成合同文件的修改与变更，实施方案及环境的变化，使得原有合同状态被打破。承包商的索赔实质上是工程实施过程中由于某些因素的变化，使原定合同状态被打破，从而按合同规定提出调整合同价格的要求，以建立新的平衡。

四、工程变更与工程索赔的比较

工程索赔是经济行为，而工程变更是技术行为。工程变更一定会造成工程量的增减，从而引起工程造价的变化，有增也有减。当工程变更引起的费用增加属于索赔范畴时，就应提出索赔。但是，工程变更是前提，索赔是结果。因索赔分工程索赔和商务索赔，工程变更并不一定都产生索赔，因此索赔也不一定因为工程变更。

工程索赔一个重要特征是索赔费用基本不含在工程施工费用中，同时索赔工作基本都发生在事后。简而言之，由于建设单位在工程合同行为中，给施工单位造成了超越了工程合同范畴之外的费用损失，建设单位负有费用补偿的合同义务。其前提是施工单位应适时提出相关的工程索赔要求。显然，给施工单位造成损失，和增加施工单位工作量，有着本质的区别，虽然有时这两者是交织在一起的，但这正是我们必须区分清楚，并最终予以价款结算的事情。

工程变更和工程索赔是完全不同的两个概念。总之，属于甲方的工程性状的变更，都可以称为工程变更。工程性状既然变更了，相关的施工费用自然也随之变更，施工单位据此提出相关的费用要求，这应该是工程的正常价款结算，不能算索赔。

任务三 建设工程合同的争议解决及生效

任务描述：围绕建设工程合同的争议解决及生效，通过对相关知识的学习，使学生理解建设工程合同争议解决及生效的相关概念，熟悉建设工程合同的生效条件和生效时间，掌握建设工程合同的争议解决方法。

一、合同的争议解决

基于合同的基本属性，工程项目实施中发生合同争议纠纷是正常的，解决合同争议纠纷也是极为必要的。解决合同争议纠纷方式主要有以下4种。

1. 协商解决

协商解决，也称为友好解决，是指双方当事人进行磋商，在相互谅解的基础上，为了促进双方的合作关系和今后的继续往来与业务发展，相互怀有诚意作出一些有利于纠纷解决的让步，并在彼此间认为可以接受继续合作的基础上达成和解协议。

在通常情况下，项目合同的双方当事人遇到争议和纠纷时，一般都愿意先进行协商，这样既可以不影响双方的和气和以后业务的正常往来，又可以在作出一定让步的基础上换取项目合同的正常履行。特别是在项目合同执行中，即项目的实施中，这种解决方式比较普遍。

协商解决的优点在于，不必经过仲裁机构或司法程序，省去仲裁和诉讼过程中花费的时间和金钱，气氛一般比较友好，而且双方协商的灵活性较大，更重要的是协商解决给双方留下的余地较大。

当然，在合同履行中发生争议和纠纷，也不能因为获得协商解决而一味让步，让步必须是有原则的让步。如果争议纠纷涉及金额较大，双方都不愿或不可能作太大让步，或者一方故意毁约，没有协商诚意，或者经过反复磋商，双方相持不下，无法达成协议等，这样就必须通过必要的法律程序来解决。

2. 调解解决

调解是由第三者从中调停，促进双方当事人和解。调解可以在交付仲裁和诉讼前进行，也可以在仲裁和诉讼过程中进行。通过调解达成和解后，即不可再求助于仲裁和诉讼。

调解时，要弄清楚纠纷的原因，双方争执的焦点和各自应负的责任，要客观地、细致地、实事求是地做好当事人的思想工作，调解必须双方自愿，不得强迫。达成协议的内容，不得违背国家的法律、法令和方针政策。调解达成协议的，仲裁机关和人民法院应当及时制作调解书，调解书应写明当事人争议的内容与事实，以及当事人达成协议的内容。调解书一经送达，即发生法律效力。调解的过程，是查清事实、分清是非的过程，也是协调双方关系，更好地履行合同的过程。

在受理争议案件时，应广泛采用调解与仲裁、判决相结合的方式，仲裁机关和人民法院应随时注意对双方当事人进行调解，尽可能促使双方当事人在自愿的基础上达成和解协议。

合同当事人申请争议调解的，应从其知道或应当知道权利被侵害之日起一年内提出，超过期限的，一般不予以受理。

调解不能达成协议的，或者达成协议后又反悔的，仲裁机关和人民法院应当尽快作出裁决或判决。

3. 仲裁解决

仲裁，也称"公断"，是指双方当事人自愿把争议提交特定第三者审理，由其依照一定程序作出判决或裁决。这个第三者或为双方选定的仲裁人（或仲裁机构）。

仲裁是一种行政措施，是维护合同法律效力的必要手段。仲裁要依照法律、法令和有关政策严肃处理合同纠纷，该赔偿的就要责令负有责任的一方赔偿，该罚款的一定要罚款，直至追究有关人员的行政责任和其他法律责任。

目前，我国仲裁机构有各级合同主管机关等官方仲裁机构和中国国际贸易促进委员会、对外经济贸易仲裁委员会等民间仲裁机构。

依照有关合同法规和有关规定，申诉人必须在其权利受到侵害之日起一年内，以书面形式向仲裁机关提出仲裁申请，并附原合同和有关材料；仲裁机关在接到申请书后，审查申诉手续是否完备，决定是否受理；案件受理后，由仲裁机关将申诉副本转交受诉人，并限期提出答辩，提供有关材料；仲裁机关应对受理案件组织调查，取得有关的人证、物证；在弄清事实基础上，进行调解，调解不成时，根据有关法律、法令和政策作出裁决，并制作裁决书，裁决书经主管机关盖章后，即具有法律效力；一方或双方当事人反悔的，必须在收到仲裁决定书之日起15d内，向人民法院起诉；已发生效力的裁决，由仲裁机关督促执行，并在当事人拒绝执行时，通知开户银行划拨货款或赔偿金。这里需说明的是，仲裁不是起诉的必须程序，当事人不愿仲裁或对仲裁裁决不服，可以向人民法院提出诉讼。

4. 诉讼解决

诉讼是指司法机关和案件当事人在其他诉讼参与人的配合下，为解决案件依法定诉讼程序所进行的全部活动。项目合同当事人因合同争议纠纷而提起的诉讼一般属于经济合同纠纷的范畴，属于民事诉讼，包括一般民事诉讼和经济诉讼。此类案件一般由各级人民法院的经济审判庭受理并审判。

当事人一方在提起诉讼前必须充分做好诉讼准备，收集各类证据，进行必要取证工作。在向法院提交起诉状时，应准备下列文件或证词以及有关凭证：起诉状、合同文本及附件、营业执照、法定代表人、委托人员授权证书、合同双方当事人往来的财务凭证、合同双方当事人往来的信函、电报等。

合同纠纷一方当事人在诉讼之前还应注意到诉讼管辖问题，也就是向哪一级法院、哪一个地方法院提出诉讼的问题。

在面临合同纠纷时，当事人应注意诉讼时效问题。即使暂时无意以诉讼手段来解决纠纷，也应采取各种有效手段使诉讼时效得以延长。

二、合同的生效

（一）合同生效的涵义

合同生效是指已经依法成立的合同在当事人之间产生一定的法律约束力，亦即法律效力。合同生效意味着双方当事人享有合同中约定的权利和承担合同中约定的应当履行的义务；任何一方不得擅自变更或解除合同；一旦当事人一方不履行合同规定的义务，另一方当事人可寻求法律保护；合同生效后，合同条款成为解决处理合同争议纠纷的重要依据。

（二）合同的生效条件

合同生效是合同对当事人双方的法律约束力的开始。合同成立后，必须具备相应的法律条件才能生效，否则合同无效。合同是否生效，取决于是否符合法律规定的有效条件。合同生效应当具备以下几个条件。

1. 当事人具有相应的民事权利能力和民事行为能力

订立合同的当事人必须具备独立表达自己的意思和理解自己行为的性质和后果的能力，即合同当事人应当具有相应的民事权利能力和民事行为能力。对于自然人而言，民事权利能力始于其出生时，完全民事行为能力人可以订立一切法律允许自然人作为合同主体的合同。法人和其他组织的权利能力就是它的经营活动范围，民事行为能力则与它的权利能力相一致。

在建设工程合同中，合同当事人一般都应当具有法人资格，并且承包商还应当具备相应的资质等级。否则，当事人就不具有相应的民事权利能力和民事行为能力，订立的建设工程合同无效。

2. 意思表示真实

合同是当事人意思表示一致的结果，因此当事人的意思表示必须真实。但是，意思表示真实是合同的生效条件而非成立条件。意思表示不真实包括意思与表示不一致、不自由的意思表示两种。含有意思表示不真实的合同是不具备法律效力的。如建设工程合同的订立，一方采用欺诈、胁迫的手段订立的合同，就是意思表示不真实的合同，这样的合同就不具备生效的条件。

3. 不违反法律或者社会公共利益

不违反法律或者社会公共利益，是就合同的目的和内容而言的，它是合同有效的重要条件。合同的目的是当事人订立合同的直接内心原因，合同的内容是合同中的权利义务及其指向的对象，应不违反法律或者社会公共利益。

（三）合同的生效时间

1. 合同生效时间的一般规定

一般说来，依法成立的合同，自成立时生效。具体地讲，口头合同自受要约人承诺时生效；书面合同自当事人双方签字或者盖章时生效；法律规定应当采用书面形式的合同，当事人虽然未采用书面形式但已经履行全部或者主要义务的，可以视为合同有效。合同中有违反法律或社会公共利益条款的，当事人取消或改正后，不影响合同其他条款的效力。

法律、行政法规规定应当办理批准、登记等手续生效的，依照其规定。

2. 附条件和附期限合同的生效时间

当事人可以对合同生效约定附条件或者附期限。附条件合同，包括附生效条件合同和附解除条件合同两类。附生效条件合同，自条件具备时生效；附解除条件合同，自条件具备时失效。当事人为了自己的利益不正当阻止条件具备的，视为条件已经具备；不正当促成条件具备的，视为条件不具备。附生效期限合同，自期限开始时生效；附终止期限合同，自期限届满时失效。

附条件合同的成立与生效不是同一时间，合同成立后虽然并未开始履行，但任何一方不得撤销要约和承诺，否则应承担缔约过失责任，赔偿对方因此而受到的损失；合同生效后，当事人双方必须忠实履行合同约定的义务，如果不履行或未正确履行义务，应按违约责任条款约定追究责任。一方不正当地阻止条件成就，视为合同已生效，同样要追究其违约责任。

（四）合同效力与仲裁条款

合同成立后，合同中的仲裁条款是独立存在的，合同的无效、变更、撤销、解除、终止，均不影响仲裁协议的效力。如果当事人在工程合同中约定通过仲裁解决争议，不能认为合同无效将导致仲裁条款无效。若因一方的违约行为，另一方按约定程序终止合同而发生了争议，应当由双方选定的仲裁委员会裁定工程合同是否有效，并对争议作出处理。

（五）效力待定的合同

有些合同的效力较为复杂，不能直接判断是否生效，而与合同的一些后续行为有关，这类合同即为效力待定的合同，主要有以下几种情形。

1. 限制民事行为能力人订立的合同

无民事行为能力人不能订立合同，限制行为能力人一般情况下也不能独立订立合同。限制民事行为能力人订立的合同，经法定代理人追认以后，合同有效。限制民事行为能力人的监护人是其法定代理人，相对人可以催告法定代理人在1个月内予以追认，法定代理人未作表示的，视为拒绝追认。合同被追认之前，善意相对人有撤销的权利，撤销应当以通知的方式作出。

2. 无代理权人订立的合同

行为人没有代理权、超越代理权或者代理权终止后以被代理人的名义订立的合同，未经被代理人追认，对被代理人不发生效力，由行为人承担责任。相对人可以催告被代理人在1个月内予以追认。被代理人未作表示的，视为拒绝追认。合同被追认之前，善意相对人有撤销的权利，撤销应当以通知的方式作出。行为人没有代理权、超越代理权或者代理权终止后以被代理人的名义订立的合同，相对人有理由相信行为人有代理权的，该代理行为有效。

3. 表见代理人订立的合同

"表见代理"是指善意相对人通过被代理人的行为足以相信无权代理人具有代理权的代理。基于此项信赖，该代理行为有效。善意第三人与无权代理人进行的交易行为（订立合同），其后果由被代理人承担。表见代理的规定，其目的是保护善意第三人的利益。在现实生活中，较为常见的表见代理是采购员或者推销员拿着盖有单位公章的空白合同文本，超越授权范围与其他单位订立合同。此时，其他单位如果不知采购员或者推销员的授权范围，即为善意第三人。此时订立的合同有效。

表见代理一般应当具备以下条件：①表见代理人并未获得被代理人的书面明确授权，是无权代理；②客观上存在让相对人相信行为人具备代理权的理由；③相对人善意且无过失。

有些情况下，表见代理与无权代理的区分十分困难。

4. 法定代表人、负责人越权订立的合同

法人或其他组织的法定代表人、负责人超越权限订立的合同，除相对人知道或应当知道其超越权限以外，该合同行为有效。

5. 无处分权人处分他人财产订立的合同

无处分权人处分他人财产订立的合同，一般情况下是无效的。但是，在下列两种情况下合同订立有效：①无处分权人处分他人财产订立的合同，经权利人追认，合同有效；②无处分权人通过订立合同取得处分权的合同有效。如在房地产开发项目施工中，施工企业对房地产是没有处分权的，如果施工企业将施工的商品房卖给他人，则该买卖合同无效。但是，如果房地产开发商追认该买卖行为，则买卖合同有效；或者事后施工企业与房地产开发商达成该商品房折抵工程款，则该买卖合同也有效。

（六）无效合同

1. 无效合同的概念

无效合同是指当事人违反了法律规定的条件而订立的，国家不承认其效力，不予法律保护的合同。无效合同从订立之时起就没有法律效力，不论合同履行到什么阶段，合同被确认无效后，这种无效的确认要追溯到合同订立时。

《合同法》把无效合同限定在违反法律和行政法规的强制性规定，以及损害国家利益和社会公共利益的范围内。

2. 合同无效的情形

（1）一方以欺诈、胁迫的手段订立，损害国家或公众利益的合同。"欺诈"是指一方当事人故意告知对方虚假情况，或者故意隐瞒真实情况，诱使对方当事人作出错误意思表示的行为。如施工企业伪造资质等级证书与建设单位签订施工合同。"胁迫"是以给自然人及其亲友的生命健康、荣誉名誉、权利财产等造成损害，或者以给法人的荣誉名誉、权利财产等造成损害为要挟，迫使对方作出违背真实意思表示的行为。如材料供应商以败坏施工企业名誉为要挟，迫使施工企业与其订立材料买卖合同。以欺诈、胁迫的手段订立合同，如果损害国家利益，则合同也无效。

（2）恶意串通，损害国家、集体或第三人利益的合同。这种情况在建设工程领域中较为常见的是投标人相互串通或者与招标人串通投标，通过这种方式谋取中标并签订合同，损害了国家、集体或第三人利益，合同无效。

（3）以合法形式掩盖非法目的的合同。如果合同要达到的目的是非法的，即使其以合法的形式作掩护，也是无效的。如企业之间为了达到借款的非法目的，即使设计了合法的形式也属于无效合同。

（4）损害社会公共利益。如果合同违反公共秩序和善良风俗（即公序良俗），就损害了社会公共利益，这样的合同也是无效的。例如，施工单位在劳动合同中规定雇员应当接受搜身检查的条款，或者在施工合同履行中规定以债务人人身作为担保的约定，都属于无效的合同条款。

（5）违反法律、行政法规的强制性规定的合同。违反法律、行政法规的强制性规定的合同也是无效的。如建设工程质量标准是《标准化法》、《建筑法》规定的强制性标准，如果建设工程合同当事人约定的质量标准低于国家标准，则该合同是无效的。

3. 无效合同的免责条款

合同免责条款，是指当事人约定免除或者限制其未来责任的合同条款。当然，并不是所有的免责条款都无效，合同中的以下免责条款是无效的。

（1）造成对方人身伤害的。

（2）因故意或者重大过失造成对方财产损失的。

上述两种免责条款具有一定的社会危害性，双方即使没有合同关系也可追究对方的侵权责任,因此这两种免责条款无效。

4. 无效合同的确认

无效合同的确认权归人民法院或者仲裁机构,合同当事人或其他任何机构均无权认定合同无效。

5. 无效合同的法律后果

合同被确认无效后,合同规定的权利义务即为无效。履行中的合同应当终止履行,尚未履行的不得继续履行。对因履行无效合同而产生的财产后果应当依法进行处理。

(1) 返还财产。由于无效合同没有法律约束力,因此,返回财产是处理无效合同的主要方式。合同被确认无效后,当事人依据该合同所取得的财产,应当返还给对方;不能返还的,应当作价补偿。建设工程合同如果无效一般都无法返还财产,因为无论是勘察设计成果还是工程施工,承包商的付出都是无法返还的。因此,一般应当采用作价补偿的方法处理。

(2) 赔偿损失。合同被确认无效后,有过错的一方应赔偿对方因此而受到的损失。如果双方都有过错,应当根据过错的大小各自承担相应的责任。

(3) 追缴财产,收归国有。双方恶意串通,损害国家或者第三人利益的,国家采取强制性措施将双方取得的财产收归国有或者返还第三人。无效合同不影响善意第三人取得合法权益。

任务四 建设工程项目风险管理

任务描述: 围绕建设工程合同风险管理,通过对相关知识的学习,使学生理解建设工程项目风险管理的相关概念,了解建设工程项目存在的主要风险,熟悉建设工程项目风险管理的基本流程。

一、工程项目风险概述

(一) 风险的概念

风险是指损失的不确定性。对于工程项目管理而言,风险是指可能出现的影响项目目标实现的不确定因素。在给定情况下和特定时间内,这些不确定因素对项目目标实现的影响结果差异越大,则风险越大。风险的基本要素包括:事件(不希望发生的变化)、概率(事件发生具有不确定性)、影响(后果)、原因。

(二) 工程项目风险的概念

工程项目作为集合经济、技术、管理、组织各方面的综合性社会活动,工程项目的决策立项、分析研究、设计和计划都是基于对未来情况(政治、经济、社会、自然等方面)预测基础上的,基于正常的、理想的技术、管理和组织之上的。而在实施运行过程中,这些因素都存在着不确定性,随时可能产生变化,使得原定计划方案受到干扰,目标不能实现。这些事先不能确定的内部和外部干扰因素,称之为工程项目风险。

(三) 工程项目风险的分类

为了全面地认识工程项目风险,并有针对性地进行风险管理,根据不同的标准、从不同的角度将工程项目风险进行分类。

1. 按风险的后果划分

风险只有两种可能的后果，即造成损失和不造成损失。既可能带来机会、获得利益，又隐含威胁、造成损失的风险，叫投机风险。投机风险有 3 种可能的后果：造成损失、不造成损失和获得利益。只能产生威胁、造成损失，不能带来机会、无获得利益可能的风险，叫纯粹风险。纯粹风险造成的损失是绝对损失。纯粹风险和投机风险在一定条件下可以相互转化，项目管理人员必须避免投机风险转化为纯粹风险。

2. 按风险的来源划分

由于自然力的作用，造成工程项目财产毁损或人员伤亡的风险属于自然风险。由于人类活动而带来的风险属于人为风险，人为风险又可以细分为行为风险、经济风险、技术风险、政治风险和组织风险等。

3. 按风险是否可管理划分

可管理风险是指可以预测，并可采取相应措施加以控制的风险，反之，则为不可管理风险。风险能否管理，取决于风险不确定性是否可以消除以及工程项目的管理水平。要消除风险的不确定性，就必须掌握有关的数据信息资料等，随着数据、资料和其他信息的增加以及管理水平的提高，有些不可管理风险就可以变为可管理风险。

4. 按风险影响范围划分

按风险影响范围划分，可以有局部风险和总体风险，局部风险影响的范围小，而总体风险影响范围大。局部风险和总体风险也是相对的，项目管理班子特别要注意总体风险。

5. 按风险后果的承担者划分

项目风险若按其后果的承担者来划分，则有项目建设单位风险、政府风险、承包商风险、投资方风险、设计单位风险、监理单位风险、供应商风险、担保方风险和保险公司风险等。这样划分有助于合理分配风险，提高项目的风险承受能力。

6. 按风险的可预测性划分

按这种方法风险可以分为已知风险、可预测风险和不可预测风险。

在认真分析项目及其计划后就能明确的那些经常发生的，而且其后果亦可预见的风险，即为已知风险，这类风险发生概率高，但一般后果轻微，不严重。根据经验，可以预见其发生，但不可预见其后果的风险，称为可预测风险，这类风险的后果有时可能相当严重。有可能发生，但其发生的可能性即使最有经验的人也不能预见，就属于不可预测风险，有时为也称未知风险或未识别风险，它们是新的、以前未观察到或很晚才显现出来的风险。

（四）工程项目风险的特点

（1）风险的普遍性和多样性。由于风险无时无处不在，且时有重复，不仅在项目实施阶段，在项目决策、可行性研究、工程设计及所有相关阶段的工作中也都存在风险。同时，在一个工程项目实施中又存在许多种风险，如政治风险、经济风险、法律风险、自然风险、合同风险等。

（2）风险的规律性和可测性。风险并不是神秘不可测的，它有特定的根源、有发生的迹象征兆和一定的表现形式。只要通过细心观察、深入研究、科学推测，一般可以预测风险发生的可能性，甚至通过概率计算预测风险可能造成的损失程度。

（3）风险的可转移性和可分散性。风险由多种因素构成，尽管每个因素都有可能诱发风险，若干风险因素集中在一起，风险概率将会很大，如果将这些因素分散转移，其风险概率将大为降低。

(4) 风险概率的互斥性和有些风险具有可利用性。一个事件的演变具有多种可能，而这些可能具有互斥性。投机风险则既可能造成损失，又可能提供获利机会，因此它具有可利用的一面。

二、工程项目风险管理

风险常常与机会同在，风险控制得好，就能在工程项目实施中获得很高的经济效果。同时，它有助于竞争能力、综合素质和管理水平的提高；否则，就会造成工程项目实施的失控现象，如计划修改、工期延长、成本增加等，最终导致工程经济效益降低，甚至项目失败。所以，在现代工程项目管理中，风险控制问题已成为项目管理研究的热点之一。

现代项目管理与传统的项目管理的不同之处是引入了风险管理技术。风险管理强调对项目目标的主动控制，对工程实现过程中遭遇的风险或干扰因素可以做到防患于未然，以避免和减少损失。目前，项目管理界已把风险管理和目标管理列为项目管理的两大基础，认为只有把这两者有机地结合起来才能较好地实现工程项目目标。

(一) 工程项目风险管理的概念

所谓工程项目风险管理就是人们对影响工程项目目标实现或引发工程项目潜在意外损失的不确定性干扰因素或危险因素进行识别、分析和评估，并根据具体情况采取相应的措施进行监控和处理的一系列管理活动，即工程项目实施过程中在主观上尽可能做到有备无患或在无法避免时亦能寻求切实可行的补偿措施，从而减少意外损失或进而使风险为我所用。

近年来，人们在工程项目管理中提出了全面风险管理的概念。全面风险管理是以开放的、发展的理念，用系统的、动态的方法进行风险控制，以减少或避免工程项目进行过程中不确定性因素对目标实现的不利影响，是对工程项目的全过程、全方位、全部的风险管理。它不仅使各层次的工程项目管理者建立风险意识，重视风险问题、防患于未然，而且在各阶段、各方面实施有效的风险控制，形成一个前后连贯的管理过程。

(二) 工程项目风险管理的流程

根据项目具体情况和工程特点对工程项目实施科学的全面风险管理，其管理工作流程包括风险识别、风险分析、风险评估、风险应对和风险监督。随着我国市场经济体制的不断完善，投资主体多元化及其经济责任明朗化和具体化，风险管理已成为重要的项目管理工作之一。

1. 风险识别

风险通常具有隐蔽性，项目风险识别的任务是识别工程项目实施过程存在哪些风险。对工程项目的潜在可能损失的识别是首要任务，也是最困难的任务，因为如果对所有有关的可能损失未能做出正确的识别，就会失去对风险加以适当处置的机会。识别风险除依靠观察、掌握有关知识、调查研究、实地踏勘、采访或参考有关资料、听取专家意见、咨询有关法规等方法外，还要掌握正在评估的风险系或类似项目发生风险事件的索赔资料等。风险管理者，首先必须对所有可能的风险事件来源和结果进行实事求是地调查，正确识别风险，统一认识，然后才能制订出相应的管理措施。

2. 风险分析

风险分析即应用各种风险分析技术，用定性、定量或两者相结合的方式处理不确定性的过程。

项目风险分析就是项目实施过程中对将会出现的各种不确定性，及其对项目目标实现可能造成的各种影响和影响程度，进行恰如其分的分析，关注各种不确定性，分析潜在风险及影响，评估自身能力，采取相应对策，从而达到降低风险的影响或减少其发生可能性的目的。

风险分析的主要内容：风险存在和发生的时间分析、风险的影响和损失分析、风险发生的可能性分析、风险的起因和可控性分析。

3．风险评估

风险评估就是根据各种风险发生的概率和损失量，确定各种风险的风险量和风险等级。其主要任务是衡量各种风险并分别测算其风险量，从而比较并明确各种风险的相对重要性，目的是为了确定风险处理所采取的方法。衡量风险时应考虑两个方面：损失发生的频次和这些损失的严重性，而损失的严重性比其发生的频数更为重要。例如，工程完全毁损虽然只有一次，但这一次足以造成致命损伤；而局部塌方虽有多处或发生较为频繁，却不致使工程全部毁损。

衡量风险潜在损失的最重要方法是确定风险的概率分布，这也是当前国际工程风险管理最常用方法之一。概率分布不仅能使人们比较准确地衡量风险，还有助于制定风险管理决策。

4．风险应对

工程项目管理中，即使采取了相应的、全面的防范措施，但也无法避免风险的发生，这就需要管理者认真考虑各种风险的处理对策。风险应对就是风险响应、风险处理，它是风险管理工作中最重要的环节。常用的风险对策包括风险规避、风险减轻、风险自留、风险转移及其组合等策略，对难以控制的风险，向保险公司投保是风险转移的一种措施。风险应对基本包括以下两个方面。

（1）风险管理措施。风险管理措施包括主动采取措施避免风险、消灭风险、中和风险，或一旦风险发生即采取紧急应急方案，降低预期损失或使这种损失更具有可测性，从而改变风险影响程度，力争将损失减至最低限度。具体措施方法包括风险规避、风险防范、风险分离、风险分散及风险转移等。

1）风险防范，即风险预防，是指风险发生之前考虑好预防性的应对措施，减少风险发生的机会或降低风险的严重性，设法使风险最小化。主要有两个方面：一是风险预防，即采取各种预防措施以杜绝风险发生的可能；二是减少风险，即在风险损失已经不可避免的情况下，通过种种措施遏制风险势头继续恶化，或局限其扩展范围使其不再蔓延，也就是说使风险局部化。风险基于客观存在，防范则基于主观判断。如果主观、客观一致即可判定风险，从而有效地防范。风险是在给定情况下存在的可能不确定性，人们就可能凭经验推断出其发生的大致规律和分布概率，从而有意识地采取预防手段加以防范，并根据项目风险的特点和工程的具体情况制订各类应急预案、事故处置预案，采取相应的防范措施。

2）风险规避，即风险回避。风险规避主要是中断风险源，使其不发生或遏制其发展。规避风险有时可能不得不做出一些必要的牺牲，但较之风险真正发生时造成的损失要小得多，甚至微不足道。

广义上，规避风险虽也是一种风险防范措施，但这是一种消极的防范手段。因为规避风险固然能避免损失,但同时也失去了获利的机会。

3) 风险分离,即指将各风险单位分离间隔,以避免发生连锁反应或互相牵连。这种处理可以将风险局限在一定范围内,从而达到减少损失的目的。风险分离常用于工程设备的采购,为了尽量减少因汇率波动而遭致的汇率风险,可在若干不同的国家采购设备,付款采用多种货币。

在施工过程中,承包商对材料进行分隔存放也是风险分离手段,这样就可以避免材料集中于一处时可能造成的风险损失。

4) 风险分散。风险分散与风险分离不一样,它是通过增加风险单位以减轻总体风险压力,达到共同分摊集体风险的目的。

工程项目总的风险有一定的范围,这些风险必须在项目参加者之间进行分配,这就要求每个参与者都必须有一定的风险责任。

5) 风险转移。有些风险无法通过上述手段进行有效控制,管理者只能采取转移手段以保护自己,并减少损失。风险转移并非损失转嫁,不能认为是损人利己,有损商业道德。因为有许多风险的确可能造成损失,但转移后并不一定给他人造成损失,其原因是各人的优劣势不一样,因而对风险承受力也不一样。

风险转移的手段常用于工程承包中的分包、技术转让或财产出租等。合同、技术或财产的所有人,通过分包工程、转让技术或合同、出租设备或房屋等手段,将应由其自身全部承担的风险部分或全部转移给他人,从而减轻自身的风险压力。风险转移包括将风险转移给合同对手及第三方等,一般风险转移是要付出经济代价的。有时当事人利用市场供求关系把风险强加于对手,这属于不公平竞争之列,不予提倡。

(2) 财务措施。采用财务措施即经济手段来处理确实会发生的损失,这些措施包括风险财务转移、风险自留、风险准备金和自我保险等。

1) 风险财务转移,即指风险转移人寻求用外来资金补偿确实会发生或业已发生的风险,就是将风险转移给合同对手、第三方以及专业保险公司或其他风险投资机构等,具体包括保险的风险财务转移(即通过购买保险进行风险转移)和非保险的风险财务转移(即通过合同条款达到风险转移之目的)。而将风险以有偿方式转移给专业保险公司或其他风险投资机构是符合平等有偿原则的,也是明智的办法,但是需付出保险公司能接受的保险费用,否则就只能承担着巨大的风险。

此外,如何降低保费而又使保险范围全而不漏,当风险发生时如何能迅速准确地索赔而又不至于耗费大量精力,这就需要一个专业的保险经纪人或风险顾问。

2) 风险自留或称保留风险,即将风险留给自己承担,不予转移、分离或分散。当确认风险量不大,并不超过项目应急费用时,可以自留风险。这种手段有时是无意识的,即当初并不曾预测到,不曾有意识地采取各种有效措施,以致最后只好由自己承受。但有时也可能是主动的,即有意识、有计划地将若干风险主动留给自己;这种情况下,风险承受人通常已做好了处理风险的准备。

主动的或有计划的风险自留是否合理明智,取决于风险自留决策的有关环境,风险自留在一些情况下是唯一可能的对策。有时企业不能预防损失,回避又不可能,且没有转移的可能性,企业骑虎难下、别无选择,只能自留风险。但是如果风险自留并非唯一可能的对策时,应认真分析研究,通盘考虑,制订最佳对策。自留风险的好处在于节省保费,又可将风险损失费用控制在项目的储备金范围之内，从而保证一旦风险发生，项目不致因损失而造成财务困境。

3) 风险准备金，即从财务的角度为风险做准备，在计划（或合同报价）中另外增加一笔费用。例如，在投标报价中，承包商经常根据工程技术、建设单位资信、自然环境、合同等方面风险的大小以及发生可能性（概率）在报价中加上一笔不可预见风险费。从理论上说，准备金数量应与风险损失期望相等，即为风险发生所产生损失与发生可能性（概率）的乘积，即：

$$风险准备金 = 风险损失 \times 发生概率 \quad (8-1)$$

除了应考虑到理论值的高低外，还应考虑到项目边界条件、各项目状态。例如，对承包商来说，决定报价中不可预见风险费，要考虑到竞争者数量、中标可能性、项目对企业经营影响等因素。

4) 自我保险，即指内部建立保险机制或保险机构，通过这种保险机制承担企业各种可能风险。尽管这种办法属于购买保险范畴，但这种保险机制或机构终归隶属于企业内部，即使购买保险的开支有时可能大于自留风险所需开支，但因保险机构与企业的利益一致，各家内部可能有盈有亏，而从总体上依然能取得平衡，肥水不流外人田。因此，自我保险决策在许多时候也具有相当重要的意义。

总之，在管理实践中有关专家提出了组合理论，倡导"不要把所有的鸡蛋放在一个篮子里"的观点，能使工程项目风险损失降至最低。

5. 风险监督

风险监督又称风险控制，是风险管理中很重要的环节，它包括对风险发生的控制和对风险管理的监督。前者是指对已经识别的风险源进行监视和控制，以便及早发现风险发生的苗头，从而将风险消灭在萌芽之中或采取应急措施尽量减少损失；后者是指在项目实施中监督人们认真执行风险管理的组织措施与技术措施，以消除风险发生的人为诱因，还包括对保险方案的监督等。

（三）工程项目风险管理的技术难点

在发达国家均有专门的风险研究报告或风险一览表，一些大型企业或专业的保险经纪人公司、项目咨询公司还制定自己的风险管理手册，这一切均为做好风险识别与评估提供了良好的基础。目前，我国此类研究与报告刚起步，已完成项目的风险管理经验积累很少，项目管理工作中大多只能自己识别风险与风险源，研究费用必将增大，风险管理成本也将较高，因此风险管理的难度大。由于基础工作不扎实，风险评价中无历史数据可循、无前人经验可鉴，或者为了查找历史数据需要花费巨大精力和时间。此外，风险识别阶段的误差一旦形成，即使评价做得再好，也可能会因主要风险源的漏列而前功尽弃。将风险转移给专业保险公司或其他风险投资机构，这是一种符合市场经济规则并且公平的转移手段。但目前，我国保险的项目数量不太多，保险公司收取保费昂贵，且保险合同条款明显不利于项目方。随着参保项目的增多，保险公司竞争日益激烈，保费和服务均会向有利于项目方转化。

（四）工程项目保险

工程项目保险是指通过保险公司以收取保险费的方式建立保险基金，一旦发生自然灾害或意外事故，造成工程项目的财产损失或人身伤亡时，即用保险金给以补偿的一种制度。工程项目保险主要有建设工程一切险、安装工程一切险、人身意外伤害险等。应按照合同条款规定以及项目所处外部条件、工程性质和建设单位与承包商对风险的评价和分析来决定工程项目投保险种。其中，合同条款规定是主要决定因素，凡是合同条款要求保险的项目一般都是法定的、强制性的。

1. 建设工程一切险（包括第三者责任险）

建设工程一切险是对各种建设工程项目提供全面保障，既对在施工期间工程本身、施工机具或工地设备所遭受的损失予以赔偿，也对因施工而给第三者造成的物资损失或人员伤亡承担赔偿责任。

建设工程一切险应由承包商负责投保，如果承包商因故未办理或拒不办理投保，建设单位可代为投保，费用由承包商负担。如果总承包商未曾就分包工程投保，负责该项分包工程的分包商也应办理其分包任务的保险。建设工程一切险保险契约生效后，投保人就成为被保险人，该被保险人必须是在工程实施期间承担风险责任或具有利害关系，即具有可保利益的人，具体包括建设单位、总承包商、分包商、监理公司及与工程有密切关系的单位或个人。

2. 安装工程一切险

安装工程一切险的投保人与被保险人同建设工程一切险一样，安装工程一切险应由承包商投保，建设单位只是在承包商未投保的情况下代其投保，费用由承包商承担，承包商办理了投保手续并交纳了保费后即成为被保险人。安装工程一切险属于技术险种，主要适用于安装各种工厂用的机器、设备、储油罐、钢结构、起重机、吊车以及包含机械工程因素的各种建造工程。它的被保险人除承包商外，还包括建设单位、制造商（供应商）、咨询监理公司、安装工程的信贷机构和待安装构件的买主等。

3. 人身意外伤害险

人身意外伤害险是保障人身遭受意外伤害时负赔偿责任，投保人可以是雇主，也可以是雇员或个体生产者或自由职业者。其保险范围规定在保险有效期间，不论有无发生保险事故，保险期满时，保险本金均将退还给被保险人。人身意外伤害保险尚可附加意外伤害医疗保险条款，保障被保险人在保险责任范围内发生意外伤害的治疗费、药品费、检验费、理疗费、手术费、输血输氧费、敷料费和住院费等。

任务五　案　例　分　析

1. 背景

某泵站工程，建设单位与总承包商、监理单位分别签订了施工合同、监理合同。总承包商经建设单位同意将土方开挖、设备安装与防渗工程分别分包给专业性公司，并签订了分包合同。

施工合同中说明：建设工期278d，2004年9月1日开工，工程造价4357万元。合同约定结算方法；合同价款调整范围为建设单位认定的工程量增减、设计变更和洽商；安装配件、防渗工程的材料费调整依据为本地区工程造价管理部门公布的价格调整文件。

实施过程中，发生如下事件：

事件1：总承包商于2004年8月25日进场，进行开工前的准备工作。原定2004年9月1日开工，因建设单位办理伐树手续而延误至2004年9月6日才开工，总承包商要求工期顺延5d。

事件2：土方公司在基础开挖中遇有地下文物，采取了必要的保护措施。为此，总承包商请土方公司向建设单位索赔。

事件3：在基础回填过程中，总承包商已按规定取土样，试验合格。监理工程师对填土质量表示异议，责成总承包商再次取样复验，结果合格。总承包商要求监理单位支付试验费。

事件4：总承包商对混凝土搅拌设备的加水计量器进行改进研究，在本公司试验室内进行实验，改进成功用于本工程，总承包商要求此项试验费由建设单位支付。

事件5：结构施工期间，总承包商经总监理工程师同意更换了原项目经理，组织管理一度失调，导致封顶时间延误8d。总承包商以总监理工程师同意为由，要求给予适当工期补偿。

事件6：监理工程师检查防渗工程，发现止水安装不符合要求，记录并要求防渗公司整改。防渗公司整改后向监理工程师进行了口头汇报，监理工程师即签证认可。事后发现仍有部分有误，需进行返工。

事件7：在做基础处理时，经中间检查发现施工不符合设计要求，防渗公司也自认为难以达到合同规定的质量要求，就向监理工程师提出终止合同的书面申请。

事件8：在进行结算时，总承包商根据已标价的工程量清单，要求安装配件费用按发票价计取，建设单位认为应按合同条件中约定计取，为此发生争议。

2. 问题

（1）在事件1中，总承包商的要求是否成立？根据是什么？
（2）在事件2中，总承包商的做法对否？为什么？
（3）在事件3中，总承包商的要求是否合理？为什么？
（4）在事件4中，监理工程师能否批准总承包商的支付申请？为什么？
（5）在事件5中，你认为总承包商是否可以得到工期补偿？为什么？
（6）在事件6中，返修的经济损失由谁承担？监理工程师有什么不妥之处？
（7）在事件7中，你认为监理工程师应如何协调处理？
（8）在事件8中，你认为哪种意见正确？为什么？

3. 参考答案

（1）成立。因为属于建设单位责任（或建设单位未及时提供施工现场）。
（2）不对。因为土方公司为分包，与建设单位无合同关系。
（3）不合理。因按规定，此项费用应由建设单位支付。
（4）不批。因为此项支出应由总包单位承担。
（5）得不到。虽然总监同意更换，不等同于免除总承包商应负的责任。
（6）返修的经济损失由防渗公司承担。

监理工程师的不妥之处：

1）不能凭口头汇报签证认可，应到现场复验。
2）不能直接要求防渗公司整改，应要求总承包商整改。
3）不能根据分包单位的要求进行签证，应根据总包单位的申请进行复验、签证。

（7）处理如下：

1）监理工程师应拒绝直接接受分包单位终止合同申请。

2）应要求总包单位与分包单位双方协商，达成一致后解除合同。
3）要求总承包商对不合格工程返工处理。
（8）建设单位意见正确。因为合同约定，安装配件材料费调整依据为本地区工程造价管理部门公布的价格调整文件。

项 目 学 习 小 结

本项目介绍了建设工程合同的体系及工程承建单位的主要合同关系，建设工程合同及合同管理的相关概念，建设工程合同变更与索赔的相关概念，建设工程合同变更的基本条件和一般程序，建设工程索赔的基本程序和主要内容，建设工程合同争议解决的相关概念，建设工程合同的生效条件和生效时间，建设工程合同的争议解决方法，工程保险的基本知识，工程项目的风险管理的概念，工程项目风险管理的基本流程，以及工程项目合同与风险管理案例分析等知识。其中建设工程合同变更和建设工程索赔两部分内容为教学重点。通过对本项目的学习，学生应当掌握工程项目合同生效条件、变更的基本条件和一般程序，以及建设工程索赔的基本程序和主要内容等合同管理的相关技能。

职 业 能 力 训 练 八

一、单选题

1. 根据《水利水电工程标准施工招标文件》（2009 年版），合同中有以下内容：①中标通知书；②专用合同条款；③通用合同条款；④技术条款；⑤图纸；⑥已标价的工程量清单；⑦协议书。如前后不一致时，其解释顺序正确的是（　　）。
A. ⑦①②③⑥④⑤　　B. ⑦①③②⑥④⑤　　C. ⑦①②③④⑤⑥　　D. ⑦①③②④⑤⑥

2. 根据《水利水电工程标准施工招标文件》（2009 年版），若建设单位和承包商未能根据监理人的决定取得一致意见，则监理人可将其暂定的变更处理意见通知建设单位和承包商，此时承包商应遵照执行，但建设单位和承包商均有权在收到监理人变更决定后的 28d 内要求提请（　　）解决。
　　A. 项目所属省级水行政主管部门　　　　B. 项目所属流域机构
　　C. 项目所属地市级以上司法机关　　　　D. 争议调解组

3. 根据《水利水电工程标准施工招标文件》（2009 年版），若监理人对以往的检验结果有疑问时，可以指示承包商重新检验。若重新检验结果证明这些材料和工程设备不符合合同要求，则重新检验的费用和工期延误责任应由（　　）承担。
　　A. 承包商　　　　B. 监理人　　　　C. 建设单位　　　　D. 材料和设备的供应商

4. 某大型水利工程施工过程中，承包商未通知监理机构及有关方面人员到现场验收，即将隐蔽部位覆盖，事后监理机构指示承包商采用钻孔探测进行检验，发现检查结果不合格，由此增加的费用应由（　　）承担。
　　A. 建设单位　　　　B. 监理人　　　　C. 承包商、　　　　D. 分包商

二、多选题

1. 建设工程合同的签订通常需要经过 4 个阶段，其中（　　）是两个最基本、最主要

的阶段,是建设工程合同签订的两个必不可少的步骤。

　　A. 邀请　　B. 要约　　C. 还约　　D. 承诺　　E. 备案

　　2. 根据《水利水电工程标准施工招标文件》(2009 年版),承包商不能提出增加费用和延长工期要求的暂停施工条件包括(　　)等。

　　A. 由于承包商违约引起的暂停施工　　B. 由于现场连续下雨 3d 引起的工程施工暂停

　　C. 为工程的合理施工所必需的暂停施工　　D. 为保证工程安全所必需的暂停施工

　　E. 由于现场异常恶劣气候条件引起的正常停工

　　3. 根据《水利水电工程标准施工招标文件》(2009 年版),变更的范围包括(　　)等。

　　A. 改变工程建筑物的形式、基线、位置等

　　B. 改变合同中任何一项工作的标准和性质

　　C. 改变合同中任何一项工程的完工日期

　　D. 改变已批准的施工工序

　　E. 增加或减少合同中永久工程项目的工程量,但未超过专用合同条款约定的百分比

　　4. 根据《水利水电工程标准施工招标文件》(2009 年版),通用合同条款中涉及不可预知的风险的有(　　)。

　　A. 不利物质条件　　B. 不可抗力　　C. 补充地质勘探

　　D. 异常恶劣地质条件　　E. 保险

三、判断题

　　1. 在水利工程建设项目管理中,所有的建设工程合同都是承包合同。(　　)

　　2. 一般情况下,依法订立的建设工程合同一定是有效合同,且自成立时生效。(　　)

　　3. 工程施工中,只要不是承包商自身因素造成的损失或延误,都可以向建设单位提出索赔。(　　)

　　4. 项目风险管理是指工程实施过程中在主观上尽可能有备无患或在无法避免时亦能寻求切实可行的补偿措施,从而减少意外损失或进而使风险为我所用。(　　)

四、案例分析题

　　1. 背景

　　某泵站房工程施工中发生了如下事件:

　　(1) 承包商按合同规定负责采购该工程的材料设备,并提供产品合格证明。在材料设备到货前,承包商按合同规定时间通知监理工程师清点,监理工程师在清点时发现材料的实际质量与产品合格证明不符,采购的设备要求也不符。

　　(2) 在土方施工中,承包商在合同标明有松软石的地方没有遇见松软石,因此工期提前 1 个月。但在合同中另一未标明有坚硬岩石的地方遇到更多的坚硬岩石,开挖工作变得更加困难,由此造成了实际生产率比原计划低得多,经测算影响工期 3 个月。由于施工速度减慢,使得部分施工任务拖到雨季进行,按一般公认标准推算,又影响工期 2 个月。为此,承包商准备提出索赔。

　　(3) 合同约定:该工程的门窗安装普通玻璃,颜色未明确。承包商认为璃透光性好,性价比高,又不宜过时,属大众化产品,故采购了白玻璃。施工后建设单位认为,绿色是近两年的流行色,绿玻璃美观、时尚,又有一定的防紫外线功能,要求改装绿玻璃。承包商不同意,由此双方产生了争议。

2. 问题

(1) 对于合同约定由承包商采购材料设备的，在质量控制方面对承包商有什么要求？对本案中发生的材料设备质量问题，监理工程师应如何处理？

(2) 该项施工索赔能否成立？若成立，对本案中承包商提出的索赔包括哪些内容？通常需提供得哪些索赔证据？工程索赔的一般程序有哪些？监理工程师应如何审查索赔报告？

(3) 依照《施工合同文本》规定，此时建设单位和承包商可以通过什么方式处理此施工争议？

附录 职业能力训练答案

职业能力训练一

一、单选题

1. C 2. A 3. C 4. D 5. C

二、多选题

1. ABD 2. ABC 3. ACD 4. ACD 5. ABD

三、判断题

1. √ 2. √ 3. × 4. × 5. √

职业能力训练二

一、单选题

1. B 2. C 3. B 4. D 5. B

二、多选题

1. AC 2. ABC 3. ABC 4. ABD 5. BCD

三、判断题

1. × 2. √ 3. √ 4. √ 5. ×

职业能力训练三

一、单选题

1. C 2. A 3. B 4. C

二、多选题

1. ABCE 2. BCD 3. ABE 4. CDE

三、判断题

1. √ 2. × 3. √ 4. √

四、案例分析题

参考答案：（1）合理。理由：招标项目监理单位的任何附属（或隶属）机构都无资格参加该项目施工投标。

（2）修正方法：单价有明显小数点错位，以合价为基准，修改单位。修改后的单价为5元/m。

（3）预付款：500×10％＝50.00(万元)。保留金扣留：100×5％＝5.00(万元)。应得付款：100－5＝95.00(万元)。

（4）合理。理由：及时提供由发包人负责提供的图纸是发包人的义务和责任。

职业能力训练四

一、单选题

1. B 2. B 3. B 4. A 5. D

二、多选题

1. ABC 2. ABD 3. BCD 4. ACD 5. ACD

三、判断题

1. √ 2. √ 3. × 4. × 5. ×

四、案例分析题

问题1参考答案：原工期：20＋5＋120＋142＋110＋60＝457(d)。现工期：20＋8＋142＋120＋90＋60＝440(d)。新施工进度计划的关键线路：$A \rightarrow E \rightarrow F \rightarrow C \rightarrow E \rightarrow H$。

问题2参考答案：G 工作：110×0.4＝44(d)；C 工作：120×0.4＝48(d)；K 工作：120×0.6＝72(d)。

G 工作：225d 时应该完成 50d，晚了 6d，但未超过其 10d 的时差，因此不影响工期。

C 工作：225d 时应该完成 50d，晚了 2d，由于是关键工作，会延误 2d 工期。

K 工作：140d 时应该完成 120d，晚了 133d，由于其总时差为 245d，因此不影响工期。

五、计算题

参考答案：计划工期为 48d。关键线路为 1—2—4—8—9—10。

职业能力训练五

一、单选题

1. C 2. B 3. A 4. D 5. A

二、多选题

1. ABD 2. BCDE 3. ABCD 4. ABC 5. BCE

三、判断题

1. √ 2. √ 3. √ 4. × 5. ×

职业能力训练六

一、单选题

1. D 2. C 3. B 4. B 5. C

二、多选题

1. ABC 2. BCD 3. ACE 4. ABCD

三、判断题

1. √ 2. × 3. × 4. √ 5. √

四、案例分析题

参考答案：(1) 工地工程质量监督项目站的组成形式不妥当。根据《水利工程质量监督管理规定》的规定，各级质量监督机构的质量监督人员有专职质量监督员和兼职质量监督员组成，凡从事该工程监理、设计、施工、设备制造的人员不得担任该工程的兼职质量监督员。

(2) 工程现场项目法人与设计、施工、监理之间是合同关系；设计与施工、监理之间是工作关系；施工和监理之间是被监理和监理的关系；质量监督机构与项目法人、设计、施工、监理是监督与被监督关系。

(3) 根据水利系统文明建设工地的有关规定，工程建设管理水平考核的主要内容除了内部管理制度外，还包括基本建设程序、工程质量管理和施工安全措施等。

(4) 工地基坑开挖时曾塌方并造成工人轻伤，根据水电工程安全事故分类有关规定判断属于一般事故。人身伤害事故等级分类为：一般事故、较大事故、重大事故、特别重大事故；

水利工程质量事故等级分类为：一般质量事故、较大质量事故、重大质量事故、特大质量事故。

职业能力训练七

一、单选题

1. B 2. A 3. C 4. B 5. A

二、多选题

1. ABC 2. ABC 3. ABCD 4. ABCD 5. BCDA

三、判断题

1. √ 2. × 3. √ 4. √ 5. √

四、案例分析题

参考答案：（1）混凝土浇筑的施工过程包括浇筑前的准备作业，浇筑时入仓铺料、平仓振捣和浇筑后的养护。

（2）大坝水工混凝土浇筑的水平运输包括有轨运输和无轨运输两种类型；垂直运输设备主要有门机、塔机、缆机和履带式起重机。

（3）大坝水工混凝土浇筑的运输方案有门、塔机运输方案，缆机运输方案以及辅助运输浇筑方案。本工程采用门、塔机运输方案。

（4）混凝土拌和设备生产能力主要取决于设备容量、台数与生产率等因素。

职业能力训练八

一、单选题

1. C 2. D 3. A 4. C

二、多选题

1. BD 2. ABCD 3. ABCD 4. ABD

三、判断题

1. √ 2. √ 3. × 4. √

四、案例分析题

略

参 考 文 献

[1] 张玉福,薛建荣. 水利工程施工组织与管理 [M]. 郑州:黄河水利出版社,2012.
[2] 尹红莲,刘俊艳,彭英慧. 现代水利工程项目管理 [M]. 郑州:黄河水利出版社,2014.
[3] 张迪. 工程项目管理 [M]. 2版. 郑州:黄河水利出版社,2008.
[4] 全国二级建造师执业资格考试用书编写委员会. 水利水电工程管理与实务 [M]. 3版. 北京:中国建筑工业出版社,2011.
[5] 中国水利工程协会. 水利工程建设质量控制 [M]. 2版. 北京:中国水利水电出版社,2010.
[6] 中国水利工程协会. 水利工程建设投资控制 [M]. 2版. 北京:中国水利水电出版社,2011.
[7] 中国水利工程协会. 水利工程建设进度控制 [M]. 2版. 北京:中国水利水电出版社,2010.
[8] 杨培岭. 现代水利水电工程项目管理理论与实务 [M]. 北京:中国水利水电出版社,2009.
[9] 中华人民共和国水利部. SL 303—2017 水利水电工程施工组织设计规范 [S]. 北京:中国水利水电出版社,2017.
[10] 中华人民共和国水利部. 水利水电工程标准施工招标文件(2009年版)[M]. 北京:中国水利水电出版社,2010.
[11] 中华人民共和国水利部. 中华人民共和国水利水电工程标准施工招标文件补充文本 [DB/OL]. (2018-11-15)[2021-01-26]. https://wenku.baidu.com/view/8fe75165590216fc700abb68a98271fe910eaf97.html.
[12] 中华人民共和国建设部,中华人民共和国质量监督检验检疫总局. GB/T 50326—2017 建设工程项目管理规范 [M]. 北京:中国建筑工业出版社,2017.
[13] 徐存东. 水利水电建设项目管理与评估 [M]. 北京:中国水利水电出版社,2006.
[14] 吴远亮. 水利水电工程项目管理模式研究 [D]. 南昌:南昌大学,2011.
[15] 郑建根. 浙江省水利工程代建制的实践与思考 [J]. 浙江水利科技,2013(4):72-73.
[16] 詹丽华. EPC总承包模式在水利工程中的应用 [D]. 广州:华南理工大学,2010.
[17] 尤杰. 水利工程项目施工阶段成本管理与控制研究——以文教河流域综合治理工程为例 [D]. 天津:天津大学,2015.
[18] 黄婷. 卫运河治理工程成本管理研究 [D]. 济南:山东建筑大学,2020.
[19] 李红霞. EY公司工程项目施工成本控制研究 [D]. 西安:西安建筑科技大学,2019.